图像处理与图形绘制应用

黄天云　雷开彬　徐　嘉　李高平　编著

科学出版社
北　京

内 容 简 介

图像处理和图形绘制应用是信息类专业重要的方向课程。我们选取有代表性的教学实践案例，汇编整理形成本书。图像处理实践篇包含五个实践案例：MFC 图像处理框架、Qt 图像处理框架、基于 SVM 的图像分类、自定义图像分类、图像处理中的插值算法，从实践角度，手把手指导学生一步步地实现完整的图像工程案例；图形绘制应用篇包含四个应用案例："不倒翁""贪吃蛇""3D 动画""功夫足球"，遵循"做中学"的理念，由浅入深、逐步引入，使学生在动手操作的过程中学习图形绘制技术。

本书可作为信息类专业本科生和计算机类专业研究生的实验教材，其中图像处理实践篇适合有一定基础的高年级本科生和研究生，图形绘制应用篇适合没有任何前期基础的初学者。本书也可供相关领域软件开发人员参考。

图书在版编目(CIP)数据

图像处理与图形绘制应用 / 黄天云等编著. -- 北京 : 科学出版社, 2025. 6. -- ISBN 978-7-03-082230-7

Ⅰ. TP391.411

中国国家版本馆 CIP 数据核字第 202535QQ53 号

责任编辑：陈 静 霍明亮／责任校对：胡小洁
责任印制：赵 博／封面设计：迷底书装

科学出版社 出版
北京东黄城根北街 16 号
邮政编码：100717
http://www.sciencep.com
北京市金木堂数码科技有限公司印刷
科学出版社发行 各地新华书店经销
*
2025 年 6 月第 一 版 开本：720×1000 1/16
2026 年 1 月第二次印刷 印张：18
字数：362 000

定价：88.00 元
(如有印装质量问题，我社负责调换)

前　言

数字图像处理、图像工程及应用、计算机图形学、图形绘制技术是信息类本科生和计算机类研究生重要的专业方向课程。我们对这些课程的实验教学、经验进行总结，从中选取有代表性的案例，汇编整理形成本书。本书按内容分为上下两篇：图像处理实践篇和图形绘制应用篇，现对其编写背景进行简要介绍。

数字图像处理在影视媒体、娱乐和艺术、教育培训、科学可视化、医学影像、遥感和航天、工业检测和测量、生物识别、军事等领域中有着广泛而深入的应用，也是模式识别、人工智能、计算机视觉、深度学习等的基础。目前，国内有大量教材围绕图像处理的基础算法开展教学，国外也有经典教材可供参考。为了便于学生入门和上手，实验教学大多基于 MATLAB 图像处理工具箱。为了让学生进阶到更高水平，需要从案例设计角度指导学生进行图像处理的工程实践。因此，我们选取有代表性的实验教学案例，编写图像处理实践篇，从实践角度，手把手指导学生一步步地实现完整的图像工程案例。

该篇首先引入图像处理预备知识、开发平台和工具，为后续的案例实现做准备。案例 1 和案例 2 以直方图统计和绘制为例，分别基于 MFC (Microsoft Foundation Class) 和 Qt 进行图像处理用户接口 (user interface，UI) 的设计，为各类图像处理算法搭建 UI 框架，因此，这两个案例并不对具体算法进行展开；案例 3 和案例 4 利用开源工业零件数据集实现基于支持向量机 (support vector machine，SVM) 和自定义的图像分类算法，这是图像分类中的经典案例，对熟练应用图像处理基础算法、深入理解 OpenCV 以及提高 C/C++ 编程水平很有帮助；案例 5 介绍插值算法在图像处理中的应用。

计算机图形绘制在工业数字化、虚拟现实、数字娱乐、智慧城市、三维 (three dimension，3D) 应用等软件系统中具有引擎和技术支撑作用。人们在学习图形绘制技术的时候，经常被复杂的图形绘制流程、抽象的图形显示原理、陌生的图形编程环境，尤其是不断出现的各种矩阵、坐标系统弄得云里雾里、不知所措，以至于对图形绘制望而却步。多年的计算机图形学教学与研究表明，要想真正成为一名图形学相关领域的爱好者或工作者，掌握基本的图形绘制技术是必经之路。道理很简单，无论你把构想说得如何美好，都没有说服力。只有通过软件或编程实现一幅真实无比、构思奇妙、具有视觉冲击力的图形，才能真正激发我们的好奇心和学习兴趣。图形绘制应用篇正是基于应用案例，由浅入深、逐步引入，使读者在动手操作的过程中学习枯燥晦涩的图形绘制技术，这也是我们遵循的“做中学”理念。

该篇包括 3D 图形绘制揭秘，Unity 的安装与准备，应用案例“不倒翁”、“贪吃蛇”、“3D 动画”和“功夫足球”。通过这些案例，我们逐步将图形绘制的各种坐标系、光照模型、OpenGL 绘制流程等基础知识融入其中，同时也指导读者使用 Unity 进行简单游戏的开发，最终实现既掌握 3D 图形绘制基础，也具有使用 Unity 开发简单游戏能力的目标。

本书上篇 (图像处理实践篇) 由黄天云组织编写，其中案例 1~4 由黄天云编写，案例 5 由徐嘉编写；下篇 (图形绘制应用篇) 由雷开彬编写。全书由黄天云统稿。我们的研究生和本科生在案例实现过程中，做了大量的代码编写和调试工作，他们是向长幸、赵子琛、姚远。

为了进行各案例的项目代码测试，读者应该至少安装 Visual Studio 2019、OpenCV 4.5.0、Qt 5.15、Unity 2021 或更高版本。特别注意，Windows 7 系统支持的 Qt 最高版本为 5.15。

本书中各案例的项目代码可通过扫描封底网盘程序码下载。

作　者

2024 年 12 月 2 日

目　　录

上篇：图像处理实践

第 1 章　图像处理预备知识

1.1　图像处理基本操作

1.1.1　图像灰度化

彩色图像每个像素的颜色由 R、G、B 三个分量决定，而每个分量有 256 个值可取，这样一个像素约可以有 1678 万 (256×256×256) 个颜色的变化范围。而灰度图像是 R、G、B 三个分量相同的一种特殊的彩色图像，其中每个像素的灰度值变化范围为 0~255。所以在数字图像处理中，一般将各种颜色模式的图像先转变成灰度图像，使后续的图像处理可以在单通道上进行。灰度图像的描述与彩色图像一样，仍然反映整幅图像整体和局部的色度和亮度等级的分布特征。图像的灰度化处理有很多种方法来实现，下面介绍两种常用的方法。

(1) 平均值法。这种方法求出每个像素的 R、G、B 三个分量的平均值，然后将这个平均值赋予该像素的三个分量。这样，每个像素的颜色将会变成一个灰度值，这个值等于三个通道值的平均值。这种方法简单直接，但可能会丢失一些色彩细节。

(2) YUV 颜色空间法。这种方法利用了 YUV 颜色空间的特性。Y 分量表示亮度，反映了图像的亮度等级。根据 RGB 和 YUV 颜色空间的关系，可以建立亮度 Y 与 R、G、B 三个颜色分量的对应关系，通常使用的公式是 $Y = 0.3R + 0.59G + 0.11B$，这个亮度值表示图像的灰度值。这种方法考虑了颜色分量对亮度的不同贡献，因此在保留图像细节方面效果较好。

选择哪种方法取决于具体的应用需求和图像特征。通常情况下，YUV 颜色空间法在保留图像细节和亮度方面效果更好；而平均值法简单快速，适用于一些对色彩精度要求不高的场景。

1.1.2　图像平滑

图像平滑的目的是消除噪声、模糊图像或去除小的细节，以及弥合目标间的缝隙，这通常通过在空间域或频率域应用低通滤波器来实现，以在减弱或消除高频分量的同时，保留低频分量。下面介绍两种常用的图像平滑方法。

(1) 邻域平均法。这是一种基本的图像平滑技术，它使用图像中每个像素周围像素的平均值来替代该像素的值。具体而言，对于图像中的每个像素，对其周围的一个固定大小的邻域内的像素值进行平均，将得到的平均值赋给该像素。邻域平均法的优点是简单易用、计算速度快。然而，它可能导致图像边缘模糊，并且在有较强噪声时效果不佳。

(2) 中值滤波法。这是一种非线性统计排序滤波法，它使用邻域内像素的中值来代替中心像素的值。与邻域平均法不同，中值滤波法对邻域内像素的值进行排序，并选择排序后的中间值赋给中心像素。中值滤波法不受极端值的影响，并且能够保持图像的边缘和细节信息，去除椒盐噪声等非线性噪声的效果很好。但是，中值滤波法对高斯噪声等线性噪声的去除效果不如线性滤波法。

选择哪种方法取决于具体的应用需求、图像特征以及噪声类型。邻域平均法通常适用于平滑轻度噪声；而中值滤波法则更适用于处理脉冲噪声，并且能够保留图像的边缘信息。

1.1.3　背景消除

背景消除是一种有效的运动对象检测算法，其基本思想是利用背景的参数模型来近似背景图像的像素值，将当前的图像帧与背景图像进行差分以实现对运动区域的检测，其中区别较大的像素被认定是运动区域，而区别较小的像素被认定是背景区域。检测公式为

$$D_k(x,y)=\begin{cases}1, & |f_k(x,y)-B(x,y)|\geqslant T\\ 0, & \text{其他}\end{cases} \tag{1-1}$$

其中，B 为背景图像。在静止状态下，可以利用原背景图像进行背景减除，从而得到目标物体。消除输入背景图像的方法有减法和除法：

$$\text{减法: 背景图像}-\text{原始图像} \tag{1-2}$$

$$\text{除法: } 255\times(1-\text{原始图像/背景图像}) \tag{1-3}$$

在没有原始背景图像的情况下，一般的实现步骤为将图像转为灰度图 → 使用滤波器去除图像中的噪声 → 创建一个光模式图像 → 用光模式矩阵减去处理后的图像矩阵 → 输出图像。

需要注意的是，此方法并不适合所有情况，特别是生成光模式背景。如果是较为复杂且彩色的图像，则完全无法使用这种方式消除。如果先对原始图像执行大面积模糊以得到光模式，即得到和输入背景图像差不多的背景图，再利用式 (1-2) 或式 (1-3) 得到的效果，一定远低于利用无目标物体的原始背景图像进行计算得到的效果。

1.1.4　图像二值化

图像二值化是用灰度变换来研究灰度图像的一种常用方法，即设定某一阈值 T，将灰度图像的像素分成大于阈值的像素群和小于阈值的像素群两部分。例如，输入灰度图像函数为 $f(x,y)$，输出二值图像函数为 $g(x,y)$，则有

$$g(x,y)=\begin{cases}0, & f(x,y)<T\\ 255, & f(x,y)\geqslant T\end{cases} \tag{1-4}$$

实际上，由于图像的多样性，很多时候一般方法并不能使我们的结果达到最优。因此有时候也可以多次手动设置阈值，来找到最优的结果。下面介绍两种常用方法。

1) 大津法 (Otsu 法)

大津法由日本数学家大津展之 (Nobuyuki Otsu) 在 1979 年提出，是最经典的图像二值化方法，目的在于找到一个阈值 t 来最大化类间方差，或等价地，最小化类内方差。

该方法的基本思想是，设阈值将图像分割成两组：一组灰度对应目标，另一组灰度对应背景，则该阈值要使这两组的类间方差最大。记 t 为目标与背景的分割阈值；目标像素数量占图像比例为 ω_0，平均灰度为 μ_0；背景像素数量占图像比例为 ω_1，平均灰度为 μ_1。图像的总平均灰度为 $\mu=\omega_0(t)\mu_0(t)+\omega_1(t)\mu_1(t)$。从最小灰度值 0 到最大灰度值 $m-1$ 遍历 t，当 t 使 $g=\omega_0\left(\mu_0-\mu\right)^2+\omega_1\left(\mu_1-\mu\right)^2$ 最大时，t 为分割的最优阈值。

记 $f(i,j)$ 为 $M\times N$ 大小的图像在点 (i,j) 处的灰度值，不妨假设 $f(i,j)$ 的取值范围为 $[0,m-1]$，图像的平均灰度值为 μ。记 $p(k)$ 为灰度值为 k 的概率，则有

$$p(k)=\frac{1}{MN}\sum_{f(i,j)=k}p \tag{1-5}$$

假设用阈值 t 分割出的目标与背景分别为 $\{f(i,j)\leqslant t\}$ 和 $\{f(i,j)>t\}$，于是有如下关系。

目标部分所占比例为

$$\omega_0(t)=\sum_{0\leqslant i\leqslant t}p\left(i\right) \tag{1-6}$$

目标部分的像素点个数为

$$N_0(t)=MN\sum_{0\leqslant i\leqslant t}p\left(i\right) \tag{1-7}$$

背景部分所占比例为

$$\omega_1(t) = \sum_{t<i\leqslant m-1} p(i) \tag{1-8}$$

背景部分的像素点个数为

$$N_1(t) = MN \sum_{t<i\leqslant m-1} p(i) \tag{1-9}$$

目标灰度均值为

$$\mu_0(t) = \sum_{0\leqslant i\leqslant t} \frac{ip(i)}{\omega_0(t)} \tag{1-10}$$

背景灰度均值为

$$\mu_1(t) = \sum_{t<i\leqslant m-1} \frac{ip(i)}{\omega_1(t)} \tag{1-11}$$

总灰度均值为

$$\mu = \omega_0(t)\mu_0(t) + \omega_1(t)\mu_1(t) \tag{1-12}$$

大津法指出，求图像最优阈值 g 的公式为

$$g = \arg \max_{0\leqslant t\leqslant m-1} \{\omega_0(t)[\mu_0(t) - \mu]^2 + \omega_1(t)[\mu_1(t) - \mu]^2\} \tag{1-13}$$

式 (1-13) 等号右边大括号内就是两类的类间方差表达式。阈值 t 将图像分割为目标和背景两部分，而目标灰度均值为 $\mu_0(t)$，目标所占比例为 $\omega_0(t)$；背景灰度均值为 $\mu_1(t)$，背景所占比例为 $\omega_1(t)$；总灰度均值为 μ。根据方差定义即得该式。

对大津法可理解如下：因为方差是灰度分布均匀性的一种度量，方差越大，说明图像的两部分差别越大。部分目标错分为背景，或部分背景错分为目标，都会导致目标和背景之间的差别变小，要使目标和背景得到最佳分割，即错分概率最小，两类间的方差必须最大化，这便是大津法的真正含义。

其实，换一种思路也能很好地理解大津法。$\mu_0(t)$ 和 $\mu_1(t)$ 分别代表目标和背景的中心灰度，μ 则代表整幅图像的中心灰度。要使目标和背景得到最好的分割，当然希望分割出的目标尽量远离图像中心，即 $[\mu_0(t) - \mu]^2$ 或 $|\mu_0(t) - \mu|$ 尽可能大；背景也尽量远离中心，即 $[\mu_1(t) - \mu]^2$ 或 $|\mu_1(t) - \mu|$ 尽可能大。由于希望二者都大，于是有两种可能。

(1) 二者之加权和最大，即式 (1-13)，进一步推导可得

$$g=\arg \max_{0\leqslant t\leqslant m-1} \left[\omega_0\omega_1(\mu_0-\mu_1)^2\right] \tag{1-14}$$

(2) 二者之积最大：

$$g = \arg \max_{0 \leqslant t \leqslant m-1} \left\{ [\mu_0(t) - \mu]^2 \, [\mu_1(t) - \mu]^2 \right\} \tag{1-15}$$

2) 迭代法

迭代法是一种全局二值化方法，它对图像的阈值分割基于逼近的思想。首先选择一个近似阈值作为初始值，然后进行分割，产生子图像，并根据子图像的平均灰度值来选取新的阈值，再利用新的阈值重新分割图像。经过多次循环，使错误分割的图像像素降到最少。这样做的效果好于用初始阈值直接分割图像。算法具体步骤如下。

(1) 计算图像的最小灰度值 $Z_{\min}$ 和最大灰度值 $Z_{\max}$，以二者的均值作为初始阈值 T_0：

$$T_0 = \frac{Z_{\min} + Z_{\max}}{2} \tag{1-16}$$

(2) 根据阈值 $T_k(k = 0, 1, \cdots)$，将图像分割成目标和背景两个部分，计算目标和背景的平均灰度值 Z_{O} 和 Z_{G}：

$$Z_{\mathrm{O}} = \frac{\sum\limits_{z(i,j)<T_k} z(i,j) \times N(i,j)}{\sum\limits_{z(i,j)<T_k} N(i,j)} \tag{1-17}$$

$$Z_{\mathrm{G}} = \frac{\sum\limits_{z(i,j)>T_k} z(i,j) \times N(i,j)}{\sum\limits_{z(i,j)>T_k} N(i,j)} \tag{1-18}$$

其中，$z(i,j)$ 为图像上点 (i,j) 对应的灰度值；$N(i,j)$ 为该灰度值出现的次数。

(3) 以二者的平均值作为新的阈值：

$$T_{k+1} = \frac{Z_{\mathrm{O}} + Z_{\mathrm{G}}}{2} \tag{1-19}$$

(4) 如果 $|T_{k+1} - T_k| < \varepsilon$($\varepsilon$ 为事先设定的值)，则结束；否则 $k=k+1$，转步骤 (2)。

对于直方图双峰明显、谷底较深的图像，迭代法可以较快地获得满意结果；但是对于直方图双峰不明显或图像目标和背景比例差异悬殊的图像，迭代法选取的阈值不如大津法。

1.2 数学形态学

1.2.1 基本定义

输入图像为二值图像，其中，1 表示背景值，0 表示前景值 (即白背景黑物体，也可以反过来)。

结构元素 (structuring element，SE) 可以是任意形状，SE 中的值可以是 0 或 1。常见的结构元素有矩形和十字形。结构元素有一个锚点 O，一般定义为结构元素的中心 (也可以自由定义位置)。

1.2.2 形态学运算

1) 膨胀

将结构元素 s 在原图像 f 上滑动，把结构元素锚点位置像素的灰度值设置为结构元素中值为 1 的所有像素的最大值，用式 (1-20) 表示：

$$\mathrm{dst}(x,y)=\max_{(x',y'):\ \mathrm{element}\ (x',y')\neq 0}\mathrm{src}\left(x+x',y+y'\right) \tag{1-20}$$

其中，element 为结构元素；(x,y) 为锚点 O 的位置；x' 和 y' 为结构元素值为 1 的像素相对于锚点 O 的位置偏移；src 表示原图；dst 表示结果图。膨胀 (dilation) 运算示意图如图 1-1 所示。

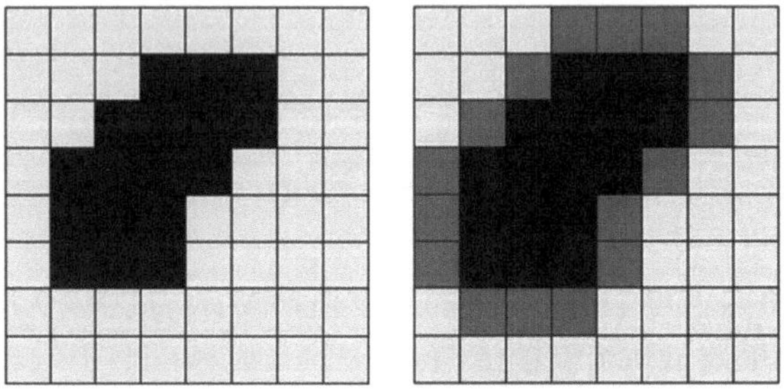

(a) 原图像　　(b) 膨胀图像

图 1-1　膨胀运算示意图

记 f' 为膨胀图像，膨胀运算表示为

$$f'=f\oplus s \tag{1-21}$$

2) 腐蚀

将结构元素 s 在图像 f 上滑动，把结构元素锚点位置像素的灰度值设置为结构元素中值为 1 的所有像素的最小值，用式 (1-22) 表示：

$$\mathrm{dst}(x,y)=\min_{(x',y'):\ \mathrm{element}\ (x',y')\neq 0}\mathrm{src}\,(x+x',y+y') \tag{1-22}$$

其中，element 为结构元素；(x,y) 为锚点 O 的位置；x' 和 y' 为结构元素值为 1 的像素相对于锚点 O 的位置偏移；src 表示原图；dst 表示结果图。腐蚀 (erosion) 运算示意图如图 1-2 所示。

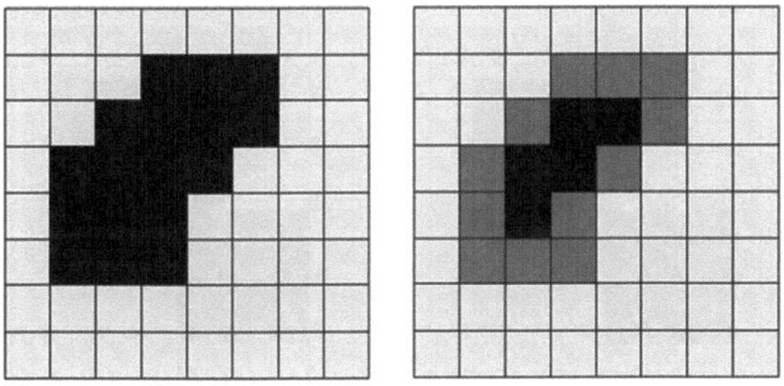

(a) 原图像　　(b) 腐蚀图像

图 1-2　腐蚀运算示意图

记 f' 为腐蚀图像，腐蚀运算表示为

$$f'=f\ominus s \tag{1-23}$$

3) 开运算

对图像 f 用同一结构元素 s 先腐蚀再膨胀，称为开 (open) 运算。记为

$$f\bigcirc s=(f\ominus s)\oplus s \tag{1-24}$$

开运算示意图如图 1-3 所示。

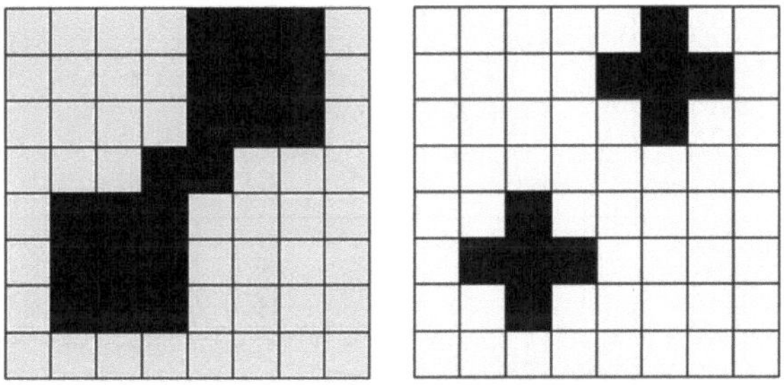

(a) 原图像　　(b) 开运算图像

图 1-3　开运算示意图

4) 闭运算

对图像 f 用同一结构元素 s 先膨胀再腐蚀，称为闭 (close) 运算。记为

$$f \bigcirc s = (f \oplus s) \ominus s \tag{1-25}$$

闭运算示意图如图 1-4 所示。

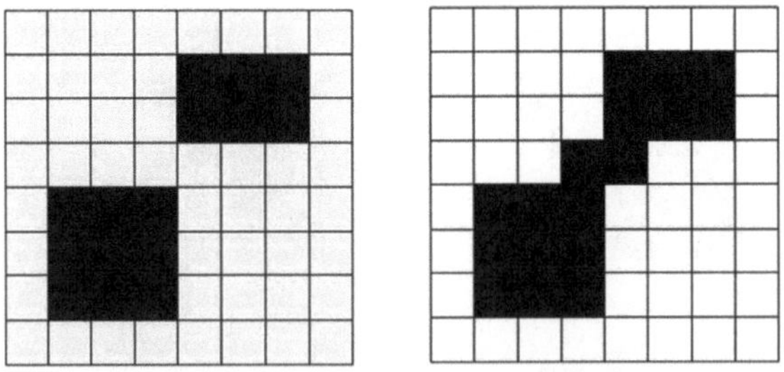

(a) 原图像　　(b) 闭运算图像

图 1-4　闭运算示意图

1.3　一些图像特征的定义

1.3.1　区域描述

1) 质心

在图像处理中，物体的位置通常并不是一个点，而是用物体的面积中心来表示。在单位面积质量恒定的情况下，物体的质心 (centroid) 与形心重合。因此，用物体的面积中心作为物体的位置，如图 1-5 所示。

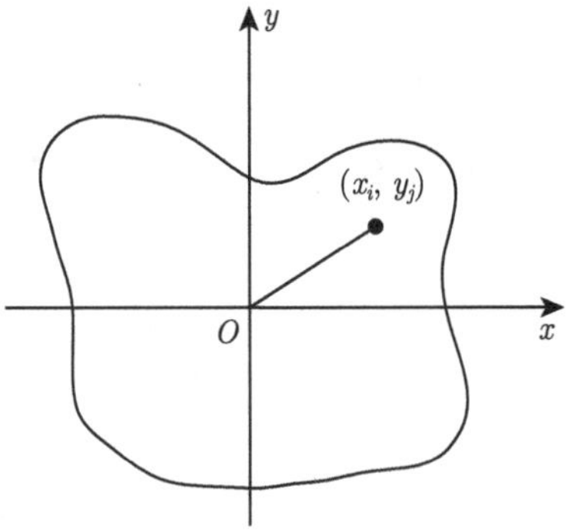

图 1-5　质心示意图

因二值图像质量分布是均匀的，所以质心和形心重合。若图像中的物体对应的像素位置坐标为 (x_i, y_j) $(i = 0,\ 1, \cdots, m-1;\ j = 0, 1, \cdots, n-1)$，则可用

式 (1-26) 计算质心位置坐标：

$$\bar{x} = \frac{1}{mn}\sum_{i=0}^{m-1}\sum_{j=0}^{n-1} x_i,\quad \bar{y} = \frac{1}{mn}\sum_{i=0}^{m-1}\sum_{j=0}^{n-1} y_j \tag{1-26}$$

2) 周长

区域的周长 (perimeter) 即区域的边界长度。一个形状简单的物体用相对较短的周长来包围它所占据面积内的像素，周长就是围绕这些像素的外边界长度。

(1) 如果把图像中的像素看作单位面积小方块，则图像中的目标占据区域和背景均由小方块组成。区域的周长为目标占据区域和背景之间缝隙的长度和，此时边界用隙码表示。因此，求周长就是计算隙码的长度。

(2) 如果把像素看作一个点，则周长用链码表示，求周长即计算链码长度。当链码值为奇数时，其长度记作 $\sqrt{2}$；当链码值为偶数时，其长度记作 1。即周长 p 表示为

$$p = N_{\mathrm{e}} + \sqrt{2}N_{\mathrm{o}} \tag{1-27}$$

其中，N_{e} 和 N_{o} 分别是边界链码 (8 方向) 中走偶数步与走奇数步的数目。

(3) 周长用边界所占个数表示，即边界点数之和，每个点占面积为 1 的一个小方块，因此，周长的计算可以通过将边界上所有点的面积相加来完成。

3) 面积

面积 (area) 是物体总体大小的一个度量。面积只与该物体的边界有关，而与其内部灰度级变化无关。对于形状简单的物体，通常可以用较短的周长来界定其占据的空间。这种关系在图像处理和几何分析中尤为重要，因为它允许我们通过分析边界来推断物体的面积，而无须考虑其内部的复杂性。

(1) 像素计数面积：

$$A = \sum_{x=1}^{M}\sum_{y=1}^{N} f(x,y) \tag{1-28}$$

(2) 边界行程码计算面积分两种情况：若已知区域的行程编码，则只需把值为 1 的行程长度相加，即区域面积；若给定封闭边界的某种表示，则相应连通区域的面积为区域外边界包围的面积与内边界包围的面积 (孔的面积) 之差。

(3) 链码计算面积：

$$y_k = y_0 + \sum_{i=1}^{k} \Delta y_i \tag{1-29}$$

其中，$\Delta y_i = \begin{cases} -1, & \varepsilon_i = 1,2,3 \\ 0, & \varepsilon_i = 0,4 \\ 1, & \varepsilon_i = 5,6,7 \end{cases}$ 。

$$A = \sum_{i=1}^{n} (y_{i-1}\Delta x_i + a) \tag{1-30}$$

其中，$\Delta x_i = \begin{cases} 1, & \varepsilon_i = 0,1,7 \\ 0, & \varepsilon_i = 2,6 \\ -1, & \varepsilon_i = 3,4,5 \end{cases}$，$a = \begin{cases} 1/2, & \varepsilon_i = 1,5 \\ 0, & \varepsilon_i = 0,2,4,6 \\ -1/2, & \varepsilon_i = 3,7 \end{cases}$ 。

(4) 边界坐标计算面积 (格林公式)：

$$\begin{aligned} A &= \frac{1}{2}\sum_{i=1}^{N_\mathrm{b}} [x_i(y_{i+1} - y_i) - y_i(x_{i+1} - x_i)] \\ &= \frac{1}{2}\sum_{i=1}^{N_\mathrm{b}} [x_i y_{i+1} - x_{i+1} y_i] \end{aligned} \tag{1-31}$$

其中，N_b 为边界点的数目。

1.3.2 形状描述

1) 矩形度

矩形度 (rectangularity) 是一种评估目标形状接近矩形程度的度量参数，它量化目标与矩形之间的相似性。可以用目标面积 A_O 和包围它的最小外接矩形的面积 A_R 之比表示：

$$R = \frac{A_\mathrm{O}}{A_\mathrm{R}} \tag{1-32}$$

作为目标矩形度的一种度量参数，它的大小能够反映目标和矩形的接近程度。对于矩形目标，R 将取最大值 1；对于圆形目标，$R = \pi/4$；对于细长而弯曲的目标，R 将变得很小。但是无论是什么目标，均满足 $R \in [0,1]$。

2) 投影比

投影比 (aspect ratio) 可以用最小外接矩形的宽度 W 与长度 L 的比值表示：

$$\mathrm{ar} = \frac{W}{L} \tag{1-33}$$

作为目标投影比的一种度量参数，这一参数可以把细长目标和方形目标区分开来。

3) 圆形度

如果 area 是区域的面积，max 是从中心到所有轮廓像素的最大距离，则圆形度 (roundness) 的基本定义如下：

$$C_0 = \frac{\text{area}}{\pi \times \text{max}^2} \tag{1-34}$$

也可通过周长 (perimeter) 来定义圆形度：

$$C_0 = \frac{4\pi \times \text{area}}{\text{perimeter}^2} \tag{1-35}$$

1.4 插值算法

插值，也称内插 (interpolation)，是一种通过已知的离散数据点，在数据范围内求解新的数据点的方法。

插值的起源可以追溯到数学和科学领域中对实验或观测数据的处理需求。这些需求大体分为两类：一种情况是在实际应用中，许多数据点通常借助采样、实验等方法获得，而为了进行更全面或更精确的分析，我们往往希望得到一个连续的函数 (也就是曲线)，因此需要在这些离散点之间进行插值估算，从这些数据出发构造函数的近似表达式，例如，地理信息系统、图像处理、物理学、工程学等领域中常常需要进行插值以获取缺失部分的信息；另一种情况是有些函数的解析表达式过于复杂，不便于快速计算，插值是一种重新构造函数近似表达式的方法。

插值算法是数值分析中历史悠久的基本算法。对插值的研究可以追溯到 18 世纪法国数学家拉格朗日、英国数学家爱德华•华林和瑞士数学家欧拉的工作。因此插值算法发展至今，有着丰富的种类和形式。常见的插值有多项式插值、分段插值、三次埃尔米特插值以及三次样条插值。

下面给出本书案例中所用插值的基本理论知识。

1.4.1 插值基本原理

已知节点 $a \leqslant x_0 < x_1 < \cdots < x_n \leqslant b$ 上的函数值 $y_0, y_1, \cdots, y_n$，构造函数 $y = f(x)$，通过 $[a, b]$ 中的全部节点，即 $y_i = f(x_i)$，$i = 1, 2, \cdots, n$。

用函数 $f(x)$ 计算新的节点 $\widetilde{x} \in (a, b)$ 上的函数值，即插值：

$$\widetilde{y} = f(\widetilde{x}) \tag{1-36}$$

在这里，构造插值函数显得尤为重要。

1.4.2 拉格朗日插值函数

拉格朗日 (Lagrange) 插值通过构造拉格朗日插值函数来实现插值的目的，下面将从一般形式讲起。

1. 一般形式

已知数据如表 1-1 所示。

表 1-1　n 点插值

x_i	x_1	x_2	···	x_n
y_i	y_1	y_2	···	y_n

根据上述给定的数据，构造下面的插值函数：

$$L_n(x) = a_n x^n + a_{n-1}x^{n-1} + \cdots + a_1 x + a_0 = \sum_{i=0}^{n} y_i l_i(x) \tag{1-37}$$

其中：

$$l_i(x) = \frac{(x-x_0)\cdots(x-x_{i-1})(x-x_{i+1})\cdots(x-x_n)}{(x_i-x_0)\cdots(x_i-x_{i-1})(x_i-x_{i+1})\cdots(x_i-x_n)} \tag{1-38}$$

式 (1-38) 即拉格朗日插值函数的一般形式。

在实际应用中，最常见的是两点插值和三点插值。下面就给出这两种形式的拉格朗日插值公式及图形。

2. 两点插值形式及图形

已知数据如表 1-2 所示。

表 1-2　两点插值

x_i	x_0	x_1
y_i	y_0	y_1

两点插值形式如下：

$$\begin{aligned} L_1(x) = a_1 x + a_0 &= y_0 l_0(x) + y_1 l_1(x) \\ &= y_0 \frac{x-x_1}{x_0-x_1} + y_1 \frac{x-x_0}{x_1-x_0} \end{aligned} \tag{1-39}$$

从图 1-6 中可以看出，两点插值得到的是一条直线。

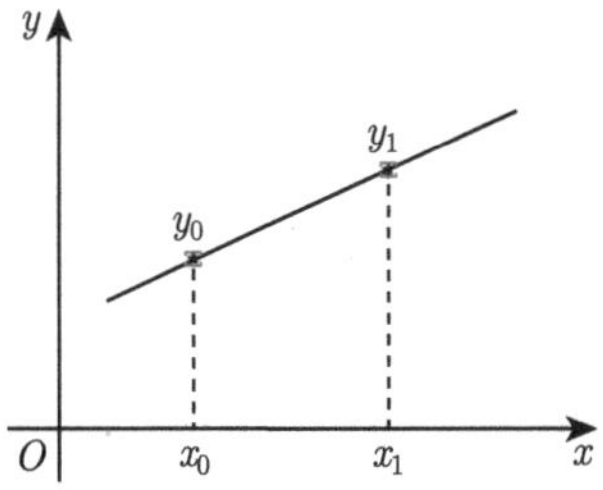

图 1-6　两点插值示意图

3. 三点插值形式及图形

已知数据如表 1-3 所示。

表 1-3　三点插值

x_i	x_0	x_1	x_2
y_i	y_0	y_1	y_2

三点插值形式如下：

$$
\begin{aligned}
L_2(x) &= a_2x^2 + a_1x^1 + a_0 \\
&= y_0l_0(x) + y_1l_1(x) + y_2l_2(x) \\
&= y_0\frac{(x-x_1)(x-x_2)}{(x_0-x_1)(x_0-x_2)} + y_1\frac{(x-x_0)(x-x_2)}{(x_1-x_0)(x_1-x_2)} + y_2\frac{(x-x_0)(x-x_1)}{(x_2-x_0)(x_2-x_1)}
\end{aligned} \tag{1-40}
$$

从图 1-7 中可以看出，三点插值得到的是一条二次曲线。

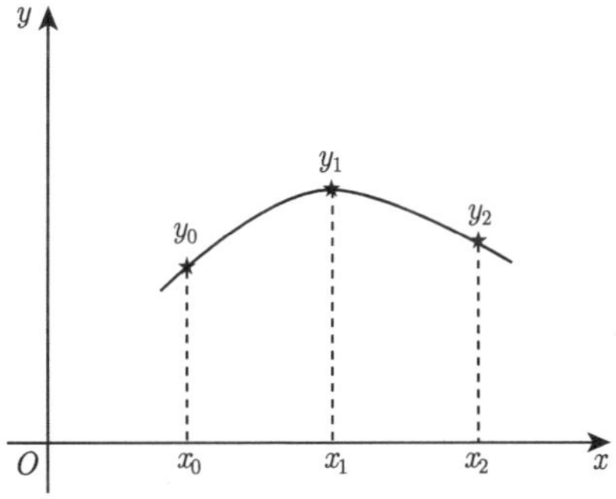

图 1-7　三点插值示意图

1.4.3　牛顿插值函数

牛顿 (Newton) 插值函数的构造需要借助差商。

1. 差商的构造

已知数据如表 1-2 所示，令 y_0、y_1 为函数在点 x_0 和 x_1 上的零阶差商，分别记为 $f[x_0]$ 和 $f[x_1]$。则关于点 x_0 和 x_1 的一阶差商定义为

$$f[x_0,x_1] = \frac{y_1-y_0}{x_1-x_0} = \frac{f[x_1]-f[x_0]}{x_1-x_0} \tag{1-41}$$

一般地，对于 $k+1$ 个数据点，我们总可以构造如下 k 阶差商：

$$f[x_0, x_1, \cdots, x_k] = \frac{f[x_1, \cdots, x_{k-1}, x_k] - f[x_0, x_1, \cdots, x_{k-1}]}{x_k - x_0} \tag{1-42}$$

借助差商这个工具，我们即可构造一般形式的牛顿插值函数。

2. 一般形式

已知数据如表 1-1 所示，根据上述给定的数据，构造下面的插值函数：

$$\begin{aligned} N_n(x) &= a_n x^n + a_{n-1} x^{n-1} + \cdots + a_1 x + a_0 \\ &= f[x_0] + \sum_{k=1}^{n} f[x_0, x_1, \cdots, x_k] \prod_{i=0}^{k-1} (x - x_i) \end{aligned} \tag{1-43}$$

其中，$f[x_0, x_1, \cdots, x_k]$ 即差商。

从牛顿插值函数的构造可以看出，牛顿插值相较于拉格朗日插值更灵活。这是因为，当增加插值节点时，牛顿插值只是在原来的基础上增加部分计算工作量，原来的计算结果仍可利用。下面给出牛顿一次插值和二次插值。

3. 牛顿一次插值

已知数据如表 1-2 所示，构造如表 1-4 所示的一阶差商表。

表 1-4　一阶差商表

x_i	零阶差商	一阶差商
x_0	$f[x_0]$	—
x_1	$f[x_1]$	$f[x_0, x_1]$

得到牛顿一次插值形式如下：

$$N_1(x) = a_1 x + a_0 = f[x_0] + f[x_0, x_1](x - x_0) \tag{1-44}$$

4. 牛顿二次插值

已知数据如表 1-3 所示，构造如表 1-5 所示的二阶差商表。

表 1-5　二阶差商表

x_i	零阶差商	一阶差商	二阶差商
x_0	$f[x_0]$	—	—
x_1	$f[x_1]$	$f[x_0, x_1]$	—
x_2	$f[x_2]$	$f[x_1, x_2]$	$f[x_0, x_1, x_2]$

得到牛顿二次插值形式如下：

$$\begin{aligned} N_1(x) &= a_1x + a_0 \\ &= f[x_0] + f[x_0, x_1](x - x_0) + f[x_0, x_1, x_2](x - x_0)(x - x_1) \end{aligned} \tag{1-45}$$

1.4.4　分段线性插值

分段线性插值即将相邻插值节点用线段连接起来，从而形成折线。分段线性插值的原理十分简单，其运算量较小，插值误差较小，插值函数具有连续性。但是由于不考虑节点处的导数信息，插值曲线上存在角点。

分段插值公式的构造如下：假设在区间 $[a,b]$ 上有 n 个插值节点 $a = x_1 < \cdots < x_n = b$ 和相应的函数值 $y_1, \cdots, y_n$，如表 1-1 所示，则分段线性插值公式为

$$I(x) = \sum_{i=0}^{n} y_i l_i(x) \tag{1-46}$$

其中：

$$l_0(x) = \begin{cases} \dfrac{x - x_1}{x_0 - x_1}, & x_0 \leqslant x \leqslant x_1 \\ 0, & [a,b] \backslash [x_0, x_1] \end{cases}$$

$$l_i(x) = \begin{cases} \dfrac{x - x_{i-1}}{x_i - x_{i-1}}, & x_{i-1} \leqslant x \leqslant x_i \\ \dfrac{x - x_{i+1}}{x_i - x_{i+1}}, & x_i \leqslant x \leqslant x_{i+1} \\ 0, & [a,b] \backslash [x_{i-1}, x_{i+1}] \end{cases}, \quad i = 1, 2, \cdots, n-1 \tag{1-47}$$

$$l_n(x) = \begin{cases} \dfrac{x - x_{n-1}}{x_n - x_{n-1}}, & x_{n-1} \leqslant x \leqslant x_n \\ 0, & [a,b] \backslash [x_{n-1}, x_n] \end{cases}$$

1.4.5　双线性插值

顾名思义，双线性插值的基本思想是在两个方向分别进行一次线性插值，从而在二维平面上进行更准确的估算。它通常应用于图像处理和计算机图形学等领域，用于在像素级别上估算图像中像素之间的值。我们用图 1-8 来解释双线性插值的原理。

如图 1-8 所示，已知函数 f 在 $Q_{11} = (x_1, y_1)$、$Q_{12} = (x_1, y_2)$、$Q_{21} = (x_2, y_1)$ 和 $Q_{22} = (x_2, y_2)$ 四个点的值，我们想得到未知函数 f 在点 $P = (x, y)$ 的值。根据双线性插值的思想，我们不妨先在 x 轴方向插值：

$$f(x, y_1) \approx R_1 = \frac{x - x_2}{x_1 - x_2} f(Q_{11}) + \frac{x - x_1}{x_2 - x_1} f(Q_{21}) \tag{1-48}$$

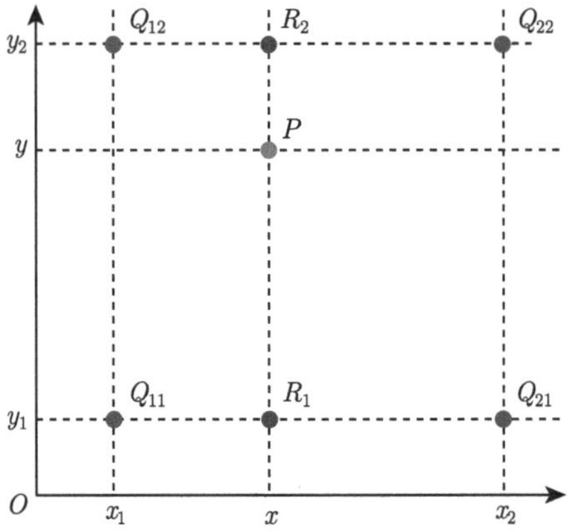

图 1-8　双线性插值原理示意图

$$f(x,y_2) \approx R_2 = \frac{x-x_2}{x_1-x_2} f(Q_{12}) + \frac{x-x_1}{x_2-x_1} f(Q_{22}) \tag{1-49}$$

然后再在 y 轴方向插值：

$$\begin{aligned} f(x,y) = f(P) &\approx \frac{y-y_2}{y_1-y_2} R_1 + \frac{y-y_1}{y_2-y_1} R_2 \\ &= \frac{1}{(x_2-x_1)(y_2-y_1)} \begin{bmatrix} x_2-x_1 & x-x_1 \end{bmatrix} \begin{bmatrix} f(Q_{11}) & f(Q_{12}) \\ f(Q_{21}) & f(Q_{22}) \end{bmatrix} \begin{bmatrix} y_2-y \\ y-y_1 \end{bmatrix} \end{aligned} \tag{1-50}$$

得到双线性插值公式。

作为图像处理领域的一种基本算法，插值算法在图像的放大、缩小、旋转等处理中广泛应用。观察双线性插值的公式可知，该插值是利用与坐标轴平行的两条直线把小数坐标分解到相邻的四个整数坐标点上，达到将插值坐标点转换成整数的目的。相较于最近邻法和双三次插值，双线性插值在效果和速度上可以达到一个比较完美的平衡。

1.5　图像分类简介

1.5.1　支持向量机

支持向量机 (support vector machine，SVM) 是基于统计学习理论的一种机器学习方法，其通过寻求最小结构化风险来提高学习机泛化能力，实现经验风险和置信范围的最小化，从而达到在样本量较少的情况下也能获得良好统计规律的目的。同时，SVM 将问题转化为二次规划问题，理论上可以得到全局最优解。

支持向量机可由简至繁划分为以下模式。

(1) 线性可分支持向量机：这是最基础的形式，通过训练数据间的线性可分来构建模型。

(2) 硬间隔支持向量机 (硬间隔最大化)：这是在训练数据线性可分的基础上，通过最大化硬间隔 (即训练样本点到决策边界的距离) 来构建模型。

(3) 线性支持向量机：这是在训练数据近似线性可分的基础上，优化模型的决策边界，使其尽可能接近训练数据，以提高模型的泛化能力。

(4) 软间隔支持向量机 (软间隔最大化)：这是在训练数据线性不可分的情况下，通过引入软间隔最大化 (即允许样本点偏离决策边界一定距离) 来构建模型。

(5) 非线性支持向量机：这是通过使用核技巧和软间隔最大化来处理非线性数据 (训练数据线性不可分) 的一种方法。

例如，给定训练样本集 $D=\{(x_1,y_1),(x_2,y_2),\cdots,(x_m,y_m)\}$，$y_i\in\{-1,+1\}$，分类学习的基本思想就是基于训练样本集 D 在样本空间中找到一个分割超平面，以此来区分不同类别的样本。线性可分支持向量机正是实现这一目标的算法之一，它通过构建一个超平面，确保不同类别的样本分别在该超平面两侧，并尽可能使最近的样本点到超平面的距离最大化，从而达到良好的分类效果，例如，在两个类别线性可分的情况下，其超平面如图 1-9 所示。

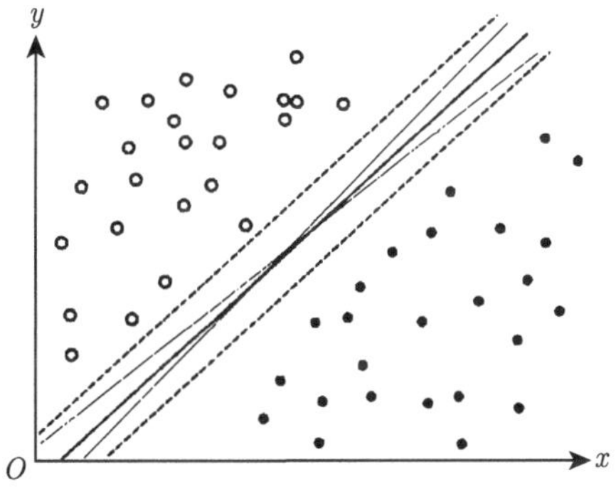

图 1-9　线性可分类问题示意图

以图像分类为例，将图像的各个特征理解为维数，那么每张图片就是在这个高维空间里的一个点。但高维是不能直接可视化的，为了便于理解，我们可以用图 1-10 的二维情况做一个类比，来对三个类别 (树、房屋、水果) 的图像进行分类。

对于线性不可分问题，SVM 方法经核函数可以将数据映射到高维度空间。因此，原本线性不可分的问题就转变为线性可分的问题，如图 1-11 所示。

为了更加直观，再看一个例子，如图 1-12 所示。在图 1-12(a) 的样本空间中，我们找不到一个超平面能够将两个异类样本分开，也就是说，这些样本是线性不

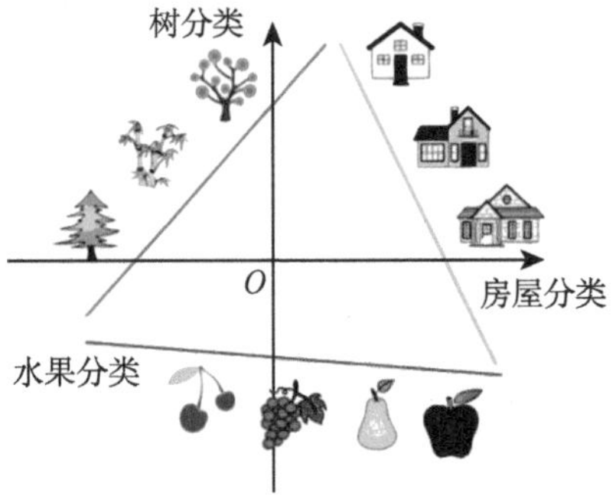

图 1-10　二维图像分类示意图

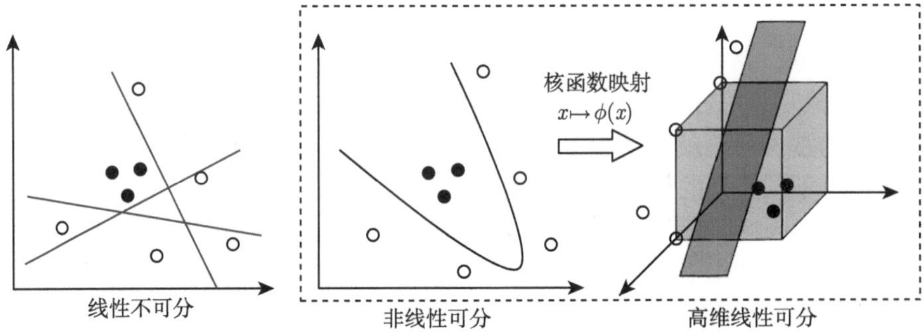

图 1-11　核函数映射示意图 1

可分的，但是我们能够找到一个圆将它们分开。对于在原始空间中线性不可分的样本，我们可以寻找一个映射函数 ϕ，将原始空间映射到一个更高维的空间中，如图 1-12(b) 所示，我们把图 1-12(a) 映射到图 1-12(b) 之后，就能够找到一个超平面将两类样本分开了。

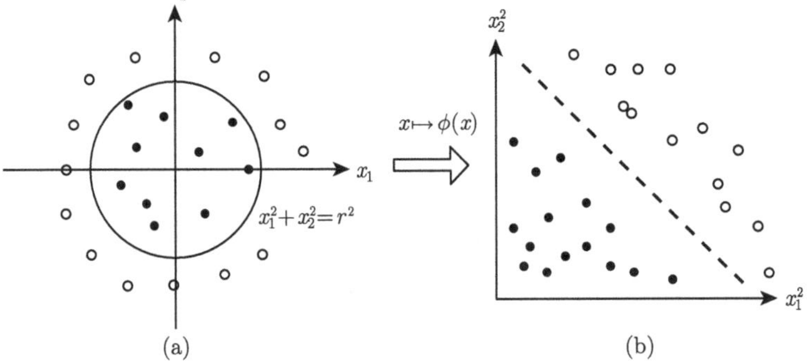

图 1-12　核函数映射示意图 2

因此，一个直观的结论是，如果原始空间是有限维，即属性数有限，那么一定存在一个高维特征空间是样本可分的，这一点是支持向量机理论的核心之一。通过映射到高维空间，即使样本在原始空间中不可分，也能在新的特征空间中实现有效分类。

1.5.2 SVM 求解原理

支持向量机的基本思想是通过某种事先选择的核函数，将输入空间隐式映射到一个高维的特征空间，把低维空间的非线性问题变换成高维空间的线性可分问题。在高维空间中构造一个最优线性分类面，不仅能够把两类分开，还可以使两类的分类间隔最大。

对于线性问题，我们的目标是找到一个最优的超平面来划分不同类别的样本，以最大化类别间的间隔。这个最优超平面由法向量 $\boldsymbol{\omega}$ 和偏移项 b 确定，其方程为 $\boldsymbol{\omega}^\top \boldsymbol{x} + b = 0$。已知一组训练集 $D = \{(\boldsymbol{x}_i, y_i), i = 1, 2, \cdots, l, \boldsymbol{x}_i \in \mathbb{R}^k, y_i \in \{-1, +1\}\}$，确定一个基于训练集 D 的函数：

$$f(\boldsymbol{x}) = \boldsymbol{\omega}^\top \boldsymbol{x} + b \tag{1-51}$$

来逼近未知的回归函数。构造最优线性分类面方程为

$$\boldsymbol{\omega}^\top \boldsymbol{x} + b = 0 \tag{1-52}$$

其中，$\boldsymbol{\omega} = (\omega_1, \omega_2, \cdots, \omega_k)$ 为法向量，决定超平面的方向；b 为偏移项，决定超平面与原点之间的距离。划分超平面可记为 $(\boldsymbol{\omega}^\top, b)$，样本空间中任意一点 $\boldsymbol{x}$ 到超平面的距离为

$$r = \frac{|\boldsymbol{\omega}^\top \boldsymbol{x} + b|}{\|\boldsymbol{\omega}\|} \tag{1-53}$$

假设超平面能将训练样本正确分类，即对于训练样本 $(\boldsymbol{x}_i, y_i) \in D$，满足式 (1-54)：

$$\begin{cases} \boldsymbol{\omega}^\top \boldsymbol{x} + b \geqslant +1, & y_i = +1 \\ \boldsymbol{\omega}^\top \boldsymbol{x} + b \leqslant -1, & y_i = -1 \end{cases} \tag{1-54}$$

这两个不等式定义了样本空间中超平面两侧的“边界”,即决策边界。总会有一些正例样本和反例样本距离超平面是最近的，这些样本点称为支持向量 (support vector) ，如图 1-13 所示，而过这些支持向量且平行于超平面的直线就是图中的两条虚线：

$$\begin{cases} \boldsymbol{\omega}^\top \boldsymbol{x} + b = +1 \\ \boldsymbol{\omega}^\top \boldsymbol{x} + b = -1 \end{cases} \tag{1-55}$$

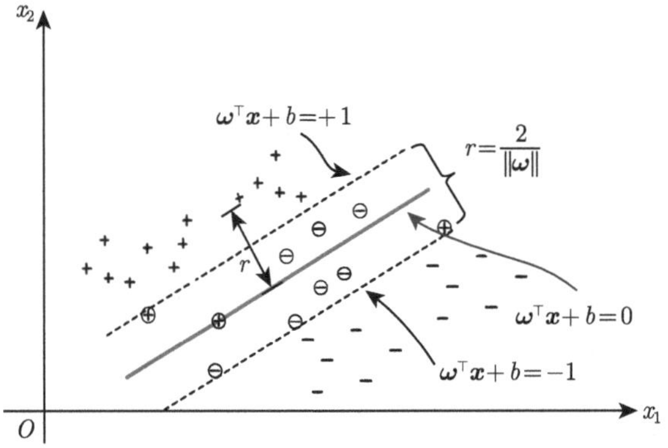

图 1-13　软间隔效果示意图

两个支持向量到超平面的距离之和如式 (1-56) 所示，它被称为间隔 (margin)。

$$r=\frac{2}{\|\boldsymbol{\omega}\|} \tag{1-56}$$

支持向量机的求解目标是要找到最大间隔 (maximum margin) 的划分超平面，也就是找到满足式 (1-54) 中的约束参数 $\boldsymbol{\omega}$ 和 b，使 r 最大，即

$$\begin{aligned}&\max_{\boldsymbol{\omega},b} r=\frac{2}{\|\boldsymbol{\omega}\|}\\&\text{s.t.}\quad y_i\left(\boldsymbol{\omega}^\top\boldsymbol{x}_i+b\right)\geqslant 1,\quad i=1,2,\cdots,l\end{aligned} \tag{1-57}$$

此外，式 (1-57) 也等价于

$$\begin{aligned}&\min_{\boldsymbol{\omega},b} r=\frac{1}{2}\|\boldsymbol{\omega}\|\\&\text{s.t.}\quad y_i\left(\boldsymbol{\omega}^\top\boldsymbol{x}_i+b\right)\geqslant 1,\quad i=1,2,\cdots,l\end{aligned} \tag{1-58}$$

最大化间隔的意义在于提高分类器对新样本的泛化能力，使模型不仅适用于训练数据，还能良好地分类未见过的数据。在实际的优化过程中，我们通过求解一个凸二次规划问题来最小化 $\|\boldsymbol{\omega}\|^2$，这样做直接导致间隔的最大化。这种方法通过引入拉格朗日乘子和对偶形式，可以更高效地计算。特别是当引入核函数来处理非线性可分的数据时，SVM 显示出强大的灵活性。

在实际应用中，特别是当输入空间被核函数映射到高维特征空间后，可能存在少数线性不可分的样本，这称为近似线性可分问题。出现这种情况的原因可能是数据中存在错误的样本或噪声，这些异常样本可能会影响模型的学习过程，甚至可能导致问题无法找到解决方案。然而，忽略这些样本也不是一个可行的解决

策略，因为它们可能包含重要信息。为了处理这种情况，可以引入松弛变量 ξ_i，将约束条件放宽为

$$y_i\left(\boldsymbol{\omega}^{\top}\boldsymbol{x}_i+b\right)\geqslant 1-\xi_i,\quad \xi_i\geqslant 0,\quad i=1,2,\cdots,l \tag{1-59}$$

其中，$\boldsymbol{\omega}$ 和 b 为参数；y_i 为分类类别。由于松弛变量是非负的，因此最终的结果要求间隔可以比 1 小。但是，当某些样本点出现间隔比 1 小的情况时 (这些点也叫离群点)，对这些离群点的精确分类被放弃，这在一定程度上是一种损失，因为模型可能无法完全正确地分类这些点。然而，这样做的好处是允许分类超平面不必紧贴这些离群点，从而可以在整体上获得一个更大的几何间隔。这使得在多数样本上的分类边界更加稳定和平滑，特别是在原始的低维空间中。

这种损失可以用松弛项的求和来衡量，其中没有离群点的松弛变量为零。把损失加入目标函数的时候，需要一个惩罚因子 C，表示对这些离群点的重视程度，较大的 C 强调减少误分类 (即对离群点的惩罚增大)，而较小的 C 则倾向于增加间隔的宽度。上述优化问题的目标函数可表示为

$$\varPhi(\boldsymbol{\omega},\xi)=\frac{1}{2}\|\boldsymbol{\omega}\|^2+C\sum_{i=1}^{l}\xi_i \tag{1-60}$$

其中，C 代表惩罚因子，即对误差的约束。在式 (1-59) 的约束下，最小化式 (1-60)，得到式 (1-61)，称为软间隔线性支持向量机。它通过引入松弛变量来允许一定程度的误分类，从而提高模型在实际应用中的适用性和鲁棒性，如图 1-14 所示。

$$\begin{aligned}&\min_{\boldsymbol{\omega},b,\xi_i}\varPhi(\boldsymbol{\omega},\xi)=\frac{1}{2}\|\boldsymbol{\omega}\|^2+C\sum_{i=1}^{l}\xi_i\\&\text{s.t.}\begin{cases}y_i\left(\boldsymbol{\omega}^{\top}\boldsymbol{x}_i+b\right)\geqslant 1-\xi_i\\\xi_i\geqslant 0,\quad i=1,2,\cdots,l\end{cases}\end{aligned} \tag{1-61}$$

我们考虑允许数据中的离群点或噪声有一定程度的误分类情况，可以发现，式 (1-61) 可形式化为一个求解凸二次规划的问题，也等价于正则化损失函数的最小化问题，最优解为拉格朗日函数的鞍点，即

$$L(\boldsymbol{\omega},b,\alpha)=\frac{1}{2}\|\boldsymbol{\omega}\|^2+C\sum_{i=1}^{l}\xi_i-\sum_{i=1}^{l}\alpha_i\left[y_i\left(\boldsymbol{\omega}^{\top}\boldsymbol{x}_i+b\right)+\xi_i-1\right]-\sum_{i=1}^{l}\beta_i\xi_i \tag{1-62}$$

根据优化理论 KKT (Karush-Kuhn-Tucker) 条件，最优解满足：

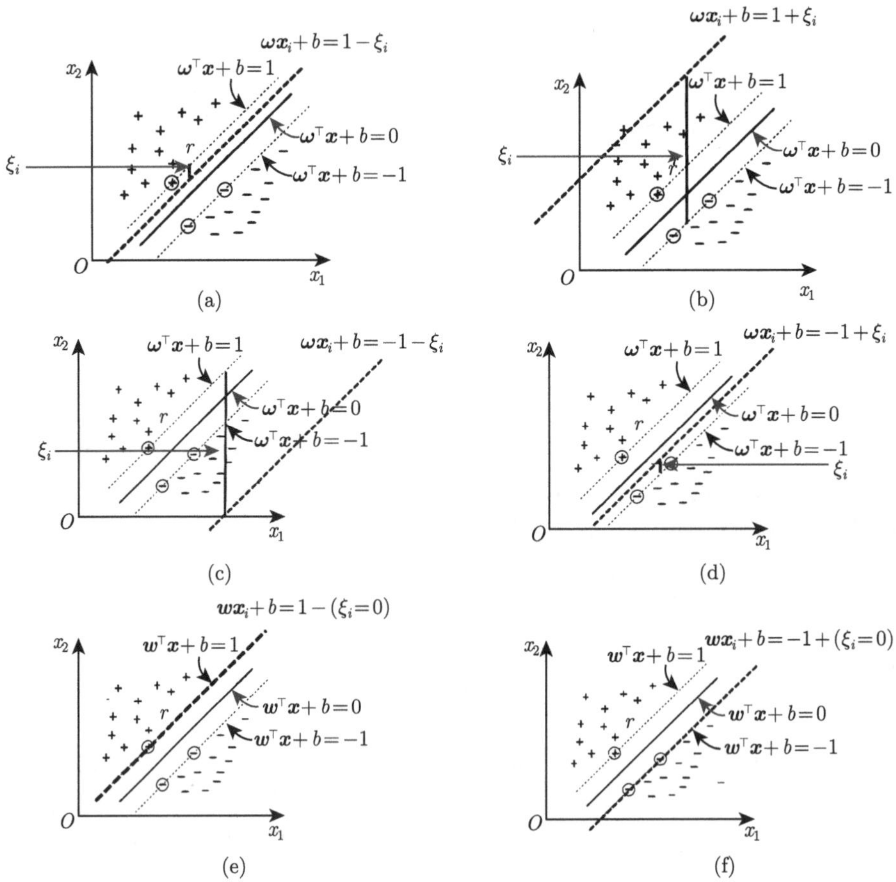

图 1-14　软间隔与松弛向量示意图

$$
\begin{cases}
\dfrac{\partial L}{\partial \xi_i}=C-\alpha_i-\beta_i=0 \\
\alpha_i\left[y_i\left(\boldsymbol{\omega}^{\top}\boldsymbol{x}_i+b\right)-1+\xi_i\right]=0, \quad \forall i \\
\alpha_i,\beta_i,\xi_i \geqslant 0, \quad \forall i \\
\beta_i\xi_i=0, \quad \forall i
\end{cases}
\tag{1-63}
$$

由于：

$$
\min_{\boldsymbol{\omega},b}\max_{\alpha>0} L(\boldsymbol{\omega},b,\alpha_i)=\max_{\alpha>0}\min_{\boldsymbol{\omega},b} L(\boldsymbol{\omega},b,\alpha_i)
\tag{1-64}
$$

因此，我们求得拉格朗日函数 L 的最优解的参数 $\boldsymbol{\omega}$、b 后，就可以将 $\boldsymbol{\omega}$、b 代入式 (1-62)，得到一个关于 α 的函数，此时只需要对 α 求最大值即可。求解式 (1-62)，我们先假设 α 是一个常数，对 $\boldsymbol{\omega}$ 和 b 分别求偏导并设为 0，得

$$\begin{aligned}&\frac{\partial L(\boldsymbol{\omega},b,\alpha)}{\partial \boldsymbol{\omega}}=0\Rightarrow \boldsymbol{\omega}=\sum_{i=1}^{l}y_i\alpha_i\boldsymbol{x}_i\\&\frac{\partial L(\boldsymbol{\omega},b,\alpha)}{\partial b}=0\Rightarrow 0=\sum_{i=1}^{l}y_i\alpha_i\end{aligned}\tag{1-65}$$

将式 (1-65) 代入式 (1-64) 中，可以将最优超平面的求解问题转化为式 (1-62) 的只与 α 相关的对偶问题。对偶问题的形式为

$$\begin{aligned}&\max L(\alpha)=\sum_{i=1}^{l}\alpha_i-\frac{1}{2}\sum_{i=1}^{l}\sum_{j=1}^{l}y_iy_j\alpha_i\alpha_j\boldsymbol{x}_i^{\top}\boldsymbol{x}_j\\&\text{s.t.}\begin{cases}0\leqslant\alpha_i\leqslant C\\\displaystyle\sum_{i=1}^{l}y_i\alpha_i=0,\quad i=1,2,\cdots,l\end{cases}\end{aligned}\tag{1-66}$$

通过解决对偶问题，我们可以有效处理含噪声和离群点的数据，确保划分超平面尽可能适应大部分数据，而不仅是少数离群点。选择不为零的 α_i，得到集合 $\{b_i^*\}$，此集合基数记为 m，通过式 (1-67) 解出 $\bar{b}$：

$$\bar{b}=\frac{1}{m}\sum_{i=1}^{m}b_i^*=\frac{1}{m}\sum_{i=1}^{m}\left(y_i-\sum_{j=1}^{l}\alpha_j\boldsymbol{x}_i^{\top}\boldsymbol{x}_j\right)\tag{1-67}$$

从而得到分类决策函数：

$$f(\boldsymbol{x})=\operatorname{sgn}[\boldsymbol{\omega}^{\top}\boldsymbol{x}+\bar{b}]=\operatorname{sgn}\left[\sum_{i=1}^{l}y_i\alpha_i\boldsymbol{x}_i^{\top}\boldsymbol{x}+\bar{b}\right]\tag{1-68}$$

为了解决非线性问题，可以将输入向量经过非线性映射，映射到高维空间，将其转化为线性可分问题进行求解。设非线性映射为 $\varphi(\boldsymbol{x})$，定义一个对称函数 $K(\boldsymbol{x},\boldsymbol{y})$，它满足默瑟 (Mercer) 条件，因此可以得到一个核函数 $K(\boldsymbol{x},\boldsymbol{y})=\langle\varphi(\boldsymbol{x})\varphi(\boldsymbol{y})\rangle$，其中，$\langle\cdot,\cdot\rangle$ 表示内积。则在约束条件下，目标函数为

$$W(\alpha)=\sum_{i=1}^{l}\alpha_i-\frac{1}{2}\sum_{i=1}^{l}\sum_{j=1}^{l}y_iy_j\alpha_i\alpha_jK(\boldsymbol{x}_i,\boldsymbol{x}_j)\tag{1-69}$$

为了获得最大间隔的划分超平面，我们同样可以将问题简化为只与 α 相关的对偶问题。设原问题为

$$\min \varphi(\boldsymbol{\omega})=\frac{1}{2}\|\boldsymbol{\omega}\|^2+C\sum_{i=1}^{l}\xi_i$$
$$\text{s.t.}\begin{cases} y_i\left\{\left[\boldsymbol{\omega}^{\top}\varphi\left(\boldsymbol{x}_i\right)\right]+b\right\}\geqslant 1-\xi_i \\ \xi_i\geqslant 0, \quad i=1,2,\cdots,l \end{cases} \tag{1-70}$$

则根据 KKT 条件，其对偶问题为

$$\max L(\alpha)=\sum_{i=1}^{l}\alpha_i-\frac{1}{2}\sum_{i=1}^{l}\sum_{j=1}^{l}y_i y_j\alpha_i\alpha_j K\left(\boldsymbol{x}_i,\boldsymbol{x}_j\right)$$
$$\text{s.t.}\begin{cases} 0\leqslant\alpha_i\leqslant C \\ \displaystyle\sum_{i=1}^{l}y_i\alpha_i=0, \quad i=1,2,\cdots,l \end{cases} \tag{1-71}$$

选择不为零的 α_i，得到集合 $\{b_i^*\}$，此集合基数记为 m，通过式 (1-72) 解出 $\bar{b}$:

$$\bar{b}=\frac{1}{m}\sum_{i=1}^{m}b_i^*=\frac{1}{m}\sum_{i=1}^{m}\left[y_i-\sum_{j=1}^{l}\alpha_j K\left(\boldsymbol{x}_i,\boldsymbol{x}_j\right)\right] \tag{1-72}$$

从而得到相应的分类决策函数为

$$f(\boldsymbol{x})=\operatorname{sgn}[\boldsymbol{\omega}^{\top}\varphi(\boldsymbol{x})+\bar{b}]=\operatorname{sgn}\left[\sum_{i=1}^{l}y_i\alpha_i K\left(\boldsymbol{x}_i,\boldsymbol{x}\right)+\bar{b}\right] \tag{1-73}$$

支持向量机的核函数选择是关键，其形式和参数对分类的性能具有重要影响。研究表明，惩罚因子 C 和核函数参数是影响 SVM 性能的关键因素。虽然不同的核函数对 SVM 的性能影响并不是很大，但只有选择合适的核函数和相应的参数 (核参数)，将数据映射到合适的特征空间，才能得到具有良好学习能力和泛化能力的 SVM 分类器。因此，在构建 SVM 分类器时，应仔细考虑这些因素，以确保其性能达到最佳。

实际上，核函数、核参数及映射空间之间存在一一对应的关系。这意味着在应用 SVM 时，应该重点考虑选择适合数据特征和问题需求的核函数及其参数。在实践中，通常会尝试多种核函数，并根据交叉验证等方法来选择最优的核函数和参数组合。重要的是要理解不同核函数的特点及其对数据的映射方式，以便能够根据问题的特点做出最合适的选择。通过正确选择核函数和参数，可以提高 SVM 的分类性能和泛化能力，从而更好地适应不同的数据和应用场景。表 1-6 是一些常用的核函数。

表 1-6　常用的核函数

名称	表达式	参数
线性核	$K(\boldsymbol{x},\boldsymbol{y})=\boldsymbol{x}^\top\boldsymbol{y}$	—
多项式核	$K(\boldsymbol{x},\boldsymbol{y})=\left(\boldsymbol{x}^\top\boldsymbol{y}\right)^d$	$d(\geqslant 1)$ 为多项式的次数
高斯核	$K(\boldsymbol{x},\boldsymbol{y})=\exp\left(-\dfrac{\\|\boldsymbol{x}-\boldsymbol{y}\\|^2}{2\sigma^2}\right)$	$\alpha(>0)$ 为高斯核的带宽
拉普拉斯核	$K(\boldsymbol{x},\boldsymbol{y})=\exp\left(-\dfrac{\\|\boldsymbol{x}-\boldsymbol{y}\\|}{\alpha}\right)$	$\alpha>0$
Sigmoid 核	$K(\boldsymbol{x},\boldsymbol{y})=\tanh\left(\beta\boldsymbol{x}^\top\boldsymbol{y}+\theta\right)$	tanh 为双曲正切函数，$\beta>0$，$\theta<0$

径向基函数 (radial basis function，RBF) 是 SVM 分类最常用的核函数，表示为 $K(\boldsymbol{x},\boldsymbol{y})=\exp\left\{-\gamma\|\boldsymbol{x}-\boldsymbol{y}\|^2\right\}$，其中，$\gamma(>0)$ 可以手动设定。可以看出，RBF 本质上是高斯核函数 (当然其他核函数也可以采用)。RBF 在多个维度和样本规模下均表现出较好的学习能力，得到了广泛应用。

1.5.3　SVM 多分类方法

SVM 通常用于解决两类分类问题，即确定一个样本属于正类还是负类。然而，实际中经常需要解决多类分类问题，如图像分类或数字识别。如何从两类分类器构建多类分类器是一个值得研究的问题，下面介绍了一些常见的方法。

1. 一对多分类法

一对多分类法如图 1-15 所示，其本质上每次仍然是一个两类分类的问题。例如，有 n 个类别，第一次把 1 类的样本定为正样本，其余样本合起来定为负样本，这样得到一个两类分类器，它能够指出某个样本是不是 1 类的；第二次我们把 2 类的样本定为正样本，把其余样本合起来定为负样本，得到一个分类器……如此下去，就可以得到 n 个这样的两类分类器。

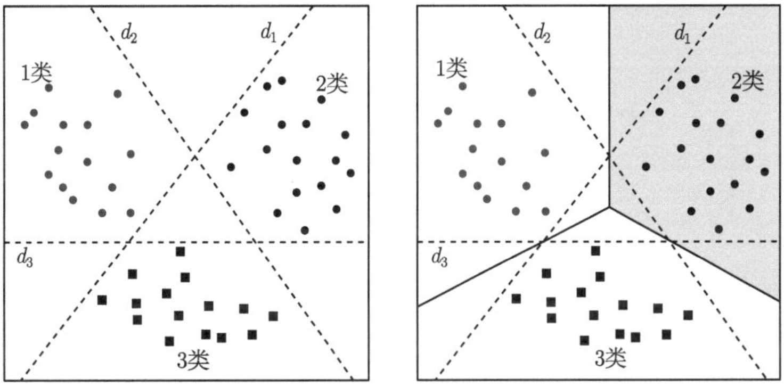

(a) 两类分类边界　　(b) 最优决策边界

图 1-15　一对多分类法

这种方法的优点是每个优化问题的规模比较小，而且分类的时候速度很快；缺点是可能出现以下的情况：某个样本每一个分类器都说它是属于那一类的，或者每一个分类器都说它不是那一类的，前者叫分类重叠现象，后者叫不可分类现象。且由于一类对其余各类时，其余各类样本数量一般都大于一类样本数量，因此会产生“数据集偏斜”的问题。

2. 成对分类法

设训练集数据共 M 个类，成对分类法 (one-against-one, pairwise classification) 在每两个类之间都构造一个二元 SVM。以图 1-16 为例，共三类 (二维) 数据，虚线 d_{12} 表示 1 类和 2 类数据之间二元 SVM 的决策边界；d_{13} 表示 1 类和 3 类之间二元 SVM 的决策边界；d_{23} 则表示 2 类和 3 类之间二元 SVM 的决策边界。

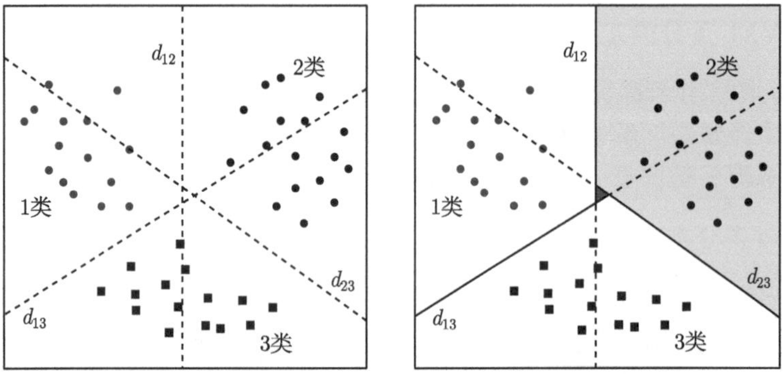

(a) 成对分类边界　　(b) 最优决策边界

图 1-16　成对分类法

对于 i 类和 j 类数据，训练一个二元 SVM，即求解二次规划问题：

$$\begin{aligned}&\min_{\boldsymbol{\omega}^{ij},b^{ij},\xi_t^{ij}} \Phi(\boldsymbol{\omega},\xi)=\frac{1}{2}\|\boldsymbol{\omega}^{ij}\|^2+C\sum_t \xi_t^{ij}\\ &\text{s.t.}\ \begin{cases} y_i\left(\left(\boldsymbol{\omega}^{ij}\right)^\top \boldsymbol{x}_i+b^{ij}\right)\geqslant 1-\xi_t^{ij}\\ \xi_t^{ij}\geqslant 0,\quad i=1,2,\cdots,l\end{cases}\end{aligned} \tag{1-74}$$

其中，上标表示 i 类和 j 类数据之间二元 SVM 的参数；下标 t 表示 i 类和 j 类数据的并集中样本的索引，索引 $i,j\in\{1,2,\cdots,M\},i<j$，一共需要训练二元 SVM 的个数为

$$C_M^2=\frac{1}{2}M\left(M-1\right) \tag{1-75}$$

平均每个类包含 l/M 个样本，所以平均每个对偶问题包含 $2l/M$ 个变量。i 类和 j 类数据之间二元 SVM 的决策函数为

$$f_{\text{new}}^{ij}(\boldsymbol{x}) = \operatorname{sgn}\left[\sum_{i,j,t} \alpha_t^{ij} y_t K\left(\boldsymbol{x}_t, \boldsymbol{x}_{\text{new}}\right) + b^{ij}\right] \tag{1-76}$$

式 (1-76) 用于判断数据是属于 i 类还是 j 类。

本 章 小 结

本章主要为后续案例实现提供一些图像处理预备知识。数字图像处理的经典教材首选文献 [1]，入门教材选择文献 [2] 或类似即可。文献 [3] 是关于统计学习的一本很好的教材。支持向量机方面的书籍资料非常多，首推最新出版的文献 [4]，深入浅出，通俗易懂。

第 2 章　图像处理开发平台及工具

2.1　MFC 简介

MFC(Microsoft Foundation Class) 为微软基础类库，是微软 (Microsoft) 在 C++环境下用于编写应用程序的一个框架和引擎。VC++是 Windows 程序开发人员使用的 C++ SDK 的集成开发环境 (integrated development environment，IDE)，MFC 是在它之上的一个辅助软件开发包。同 C++ Builder 集成的可视组件库 (visual component library，VCL) 一样，MFC 是一个非外挂式的软件包类库。

2.1.1　MFC 消息映射

消息映射是 MFC 框架中用于处理 Windows 消息的机制。在 MFC 应用程序中，用户与应用程序交互时，如单击按钮、拖动窗口等行为都会产生 Windows 消息。消息映射机制允许开发者将特定类型的消息与相应的处理函数进行关联，从而实现对用户操作的响应和处理。

当 Windows 操作系统接收到消息时，它会将该消息发送给相应的窗口。在 MFC 框架中，窗口是通过 CWnd 类或其派生类来实现的。开发者可以在窗口类中使用消息映射机制来指定处理消息的函数。

消息映射机制的基本思想是，开发者通过在类声明中使用消息映射宏 (如 ON_WM_COMMAND、ON_WM_LBUTTONDOWN 等)，将特定类型的消息与类成员函数进行关联。当接收到相应类型的消息时，MFC 框架会自动调用与之关联的成员函数，从而执行相应的操作。

这种机制使开发者可以将事件处理逻辑封装在类的成员函数中，使代码结构清晰、易于维护。同时，通过消息映射机制，开发者可以很方便地实现对用户操作的响应，提高应用程序的交互性和用户体验。

1) 什么是消息

消息是指某个事件或动作触发的一个通知，例如，单击鼠标、改变窗口尺寸、单击按钮、键盘输入等。消息作为一个记录传递给应用程序，这个记录中包含了消息的类型及相关信息。当 Windows 接收到消息时，它会将消息发送给相应的窗口。窗口类可以使用消息映射机制来指定处理消息的函数，当接收到特定类型的消息时，MFC 框架会自动调用与之关联的消息处理函数，从而执行相应的操作。

2) 什么是消息映射机制

消息映射机制是一种用于处理用户界面事件的机制。在 Windows 编程中，用户与应用程序通过消息的方式进行交互，这些消息可以来自键盘、鼠标、窗口大小调整等事件。MFC 中的消息映射机制允许开发者将特定的消息与应用程序中的特定消息处理函数关联起来。

当 MFC 应用程序接收到消息时，消息映射机制会自动将该消息分派到相应的消息处理函数。开发者只需在类的消息映射表中指定消息与消息处理函数的对应关系，而不必自己编写烦琐的消息处理代码。

消息映射机制使开发者能够更加方便地管理和处理用户界面事件，降低了开发难度，提高了代码的可读性和可维护性。

3) Windows 消息分类

在 Windows 编程中，消息可以分为以下几类。

(1) 系统消息 (system messages)：由操作系统发送的消息，用于管理窗口和应用程序的生命周期、事件等。例如，窗口创建、销毁、尺寸调整等。

(2) 用户消息 (user messages)：由应用程序自定义的消息，用于应用程序内部通信。开发者可以定义自己的消息类型，并在应用程序中发送和接收这些消息。

(3) 输入消息 (input messages)：来自用户输入设备 (如键盘、鼠标) 的消息，用于捕获用户的输入操作。例如，键盘按键事件、鼠标移动事件等。

(4) 命令消息 (command messages)：用于处理菜单、工具栏和对话框等控件的消息。例如，单击菜单项、单击按钮等。

(5) 通知消息 (notification messages)：通常用于控件之间的通信，当特定事件发生时应用程序会发送通知消息给相关的窗口或控件。例如，列表框中选择项改变、滚动条位置改变等。

(6) 定时器消息 (timer messages)：用于定时器事件，可以在指定的时间间隔内发送消息给应用程序。

这些消息的分类有助于开发者理解和处理不同类型的事件，从而更好地控制应用程序的行为。

4) 消息映射表

MFC 的消息映射表用于将特定的消息与相应的消息处理函数关联起来。当某个特定的消息发生时，通过消息映射表，开发者可以指定应该调用哪个成员函数来处理该消息。这样可以使代码更加清晰、简洁，方便维护。

消息映射表通常定义在 MFC 类的声明中，并且以 BEGIN_MESSAGE_MAP 和 END_MESSAGE_MAP 宏之间的一系列 MESSAGE_MAP 宏的形式出现，每个 MESSAGE_MAP 宏对应着一种消息处理函数。

在消息映射表中，每个消息都由一个宏来表示，宏的参数包括消息处理函数所属的类名、消息的类型 (通常是 Windows 消息的常量) 、消息的处理函数名。

例如，我们可以自定义一个继承自 CWnd 基类的 CMyWnd 窗口类，并在 BEGIN_MESSAGE_MAP 和 END_MESSAGE_MAP 之间列出该类要处理的各种消息类型，如窗口创建消息 ON_WM_CREATE()、窗口重绘消息 ON_WM_PAINT()、窗口大小改变消息 ON_WM_SIZE() 等。

一旦消息映射表被定义，当相应的消息发生时，MFC 框架会自动调用与之关联的消息处理函数。开发者只需要实现这些消息处理函数，而无须手动编写消息分派代码，从而简化代码结构，提高开发效率。

5) 添加消息处理函数

对于添加消息处理函数，不管是自动添加还是手动添加都有三个步骤。

(1) 在类定义中加入消息处理函数的函数声明。

(2) 在类的消息映射表中添加该消息的消息映射入口项。

(3) 在类实现中添加消息处理函数的函数实现。

通过以上三个步骤后，就可以在窗口类中实现消息处理。

6) 各种 Windows 消息的消息处理函数

以下是常见的 Windows 消息及其消息处理函数的简要概述。

(1) WM_CREATE：窗口创建时发送的消息，通常用于初始化窗口。

(2) WM_DESTROY：窗口销毁时发送的消息，通常用于释放资源。

(3) WM_PAINT：窗口需要重绘时发送的消息，通常用于绘制窗口。

(4) WM_SIZE：窗口大小改变时发送的消息，通常用于重新布局控件。

(5) WM_MOUSEMOVE：鼠标移动时发送的消息，通常用于跟踪鼠标位置。

(6) WM_LBUTTONDOWN、WM_RBUTTONDOWN、WM_MBUTTONDOWN：鼠标按键按下时发送的消息，通常用于处理鼠标点击事件。

(7) WM_COMMAND：用户输入事件，如菜单项选择、单击按钮等。

(8) WM_CLOSE：窗口关闭时发送的消息，通常用于确认关闭操作或进行清理工作。

以上是一些常见的 Windows 消息及其消息处理函数。在 Windows 编程中，可以根据需要处理更多类型的消息，如键盘输入、定时器消息等。

2.1.2 MFC 控件

MFC 提供许多控件，用于构建 Windows 应用程序的用户界面，如图 2-1 所示。以下是一些常用的 MFC 控件以及对它们的简要介绍。

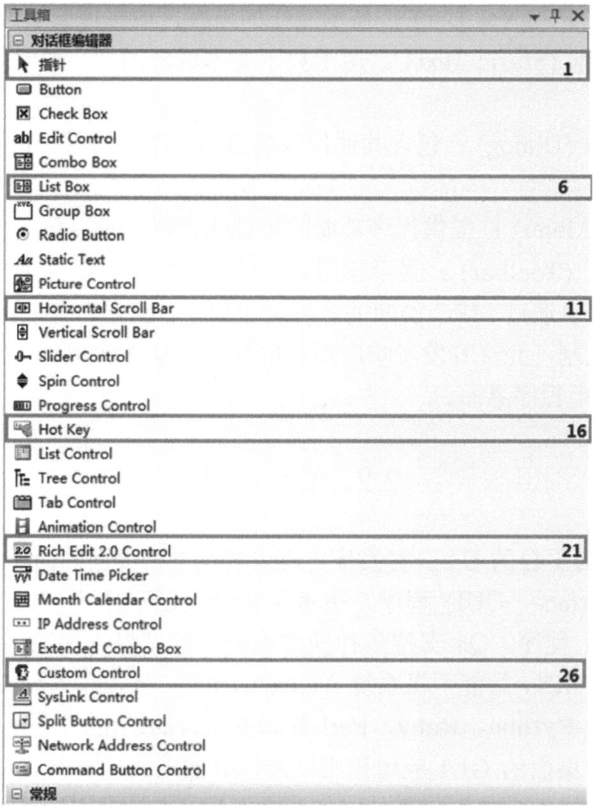

图 2-1　MFC 控件工具箱

(1) 按钮 (Button)：用于触发操作或执行特定功能的控件，如“确定”“取消”等。

(2) 编辑框 (Edit Control)：允许用户输入文本或数字，并可以对输入的内容进行处理和验证的控件。

(3) 组合框 (Combo Box)：结合了下拉列表框和编辑框的功能，用户可以从预定义的选项列表中选择，也可以手动输入。

(4) 列表框 (List Box)：显示一个或多个选项列表，用户可以选择一个或多个项。

(5) 单选按钮 (Radio Button)：在一组选项中，只允许用户选择其中一个选项。

(6) 复选框 (Check Box)：允许用户从多个选项中选择一个或多个选项。

(7) 滚动条 (Scroll Bar)：允许用户在一个范围内选择值，如滚动页面或调节音量。

(8) 进度条 (Progress Bar)：显示操作的进度，如程序安装或文件下载。

(9) 静态文本 (Static Text)：用于显示文本或者图像，通常用于标签、说明或提示信息。

(10) 对话框 (Dialog)：包含其他控件的窗口，用于与用户进行交互，如设置对话框或消息框。

(11) 菜单 (Menu)：提供程序功能的可视化方式，可以包含多级子菜单。

(12) 工具栏 (Toolbar)：显示常用功能的图标按钮，提高用户操作效率。

这些控件可以通过 MFC 类库的各种类来创建、配置和管理。MFC 还提供丰富的事件处理机制，允许开发者响应用户的操作，从而实现更丰富和交互性更强的 Windows 应用程序界面。

2.2 Qt 简介

Qt 是一个跨平台的 C++ 开发库，可以开发不带界面的命令用户接口 (command user interface，CUI) 程序，更多用来开发图形用户界面 (graphical user interface，GUI) 程序。Qt 支持多种操作系统下的开发，如通用操作系统 Windows、Linux、UNIX，智能手机系统 Android、iOS，嵌入式系统 QNX、VxWorks 等，以及支持与 Python、Ruby、Perl 等脚本语言的绑定。

大部分基于桌面的 GUI 应用程序以及部分嵌入式软件都可以使用 Qt 实现。除了与计算机底层结合特别紧密的，如驱动开发，它直接使用硬件提供的编程接口，而不能使用操作系统自带的函数库。

相比而言，微软的基础库框架 MFC 只能在 Windows 系统上运行，而且这个框架对 Windows 应用程序接口 (application program interface，API) 封装非常复杂，没有较强的 Windows API 基础，很难上手开发。

经过几十年的发展，Qt 已经成为最优秀的跨平台开发框架之一，在各行各业的项目开发中得到广泛应用。许多大型软件都是用 Qt 开发的，如 Autodesk Maya、Google Earth、Skype、WPS Office 等。

2.2.1 Qt 的信号和槽函数

信号和槽是 Qt 对象之间通信的高级接口。信号和槽必须借助于一个 C++ 预处理程序，即元对象编译器 (meta object compiler，MOC)，来为高层次的事件处理自动生成所需要的附加代码。信号和槽可以携带任意数量和任意类型的参数，可以将多个信号与单个槽进行连接，也可以将单个信号与多个槽进行连接，甚至可以将一个信号与另外一个或多个信号相连接。信号与槽构造了一个强大的部件编程机制。

(1) 信号。信号需要在头文件中进行声明，不需要在源文件 (cpp) 中实现，放在 Qt 自定义关键字 signals 下，在此之前加上 Q_OBJECT 宏。在编程中，一般使用的是控件内部定义好的信号；也可以自定义信号，并通过 emit 在代码中发射信号。控件提供一般的信号，如 QButton 里面的 Signals。

(2) 槽函数。槽函数类似普通的 C++ 成员函数，可以是虚函数，可以被重载，可以是公有、私有或保护类型，可以被其他 C++成员函数直接调用。唯一不同的是，槽可以和信号连接在一起。在这种情况下，信号被发射时，会自动调用这个槽。槽不需要信号传过来的参数时，可以不要参数；但槽一旦需要参数，其参数个数、类型、顺序必须要和对应的信号保持一致。另外，槽的参数中不能有缺省值。和信号一样，对应的类会提供一般常用的槽函数，如 QButton 里面的 public slots。

(3) 信号和槽的连接。所谓信号槽，实际就是观察者模式。当某个事件发生之后，例如，按钮检测到自己被单击了一下，它就会发出一个信号 (signal)。这种发出类似广播，如果有对象对这个信号感兴趣，它就会连接 (connect) 该信号，即用自己的一个槽函数来处理这个信号。也就是说，当信号发出时，被连接的槽函数会自动被回调。这就类似观察者模式：当发生了感兴趣的事件时，某一个操作就会被自动触发。Qt5 中的 QObject::connect() 函数有五个重载，常用格式如下：

```
connect(sender, signal, receiver, slot);
```

connect() 一般会使用上面四个参数：第 1 个是发出信号的对象；第 2 个是发送对象发出的信号；第 3 个是接收信号的对象；第 4 个是接收对象在接收到信号之后需要调用的函数。当 sender 发出 signal 之后，会自动调用 receiver 的 slot。

例如，以下语句将按钮 button1 的信号 clicked() 与系统默认槽函数 close() 连接，当单击按钮时，触发窗口关闭事件。

```
connect(button1,&QPushButton::clicked,this,&QWidget::close);
```

(4) 信号和槽的参数。信号槽要求槽的参数类型和顺序与信号的一致，但是允许槽函数的参数个数比信号的少。这是因为，可以在槽函数中选择忽略信号传来的数据 (也就是槽函数的参数个数比信号的少)，但是如果信号根本没有这个数据，却要在槽函数中使用，这是不允许的。

槽函数可以使用 Lambda 表达式。另外，除类本身自带的信号和槽函数，用户还可以进行自定义。

2.2.2　Qt 常用控件

Qt 提供了丰富的用户接口 (user interface，UI) 控件库，用于构建各种类型的图形用户界面。以下是一些常用的 Qt 控件及其功能。

(1) 按钮 (QPushButton)：用于触发操作或执行特定功能的按钮控件，可以包含文本、图标或二者的组合。

(2) 标签 (QLabel)：用于显示文本或图像，通常用于标识、描述或说明。

(3) 文本框 (QLineEdit)：允许用户输入和编辑单行文本，如用户名、密码等。

(4) 文本域 (QTextEdit)：允许用户输入和编辑多行文本，如长篇文章、日志等。

(5) 组合框 (QComboBox)：结合了下拉列表框和编辑框的功能，允许用户从预定义的选项列表中选择，也可以手动输入。

(6) 列表框 (QListWidget)：显示一个可选项列表，用户可以选择一个或多个项。

(7) 单选按钮 (QRadioButton)：在一组选项中，只允许用户选择一个选项。

(8) 复选框 (QCheckBox)：允许用户从多个选项中选择一个或多个选项。

(9) 滚动条 (QScrollBar)：允许用户在一个范围内选择值，如滚动页面或调节音量。

(10) 进度条 (QProgressBar)：显示操作的进度，如程序安装或文件下载。

(11) 列表视图 (QListView)：显示数据的列表视图，可自定义显示方式和布局。

(12) 表格视图 (QTableView)：以表格形式显示数据，支持排序、过滤等功能。

(13) 树形视图 (QTreeView)：以树形结构显示数据，可展开或折叠节点。

(14) 对话框 (QDialog)：包含其他控件的窗口，用于与用户进行交互，如设置对话框或消息框。

(15) 菜单 (QMenu)：提供程序功能的可视化方式，可以包含多级子菜单。

(16) 工具栏 (QToolBar)：显示常用功能的图标按钮，提高用户操作效率。

Qt 控件库通过 Qt 的对象模型和信号槽机制实现了高度的灵活性和可扩展性，使开发者能够轻松创建各种类型的交互和美观的用户界面。

2.3 OpenCV 简介

2.3.1 关于 OpenCV

OpenCV 是一个基于 Apache2.0 许可 (开源) 发行的跨平台计算机视觉和机器学习软件库，可以运行在 Linux、Windows、Android 和 macOS 操作系统上。OpenCV 由一系列 C 函数和少量 C++类构成，同时也提供 Python、Ruby、MATLAB 等语言的接口，实现了图像处理和计算机视觉方面的主流通用算法。

2.3.2　常用 OpenCV 函数

1. 图像阈值化函数

1) 直接阈值法：threshold()

函数原型：

```
double threshold(Mat src, Mat dst, double thresh, double maxValue, int
    thresholdType);
```

函数用途：对灰度图像进行阈值化，得到二值图像。

函数参数如下。

(1) src：输入图像。

(2) dst：输出图像。

(3) thresh：设定的阈值。

(4) maxValue：当灰度值大于阈值时，将灰度值设成该值，一般为 255。

(5) thresholdType：二值化方式，如下所示。

```
enum ThresholdTypes {
   THRESH_BINARY     = 0,   // 大于thresh为maxValue,否则为0
   THRESH_BINARY_INV = 1,   // 大于thresh为0,否则为 maxValue
   THRESH_TRUNC      = 2,   // 大于thresh为thresh,否则为0
   THRESH_TOZERO     = 3,   // 大于thresh不变,否则为0
   THRESH_TOZERO_INV = 4,   // 大于thresh为0,否则不变
   THRESH_MASK       = 7,   // 阈值化掩模
   THRESH_OTSU       = 8,   // 使用OTSU阈值
   THRESH_TRIANGLE   = 16   // 使用三角形算法阈值
};
```

2) 自适应阈值法：adaptiveThreshold()

函数原型：

```
void adaptiveThreshold(Mat src, Mat dst, double maxValue, int
    adaptiveMethod, int thresholdType,int blockSize, double C);
```

函数用途：对灰度图像进行自适应阈值，得到二值图像。

函数参数如下。

(1) src：输入图像。

(2) dst：输出图像。

(3) maxValue：向上最大值。

(4) adaptiveMethod：自适应阈值方法 (平均法或高斯法)。

(5) thresholdType：阈值化类型。

(6) blockSize：块大小。

(7) C：常量。

该函数支持两种自适应方法，即 ADAPTIVE_THRESH_MEAN_C (平均法) 和 ADAPTIVE_THRESH_GAUSSIAN_C (高斯法)。在这两种情况下，自适应阈值为 $T(x,y)$，通过计算每个像素周围 $b\times b$ 大小像素块的加权均值并减去常量 C 得到。其中，b 由 blockSize 给出，必须为奇数。如果使用平均法，则所有像素周围的权值相同；如果使用高斯法，则 (x,y) 周围像素的权值根据其到中心点的距离通过高斯公式得到。

2. 图像数据拷贝函数

函数原型：

```
Mat src.copyTo(Mat dst, Mat mask);
```

函数用途：将 src 复制到 dst 上，若有掩模 (mask)，则将原图 src 与 mask 进行运算后得到的结果复制给 dst。其中，mask 必须为 CV_8U 类型，且大小与 src、dst 一致。在位置 (x,y) 时，如果 mask 的像素值不等于 0，则 $\mathrm{dst}(x,y)=\mathrm{src}(x,y)$；如果 mask 的像素值等于 0，则 $\mathrm{dst}(x,y)=0$ (对于三通道的彩色图也适用)，如图 2-2 所示。若没有 mask，直接将 src 复制给 dst，同时要求 src 与 dst 大小一致。

11	22	33
0	100	255
3	135	0

原图

+

0	0	2
0	6	1
0	0	0

掩模

→

0	0	33
0	100	255
0	0	0

目标图像

图 2-2　图像复制掩码

函数参数如下。

(1) src：原图。

(2) dst：目标图像。

(3) mask：掩模。

3. 去除图像的小连通区域函数

函数原型：

```
void RemoveSmallRegion(Mat src, Mat dst,int AreaLimit, int CheckMode, int
    NeihborMode);
```

函数用途：采用 4 连通或 8 连通邻域搜索，去除图像中小的连通区域和孔洞，OpenCV 未包含该功能，需单独实现，见附录 1。

函数参数如下。

(1) CheckMode：0 代表去除黑区域；1 代表去除白区域。

(2) NeihborMode：0 代表 4 连通邻域；1 代表 8 连通邻域。

其中，CheckMode = 1, NeihborMode = 1 表示去除小连通区域；CheckMode = 0，NeihborMode = 0 表示去除孔洞。

每个像素点的检验状态用标签记录，0 代表未检查；1 代表正在检查；2 代表检查不合格 (需要反转颜色)；3 代表检查合格或不需检查。

方法步骤如下。

(1) 先对整幅图像扫描，如果是去除小连通区域，则将黑色的背景像素设为合格，像素标签设为 3；如果是去除孔洞，则将白色的像素设为合格，像素标签设为 3。

(2) 再次扫描整幅图像，逐个对像素进行处理。

4. 图像轮廓查找函数

函数原型：

```
void findContours(InputArray  image,
    OutputArrayOfArrays  contours,
    OutputArray           hierarchy,
    int                   mode,
    int                   method,
    Point                 offset = Point() );
```

函数用途：查找图像中各连通区域的轮廓。

函数参数如下。

(1) image：待查找轮廓的图像。

(2) contours：查找到的轮廓组，供 drawContours() 绘制轮廓。

(3) hierarchy：图像轮廓的层次结构，对应 drawContours() 中使用的 hierarchy。

(4) mode：指定轮廓检索方法。有如下几种方式：① RETR_EXTERNAL，只检索最外面的轮廓；② RETR_LIST，检索所有的轮廓，并将其放入 list 中；③ RETR_CCOMP，检索所有的轮廓，并组织为两层，第一层是各部分的外部边界，第二层是孔洞的边界；④ RETR_TREE，检索所有的轮廓，并重构嵌套轮廓的整个层次。

(5) method：边界近似方法，常用取值有 CHAIN_CODE、CHAIN_APPROX_SIMPLE 等。

(6) offset：偏移量，默认为 (0,0)，表示没有偏移。

5. 图像轮廓绘制函数

函数原型：

```
void drawContours(InputOutputArray          image,
       InputArrayOfArrays                   contours,
       int                                  contourIdx,
       const                                Scalar& color,
       int                                  thickness = 1,
       int                                  lineType = 8,
       InputArray                           hierarchy = noArray(),
       int                                  maxLevel = INT_MAX,
       Point                                offset = Point() );
```

函数用途：绘制图像中各连通区域的轮廓。

函数参数如下。

(1) image：待绘制轮廓的图像。

(2) contours：要绘制的轮廓组，与 findContours() 中输出的 contours 相同。

(3) contourIdx：指明画第几个轮廓，如果该参数为负值 (通常设为 -1)，则画全部轮廓。

(4) color：指定绘制的颜色或亮度 (灰度图像)，如 scalar(255, 0, 255)。

(5) thickness：指定线段的宽度。

(6) lineType：线型，可以是 4 或 8。4 代表绘制的线是四连通线 (不美观)；8 代表绘制的线是八连通线 (较美观)。

(7) hierarchy：对应 findContours() 中输出的 hierarchy。

(8) maxLevel：限制在图上绘制的轮廓层次深度，0 表示只绘制“第 0 层”，以此类推。

(9) offset：偏移量，默认为 (0, 0)，表示没有偏移。

6. SVM 训练函数

在使用 SVM 时，需要选择合适的参数来进行模型训练。其中最重要的参数包括：核函数类型 (kernel type) 、正则化系数 (regularization parameter) C、核函数参数。

不同的参数选择可能会对分类结果产生较大影响。在实践中，通常采用交叉验证等方法来选择最优的参数组合。

函数原型：

```
SVM.train(Mat trainingDataMat, ml::ROW_SAMPLE, Mat labelsMat);
```

函数用途：根据设定的模型参数对 SVM 模型进行训练。

函数参数如下。

(1) trainingDataMat：训练数据集。

(2) ml::ROW_SAMPLE：训练数据的排列方式 (按行或列排列)。

(3) labelsMat：训练数据集对应的标签。

方法步骤如下。

(1) 获得训练样本及其类别标签 (trainingDataMat，labelsMat)。

(2) 设置训练参数 (SVMParams)。

(3) 对 SVM 进行训练 (SVM::train)。

(4) 对新的输入样本进行预测 (SVM::predict)，并输出结果类型 (对应标签)。

示例代码：

```
auto svm = ml::SVM::create();  // 创建SVM模型对象
svm->setType(ml::SVM::C_SVC);  // 设置训练参数类型
svm->setKernel(ml::SVM::LINEAR);
svm->setTermCriteria(TermCriteria(TermCriteria::MAX_ITER + TermCriteria::
    EPS, 1000, 1e-6));
svm->train(trainData, ml::ROW_SAMPLE, trainLabel); // 训练SVM模型
svm->save("svm_model.xml"); // 保存SVM模型的训练结果到XML文件
```

以上代码首先使用 ml::SVM::create() 创建了一个 SVM 模型对象，然后设置训练参数类型，最后使用 train() 函数进行模型训练，其中指定训练数据按行排列 (ROW_SAMPLE)。

训练结束后，使用 save() 函数将训练好的模型结果保存到可扩展标记语言 (extensible markup language，XML) 文件中，以便后续使用。

7. SVM 预测函数

函数原型：

```
svm->predict(Mat testData, Mat predict);
```

函数用途：利用训练好的 SVM 模型对测试数据进行预测，得到预测的分类结果及对应的标签。

函数参数如下。

(1) testData：测试数据集。

(2) predict：预测结果。

示例代码：

```
auto svm = ml::SVM::load("svm_model.xml");
cv::Mat predict; // 对测试集进行预测
```

```
svm->predict(testData, predict);
double accuracy = cv::ml::calcAccuracy(testLabel, predict); // 计算准确率
```

以上代码首先使用 load() 函数加载训练好的 SVM 模型；其次，使用 predict() 函数对测试集进行预测，并使用 calcAccuracy() 函数计算模型预测的准确率。

2.4 开发环境

操作系统：Windows 7/Windows 10。

处理器：Intel Core i7-6700 CPU @ 3.40GHz。

IDE：Visual Studio 2019，Qt 5.15.2。

函数库及其版本：OpenCV 4.5.0。

编程语言：C/C++, Python。

本章小结

本章简要概括了案例实现所需的图像处理开发平台及工具。读者应具备一定的在 Windows 系统下进行 C/C++开发的基础，可参考文献 [5] 和文献 [6]。关于 OpenCV 开发的经典教材首选文献 [7]。关于 MFC 的消息映射机制和控件使用说明，可参考文献 [8] 和文献 [9]。Qt5 开发可参考文献 [10]，Qt 官网见文献 [11]，文献 [12]、[13] 和 [14] 都是对 Qt 的入门级介绍，关于 Qt 的信号和槽函数，可参考文献 [15] 的详解。

第 3 章　实践案例 1 (MFC 图像处理框架)

3.1　案 例 背 景

3.1.1　题目要求

基于 MFC 框架实现图像的读入、显示、保存，以及直方图的统计和绘制等操作。

3.1.2　所需材料

本案例需要用到图像加载动态和静态链接库 ImageLoad.dll 和 ImageLoad.lib，以便实现六种不同格式图像的读写；同时，需要利用图像处理封装类 DibObject，以便在 MFC 框架中对图像进行操作，如下所示。

(1) 图像加载动态和静态链接库 ImageLoad.dll 和 ImageLoad.lib，支持如图 3-1 所示的六种格式的图像文件读写：BMP、GIF、JPG、PCX、TGA 和 TIF。将其放入项目工程所在文件夹，如图 3-2 所示。

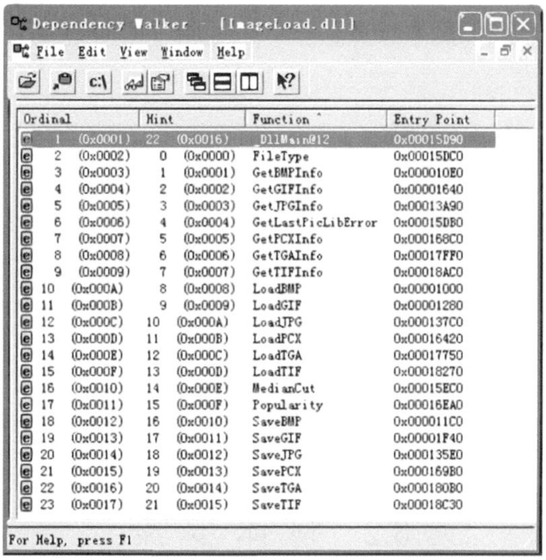

Ordinal	Hint	Function	Entry Point
1 (0x0001)	22 (0x0016)	_DllMain@12	0x00015D90
2 (0x0002)	0 (0x0000)	FileType	0x00015DC0
3 (0x0003)	1 (0x0001)	GetBMPInfo	0x000010E0
4 (0x0004)	2 (0x0002)	GetGIFInfo	0x00001640
5 (0x0005)	3 (0x0003)	GetJPGInfo	0x00013A90
6 (0x0006)	4 (0x0004)	GetLastPicLibError	0x00015DB0
7 (0x0007)	5 (0x0005)	GetPCXInfo	0x000168C0
8 (0x0008)	6 (0x0006)	GetTGAInfo	0x00017FF0
9 (0x0009)	7 (0x0007)	GetTIFInfo	0x00018AC0
10 (0x000A)	8 (0x0008)	LoadBMP	0x00001000
11 (0x000B)	9 (0x0009)	LoadGIF	0x00001280
12 (0x000C)	10 (0x000A)	LoadJPG	0x000137C0
13 (0x000D)	11 (0x000B)	LoadPCX	0x00016420
14 (0x000E)	12 (0x000C)	LoadTGA	0x00017750
15 (0x000F)	13 (0x000D)	LoadTIF	0x00018270
16 (0x0010)	14 (0x000E)	MedianCut	0x00015EC0
17 (0x0011)	15 (0x000F)	Popularity	0x00016EA0
18 (0x0012)	16 (0x0010)	SaveBMP	0x000011C0
19 (0x0013)	17 (0x0011)	SaveGIF	0x00001F40
20 (0x0014)	18 (0x0012)	SaveJPG	0x000135E0
21 (0x0015)	19 (0x0013)	SavePCX	0x000169B0
22 (0x0016)	20 (0x0014)	SaveTGA	0x000180B0
23 (0x0017)	21 (0x0015)	SaveTIF	0x00018C30

图 3-1　图像加载类动态链接库

(2) 图像加载及图像差错处理头文件 ImageErros.h 和 ImageLoad.h，将其放入项目工程所在文件夹，如图 3-2 所示。

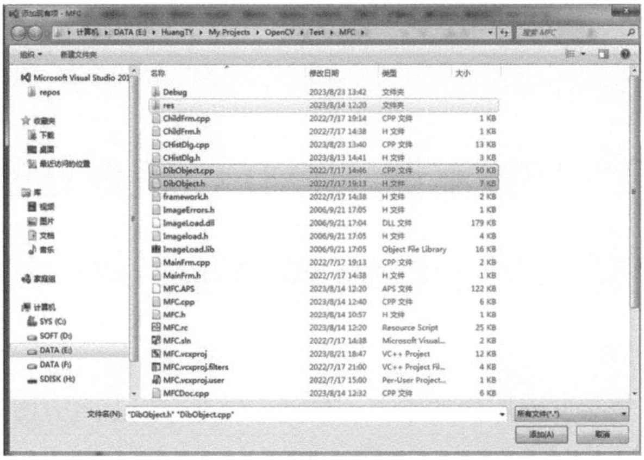

图 3-2　DIB 图像处理封装类 CDibObject

(3) DIB 位图相关的 Windows API 函数的封装类 CDibObject：DibObject.h、DibObject.cpp，将 CDibObject 类添加到项目工程，如图 3-2 所示。

(4) 将动态链接库 ImageLoad.dll 和静态链接库 ImageLoad.lib 同时放入项目工程文件夹及之下的 Debug 目录，在项目工程的 Debug 属性页 → 链接器 → 输入中，添加对静态链接库的附加依赖，如图 3-3 所示。

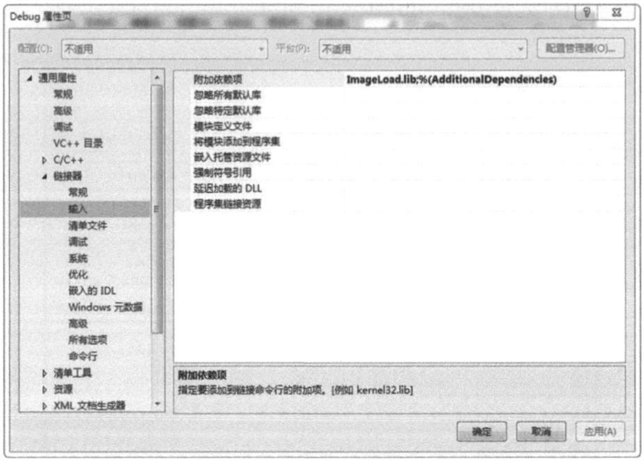

图 3-3　添加对静态链接库的附加依赖项

3.2 整体步骤

(1) 创建基于多文档界面 (multi-document interface，MDI) 的 MFC 框架，View 视图的基类选择 CScrollView。

(2) 导入所需库和代码，完成系列设置和附加依赖项的添加，如 3.1 节所示。

(3) 创建消息映射，实现打开和显示图像操作。

(4) 设计灰度直方图对话框界面，创建对话框控件成员变量及消息映射。

(5) 读取图像像素数据，统计并绘制灰度直方图。

3.3 处 理 报 错

下面主要针对项目工程向 Visual Studio 2019 (VS2019) 及更高版本迁移时可能存在的报错进行处理。

1) pch 报错

pch 报错是由于选择了使用 pch 为预编译头，但未将其包含到项目中而发生的报错，如图 3-4 所示。

图 3-4　pch 报错

处理方法：添加 #include “pch.h”。

```
// DibObject.cpp
#include "pch.h"
#include "DibObject.h"
```

2) stdafx.h 报错

如图 3-5 所示，VS2019 及更高版本中不再使用该库，只能删除。

图 3-5　stdafx.h 报错

处理方法：删除该句代码。

3) strcpy 报错

如图 3-6 所示，strcpy 不再安全，需要使用 strcpy_s。

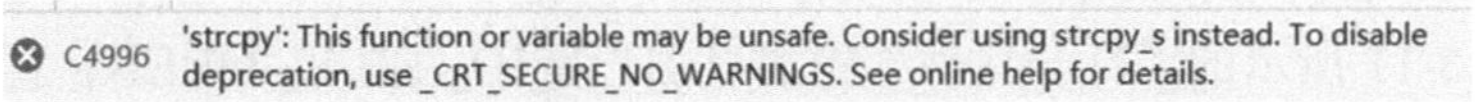

图 3-6　strcpy 报错

处理方法有两种：一是通过添加 _CRT_SECURE_NO_WARNINGS 到预处理器定义，如图 3-7 所示；二是通过在文件头添加 # define _CRT_SECURE_NO_WARNINGS 解决。

图 3-7　预处理器定义

4) stricmp 报错

如图 3-8 所示，POSIX 命名的函数 stricmp 被弃用。处理方法与 strcpy 类似：一是通过添加 _CRT_NONSTDC_NO_DEPRECATE 到预处理器定义；二是将 stricmp 修改为兼容 ISO C/C++的函数 _stricmp。

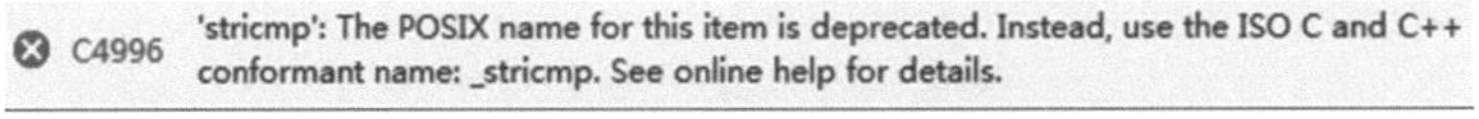

图 3-8　stricmp 报错

5) pRGBPalette 未初始化报错

如图 3-9 所示，指针未初始化，初始化处理即可。

图 3-9　pRGBPalette 未初始化报错

处理方法：在声明时就进行初始化操作，如图 3-10 所示。

```
RGBQUAD *pRGBPalette = NULL;
```

图 3-10　pRGBPalette 初始化操作

报错处理完毕，正常运行。

3.4　编写图像读入与保存代码

1) 在类向导中为主应用程序 CMFCApp 添加消息映射

MFC 中各种动作和事件都需要添加消息映射，将其 ID 与事件动作联系起来，如图 3-11 所示的“打开文件”的消息 ID 为 ID_FILE_OPEN，直接编写的代码无效。

2) 在类向导中添加事件处理函数

在类向导中为主应用程序 CMFCApp 添加图 3-11 中“打开文件”消息 ID ID_FILE_OPEN 的事件处理函数 (成员函数)：通过双击 COMMAND 或者单击右边的“添加处理程序...”，添加事件处理函数 OnFileOpen()，如图 3-12 所示。

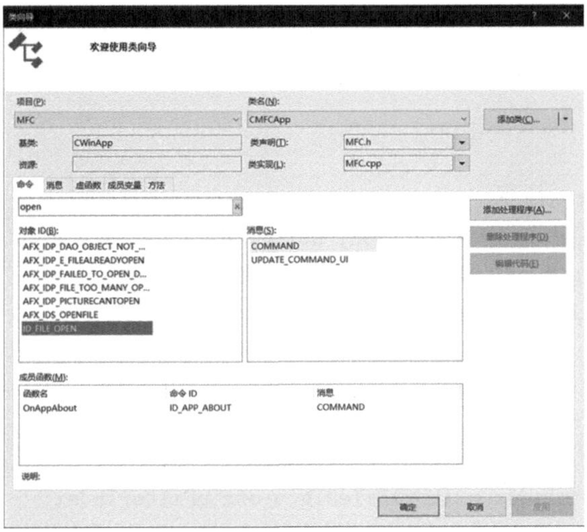

图 3-11　主应用程序 CMFCApp 消息映射窗口

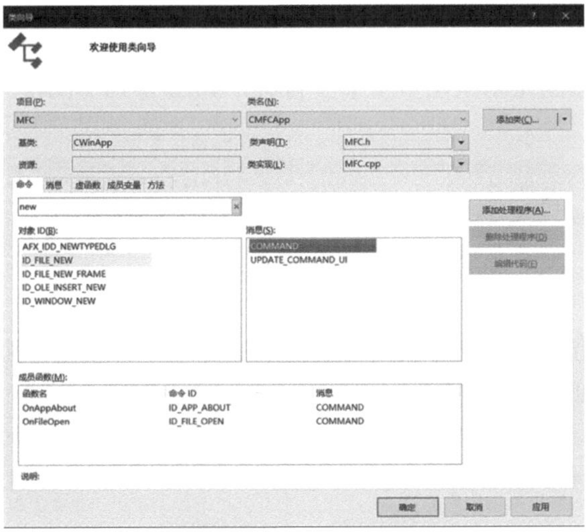

图 3-12　主应用程序 CMFCApp 事件处理函数

3) 在 MFC.cpp 下添加以下格式字符串用于过滤图像文件

```
char szFilter[] = "位图文件(*.BMP)|*.BMP|图形交换格式文件(*.GIF)|*.GIF|PCX
    文件(*.PCX)|*.PCX|TGA文件(*.TGA)|*.TGA|JPEG文件(*.JPG)|*.JPG|标记图像文
    件(*.TIF)|*.TIF |所有支持图像|*.BMP, *.GIF, *.PCX, *.TGA, *.JPG, *.TIF
    |所有文件(*.*)|*.*||";
```

4) 为 OpenFileOpen() 添加代码

CFileDlg 是 Windows 用于文件打开和保存窗口的封装类。通过实例化一个

CFileDialog 对象 FileDlg 来设置文件打开窗口的参数，DoModal() 实现其模态显示，选择读取的图像类型，并用 nIndex 记录选择的图像类型对应的编号。

```
void CMFCApp::OnFileOpen()
{
    static int nIndex = 1;
        CFileDialog FileDlg(TRUE, NULL, NULL, OFN_HIDEREADONLY, szFilter);
        FileDlg.m_ofn.nFilterIndex = (DWORD)nIndex;
        if (FileDlg.DoModal() == IDOK)
        {
                CString PathName = FileDlg.GetPathName();
                PathName.MakeUpper();
                OpenDocumentFile(PathName);
                nIndex = (int)FileDlg.m_ofn.nFilterIndex;
        }
}
```

5) 出现报错

出现报错的原因是未采用多字节字符集，如图 3-13 所示。

图 3-13　字符集错误

处理方法：将使用的字符集改为多字节字符集，在配置属性 → 高级 → 字符集中进行设置，如图 3-14 所示。

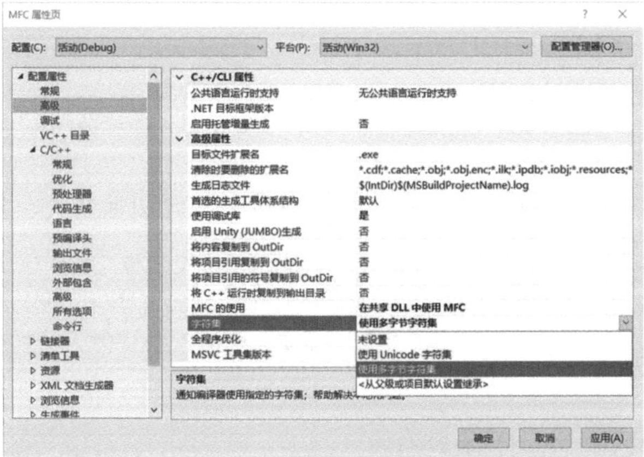

图 3-14　使用多字节字符集

6) 添加变量

(1) 添加 #include “DibObject.h”。

(2) 添加 BOOL 型变量 m_bImageLoaded 用以判断是否成功加载图像。

(3) 添加 CDibObject 对象指针，用以存储读取到的图像数据。

```
#pragma once
#include "DibObject.h"

class CMFCDoc : public CDocument
{
public:
	BOOL m_bImageLoaded;
	CDibObject* m_pDibObject;
	...
}
```

7) 添加构造和析构函数到 MFCDoc 中

在构造函数中初始化添加的值，在析构时，若对象指针不为空，则删除指针并重置为空。

```
CMFCDoc::CMFCDoc() noexcept
{
	m_pDibObject = NULL;
	m_bImageLoaded = FALSE;
}

CMFCDoc::~CMFCDoc()
{
	if (m_pDibObject != NULL)
	{
		delete m_pDibObject;
		m_pDibObject = NULL;
	}
}
```

8) 使用类向导为 MFCDoc 添加消息映射

在类向导中为文档类 CMFCDoc 添加消息映射和事件处理函数：“新建”消息 ID_FILE_NEW 及事件 OnFileNew()；“打开文件”消息 ID_FILE_OPEN 及事件 OnFileOpen()；“另存为...”消息 ID_FILE_SAVE_AS 及事件 OnFileSaveAs()，如图 3-15 所示。

图 3-15 为文档类 CMFCDoc 添加消息映射和事件处理函数

```
// MFCDoc.h
public:
        afx_msg void OnFileOpen();
        afx_msg void OnFileNew();
        afx_msg void OnFileSaveAs();

// MFCDoc.cpp
void CMFCDoc::OnFileOpen()
{
        ...
}
void CMFCDoc::OnFileNew()
{
        ...
}
void CMFCDoc::OnFileSaveAs()
{
        ...
}
```

9) 编写打开代码

在文档类 CMFCDoc 中重写“打开文件”事件处理函数 OnFileOpen()，原因在于上一次 Open 事件的代码实现在主应用程序 MFC.cpp 中，以便启动后可以打开一个子窗口；一旦有了打开的子窗口，上述代码就不再生效，因此需要在

Doc 类中重新添加对应的 Open 消息映射并编写函数逻辑。

另外，也需要在文档类中访问图像格式过滤串 szFilter，但是因为 szFilter 是在主应用程序 MFC.cpp 中定义的，文档类程序 MFCDoc.cpp 文件不能直接包含一个源文件 cpp，也不能重复包含头文件 MFC.h，否则会导致包含重复定义的报错。因此，在 MFCDoc.cpp 中使用 extern 来声明并访问 szFilter。

```
// MFCDoc.cpp
// CMFCDoc
extern char szFilter[];
void CMFCDoc::OnFileOpen()
{
        static int nIndex = 1;
        CFileDialog FileDlg(TRUE, NULL, NULL, OFN_HIDEREADONLY, szFilter);
        FileDlg.m_ofn.nFilterIndex = (DWORD)nIndex;

        if (FileDlg.DoModal() == IDOK)
        {
                CString strPathName = FileDlg.GetPathName();
                AfxGetApp()->OpenDocumentFile(strPathName);
                nIndex = (int)FileDlg.m_ofn.nFilterIndex;
                if (!LoadImgToDoc())
                {
                        AfxMessageBox("无法载入图像文件!");
                        return;
                }
        }
}
```

10) 在 MFCDoc.h 中声明函数并在 MFCDoc.cpp 中实现函数逻辑

判断图像文件 (即代码中的 strPathName) 是否读取成功，并根据读取是否成功修改 m_bImageLoaded 的值，若读取成功，则会将指针 m_pDibObject 设置为指向读取到的图像对象。

```
BOOL CMFCDoc::LoadImgToDoc()
{
        CString strPathName = GetPathName();
        BeginWaitCursor();
        m_pDibObject = new CDibObject(strPathName.GetBuffer(3));
        EndWaitCursor();

        if (m_pDibObject == NULL)
```

```
        {
                AfxMessageBox("无法创建图像类对象!");
                return(FALSE);
        }
        m_bImageLoaded = TRUE;
        return(TRUE);
}
```

11) 为另存为功能添加代码实现并消除报错

仍然使用 CFileDialog 来呼出“另存为”对话框，然后使用 DoModal() 让其显示，并将 nIndex 设置为选择的图像类型编号。

若选择 JPEG 类型，则需要判断该图像是否为 24 位真彩色；若不是，则用 MessageBox 进行提示并退出。

如果图像指针 m_pDibObject 不为空，则可以执行“另存为…”动作，并根据当前所选的 nIndex 的值，拼接文件名称，完成另存为功能。

```
void CMFCDoc::OnFileSaveAs()
{
    static int nIndex = 1;
    CFileDialog DialogSaveAs(FALSE,NULL,m_pDibObject->GetImageName(),
        OFN_HIDEREADONLY|OFN_OVERWRITEPROMPT, szFilter);
    DialogSaveAs.m_ofn.nFilterIndex = (DWORD)nIndex;

    if (DialogSaveAs.DoModal() == IDOK)
    {
        CMainFrame* pMainFrame = (CMainFrame*)AfxGetMainWnd();
        CChildFrame* pChildFrame = (CChildFrame*)pMainFrame->
            MDIGetActive();
        CMFCView* pMFCView=(CMFCView*)pChildFrame->GetActiveView();

        nIndex = (int)DialogSaveAs.m_ofn.nFilterIndex;
        if (nIndex == 5)
        {
            if (m_pDibObject->GetNumBits() != 24)
            {
                AfxMessageBox("24位真彩色图像才能存为JPEG格式!");
                return;
            }
        }
```

```
        if (m_pDibObject != NULL)
        {
            CString strPathName = DialogSaveAs.GetPathName();
            int nFindIndex = strPathName.Find(".");
            if (nFindIndex != -1)
                strPathName = strPathName.Left(nFindIndex);
            strPathName += CDibObject::szExtensions[nIndex - 1];
            m_pDibObject->Save(strPathName);

            CString strFileName = DialogSaveAs.GetFileName();
            nFindIndex = strFileName.Find(".");
            if (nFindIndex != -1)
                strFileName = strFileName.Left(nFindIndex);
            strFileName += CDibObject::szExtensions[nIndex - 1];
            pChildFrame->SetWindowText(strFileName);
            SetPathName(strPathName);

            if (nIndex == 5)
            {
                m_pDibObject->Load(strPathName);
                pMFCView->InvalidateRect(NULL, FALSE);
                pMFCView->UpdateWindow();
            }
        }
    }
}
```

3.5　绘 制 图 像

在视图类 MFCView 中编写绘制图像程序，先设置图像在子窗口中的位置，然后调用 OnDraw() 画图，如图 3-16 所示。居中是为了在图像实际尺寸小于窗口尺寸时，将图像放在客户区中间。

```
void CMFCView::OnDraw(CDC* pDC)
{
        CMFCDoc* pDoc = GetDocument();
        ASSERT_VALID(pDoc);

        if (!pDoc->m_bImageLoaded) pDoc->LoadImgToDoc();
```

```
        OnPrepareDC(pDC);
        CRect Rect;
        GetClientRect(&Rect);

        // 获取图像宽度及高度
        int nImageWidth, nImageHeight;
        nImageWidth = pDoc->m_pDibObject->GetWidth();
        nImageHeight = pDoc->m_pDibObject->GetHeight();
        SetScrollSizes(MM_TEXT, CSize(nImageWidth, nImageHeight));
        ResizeParentToFit();

        // 当图像实际尺寸小于窗口尺寸时，将图像放在客户区中间
        int nX = 0, nY = 0;
        // if (nImageWidth < Rect.Width())
        // nX = (Rect.Width() - nImageWidth) / 2;
        // if (nImageHeight < Rect.Height())
        // nY = (Rect.Height()- nImageHeight) / 2;

        pDoc->m_pDibObject->Draw(pDC, nX, nY);
}
```

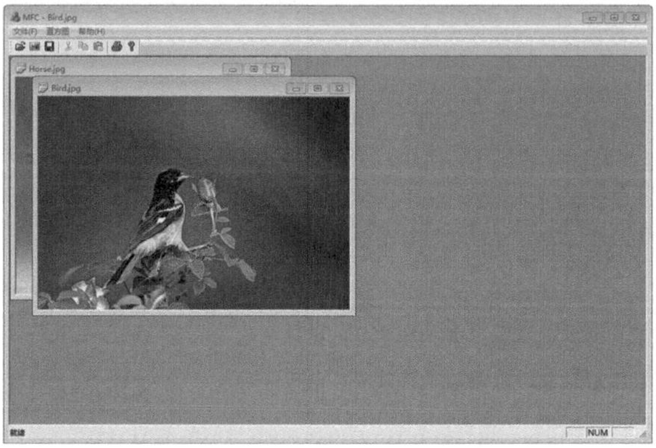

图 3-16　调用 OnDraw() 画图

3.6　直方图对话框 UI 设计

3.6.1　设计直方图对话框

1) 新建对话框并重命名

在资源视图 (资源文件 MFC.rc) 中选择对话框类 Dialog，右击“添加资源”，

在弹出窗口选择“资源类型”为 Dialog，单击“新建”创建新对话框，并重命名为 IDD_Histogram_Dlg，如图 3-17 所示。

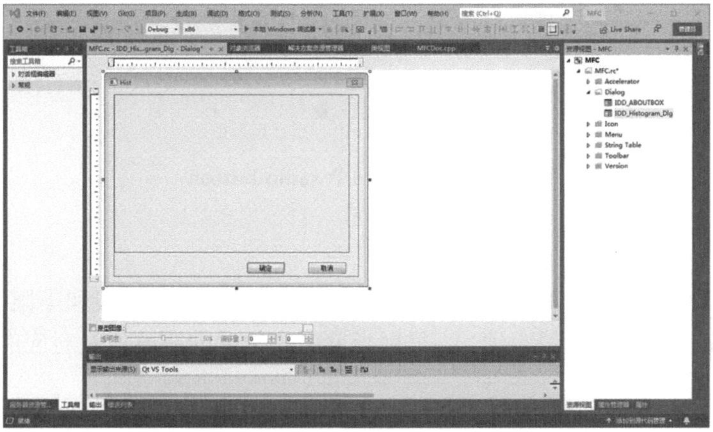

图 3-17 新建对话框

2) 添加 groupbox 并修改其内容

在对话框设计窗口添加三个组框，分别用来选择：直方图类型、显示区域、当前灰度值，如图 3-18 所示。

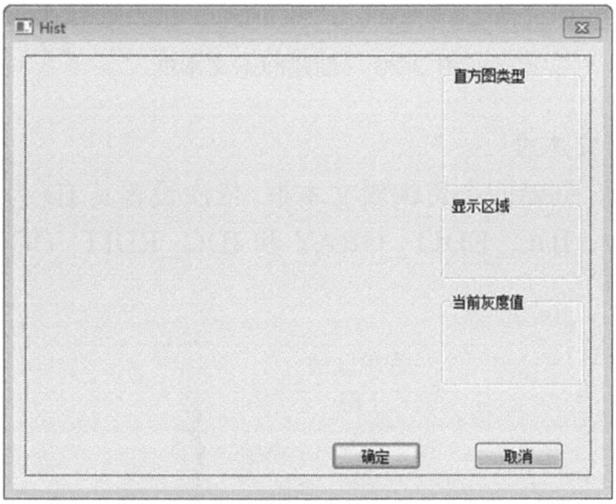

图 3-18 添加 groupbox 组件

3) 创建单击按钮

如图 3-19 所示，创建四个单击按钮 (radio button) 来选择直方图类型，并将其 ID 依次设为 IDC_RADIO_GRAY、IDC_RADIO_RED、IDC_RADIO_

GREEN 和 IDC_RADIO_BLUE。

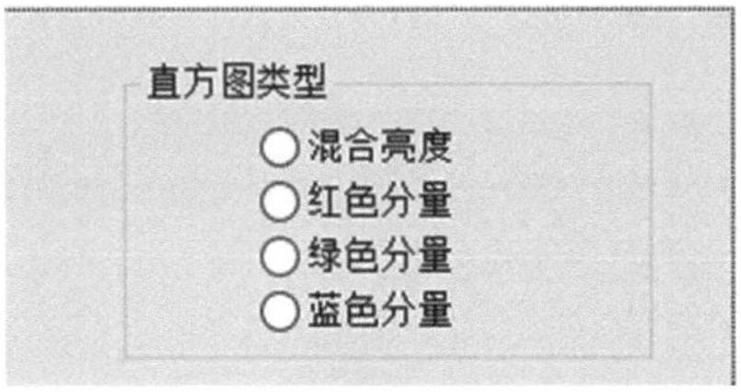

图 3-19　创建四个 radio button

4) 创建静态文本框并修改其内容

创建四个静态文本框，分别用来显示直方图灰度值的上限和下限 (待显示的直方图的灰度最大值和最小值) 、鼠标当前所在位置的灰度值及对应的像素个数，如图 3-20 所示。

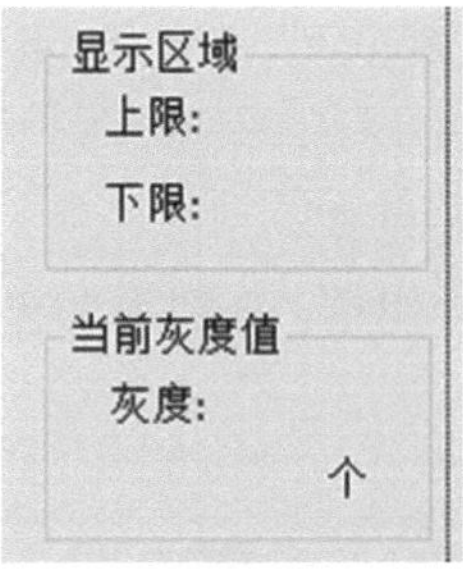

图 3-20　创建静态文本框

5) 创建可编辑文本框

如图 3-21 所示，创建四个可编辑文本框，依次设置其 ID 为 IDC_EDIT_UP、IDC_EDIT_LOW、IDC_EDIT_GRAY 和 IDC_EDIT_COUNT，并将最后一个禁用。

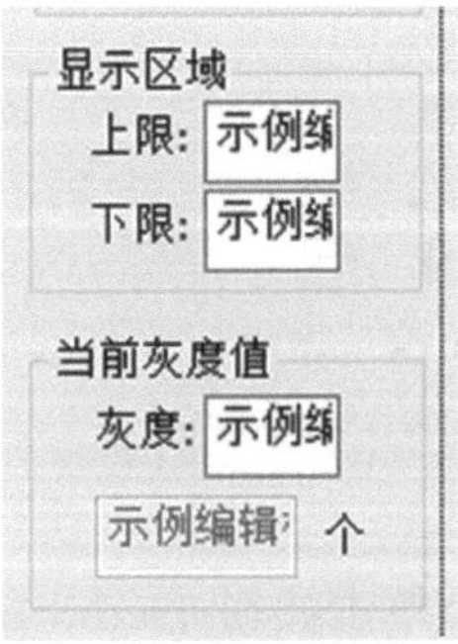

图 3-21　创建四个可编辑文本框

6) 添加数值调节钮控件

如图 3-22 所示，添加三个数值调节钮控件 (spin control)，依次设置其 ID 为 IDC_SPIN_UP、IDC_SPIN_LOW 和 IDC_SPIN_GRAY。

图 3-22 添加 spin control

7) 添加图片控件

如图 3-23 所示，图片控件 (picture control) 用来显示输入的图像，设置其 ID 为 IDC_PIC。

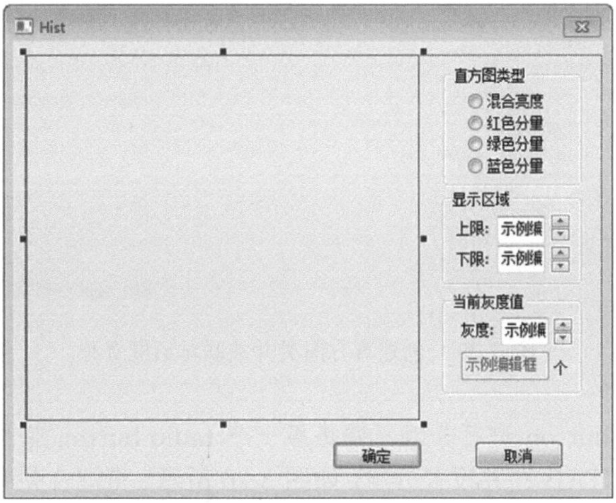

图 3-23 添加 picture control

3.6.2 添加直方图按钮到菜单

在资源视图 (资源文件 MFC.rc) 中选择菜单类 Menu，右击“添加资源”，在弹出窗口选择“资源类型”为 Menu，单击“新建”创建新菜单，并将其 ID 重命名为 IDR_MFCTYPE。

编辑菜单，添加菜单项“直方图”，在该菜单项下添加子菜单“绘制”，并将其 ID 命名为 ID_HIST，如图 3-24 所示。

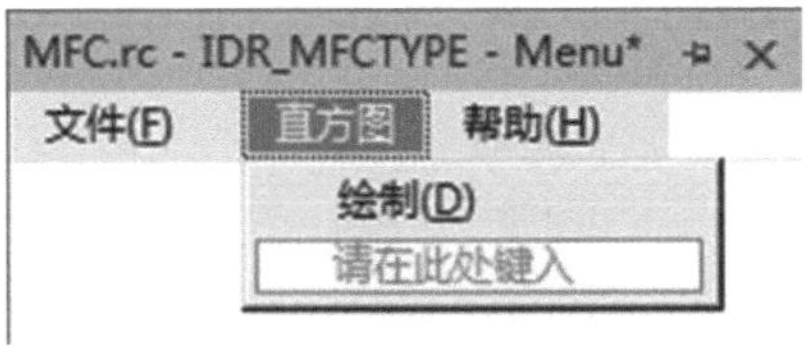

图 3-24　添加直方图按钮到菜单

3.6.3　创建直方图类

1) 创建直方图类并关联对话框资源

通过项目菜单添加 MFC 类，将对话框命名为 CHistDlg，自动关联对话框资源 IDD_Histogram_Dlg，如图 3-25 所示。

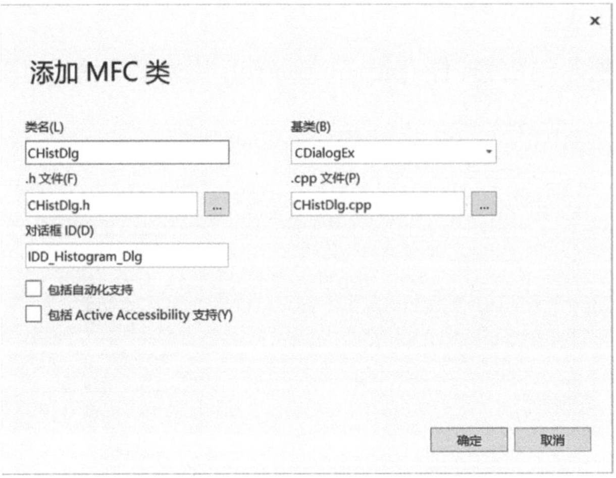

图 3-25　创建直方图类并关联对话框资源

2) 对 radio button 进行分组，并将第一个 radio button 组选项置为 True

显示各控件 TAB 序并设置分组，如图 3-26 所示。将混合亮度和红、绿、蓝三个分量按次序设置，然后将混合亮度 (IDC_RADIO_GRAY) 组选项设置为 True。这样四个 radio button 就被分到了同一组，且混合亮度为组长，如图 3-27 所示。

3) 利用类向导为各个控件创建变量

如图 3-28 所示，部分与数值直接相关的控件需要设置为值类型，例如，可编辑文本框的变量显然要设置为 int 型的值，而 spin 只能设置为控件。

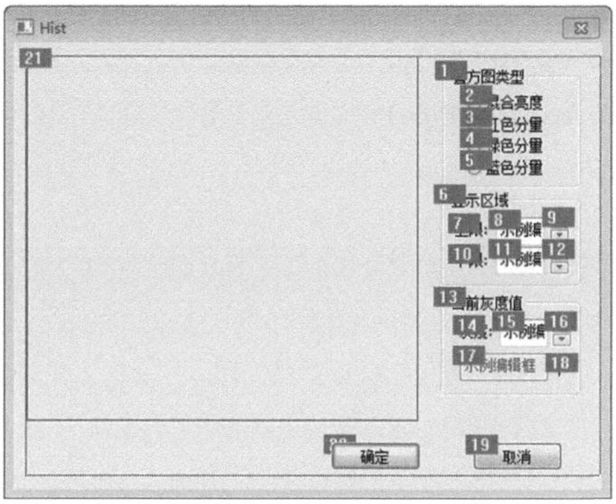

图 3-26　显示控件 TAB 序并设置分组

图 3-27　设置 IDC_RADIO_GRAY 为分组组长

图 3-28　创建变量并关联控件

radio button 的组长需要设置为 int 型，以控制组内各个成员，保持各个成员是互斥的。该变量应与组内成员一一对应，不能一对多或者多对一。

```
// CHistDlg.cpp
void CHistDlg::DoDataExchange(CDataExchange* pDX)
{
    CDialogEx::DoDataExchange(pDX);
        DDX_Text(pDX, IDC_EDIT_LOW, Edit_Low);
        DDX_Text(pDX, IDC_EDIT_COUNT, Edit_Count);
        DDX_Text(pDX, IDC_EDIT_GRAY, Edit_Gray);
        DDX_Text(pDX, IDC_EDIT_UP, Edit_Up);
        DDX_Control(pDX, IDC_SPIN_LOW, Spin_Low);
```

```
        DDX_Control(pDX, IDC_SPIN_UP, Spin_Up);
        DDX_Control(pDX, IDC_SPIN_GRAY, Spin_Gray);
        DDX_Radio(pDX, IDC_RADIO_GRAY, m_nHistType);
}

// CHistDlg.h
public:
        int Edit_Low;
        int Edit_Count;
        int Edit_Gray;
        int Edit_Up;
        CSpinButtonCtrl Spin_Low;
        CSpinButtonCtrl Spin_Up;
        CSpinButtonCtrl Spin_Gray;
        int m_nHistType;
```

4) 利用类向导为各个控件创建消息映射及交互函数

在头文件和实现文件中，创建对话框控件的消息映射及交互函数，如编辑框、单选框、图钉框等。

```
// CHistDlg.h
afx_msg void OnChangeEditCount();
        afx_msg void OnChangeEditUp();
        afx_msg void OnChangeEditLow();
        afx_msg void OnChangeEditGray();

        afx_msg void OnRadioGray();
        afx_msg void OnRadioRed();
        afx_msg void OnRadioGreen();
        afx_msg void OnRadioBlue();

        afx_msg void OnDeltaposSpinGray(NMHDR* pNMHDR, LRESULT* pResult);
        afx_msg void OnDeltaposSpinLow(NMHDR* pNMHDR, LRESULT* pResult);
        afx_msg void OnDeltaposSpinUp(NMHDR* pNMHDR, LRESULT* pResult);

// CHistDlg.cpp
BEGIN_MESSAGE_MAP(CHistDlg, CDialogEx)
        ON_EN_CHANGE(IDC_EDIT_COUNT, &CHistDlg::OnChangeEditCount)
        ON_EN_CHANGE(IDC_EDIT_UP, &CHistDlg::OnChangeEditUp)
        ON_EN_CHANGE(IDC_EDIT_LOW, &CHistDlg::OnChangeEditLow)
        ON_EN_CHANGE(IDC_EDIT_GRAY, &CHistDlg::OnChangeEditGray)
```

```
        ON_BN_CLICKED(IDC_RADIO_GRAY, &CHistDlg::OnRadioGray)
        ON_BN_CLICKED(IDC_RADIO_RED, &CHistDlg::OnRadioRed)
        ON_BN_CLICKED(IDC_RADIO_GREEN, &CHistDlg::OnRadioGreen)
        ON_BN_CLICKED(IDC_RADIO_BLUE, &CHistDlg::OnRadioBlue)

        ON_NOTIFY(UDN_DELTAPOS, IDC_SPIN_GRAY, &CHistDlg::
            OnDeltaposSpinGray)
        ON_NOTIFY(UDN_DELTAPOS,IDC_SPIN_LOW,&CHistDlg::OnDeltaposSpinLow)
        ON_NOTIFY(UDN_DELTAPOS, IDC_SPIN_UP, &CHistDlg::OnDeltaposSpinUp)
        ...
END_MESSAGE_MAP()
```

5) 利用类向导添加图形绘制及鼠标事件函数

创建 Picture 控件的 OnPaint() 用来画直方图；OnMouseMove() 用来实现鼠标在图形控件 IDC_PIC 上移动时，实时更新当前灰度值与当前灰度值对应的像素个数；OnLButtonDown() 用来控制灰度值上下限；OnLButtonUp() 用来解锁鼠标控制状态；OnRButtonDown() 用来检测鼠标右键状态并执行相应的动作 (无须实现)。

```
// CHistDlg.h
afx_msg void OnPaint();
        afx_msg void OnMouseMove(UINT nFlags, CPoint point);
        afx_msg void OnLButtonDown(UINT nFlags, CPoint point);
        afx_msg void OnRButtonDown(UINT nFlags, CPoint point);
        afx_msg void OnLButtonUp(UINT nFlags, CPoint point);

// CHistDlg.cpp
BEGIN_MESSAGE_MAP(CHistDlg, CDialogEx)
        ON_WM_PAINT()
        ON_WM_MOUSEMOVE()
        ON_WM_LBUTTONDOWN()
        ON_WM_RBUTTONDOWN()
        ON_WM_LBUTTONUP()
END_MESSAGE_MAP()
```

6) 创建辅助变量及函数

其中，m_MouseRect 用来存储用户区信息，部分鼠标操作只能在用户区完成；m_nPenType 用来保存当前使用的画笔颜色。

```
// CHistDlg.h
public:
```

```
        int j, k;
        int PictureSize;
        bool b_HasWrite;
        bool m_bIsGray256;
        int* m_pnHist;
        int* m_pHistTemp;
        int m_iIsDraging;
        BOOL m_bIsInRect;
        int m_nGrayValue;
        CRect m_MouseRect;
protected:
        int m_nPenType;
        BOOL m_bRMouseDown;
        CDibObject* pDibObject;
```

以下函数是直接声明的，无须使用类向导。

```
// CHistDlg.h
private:
        CButton& GrayTypeGrayRadio() { return *(CButton*)GetDlgItem(
            IDC_RADIO_GRAY); }
        CButton& GrayTypeRedRadio() { return *(CButton*)GetDlgItem(
            IDC_RADIO_RED); }
        CButton& GrayTypeGreenRadio() { return *(CButton*)GetDlgItem(
            IDC_RADIO_GREEN); }
        CButton& GrayTypeBlueRadio() { return *(CButton*)GetDlgItem(
            IDC_RADIO_BLUE); }
```

7) 修改构造函数，初始化变量

在构造函数中，对相关变量设置初始值。

```
// CHistDlg.cpp
CHistDlg::CHistDlg(CWnd* pParent): CDialogEx(IDD_Histogram_Dlg,pParent),
    Edit_Low(0),Edit_Count(0),Edit_Gray(128),Edit_Up(255),m_nHistType(0)
{
        m_pnHist = NULL;
        m_nPenType = 0;
        m_bIsInRect = FALSE;
        m_nGrayValue = 0;
        m_bRMouseDown = FALSE;
        m_bIsGray256 = FALSE;
```

```
        m_iIsDraging = 0;
        m_pHistTemp = NULL;
        pDibObject = NULL;

        k = 0; j = 0;
        PictureSize = 1024;
        b_HasWrite = false;
}
```

8) 完成事件处理函数的代码实现

(1) OnPaint()：画出直方图基础轮廓。

```
// CHistDlg.cpp
void CHistDlg::OnPaint()
{
        CString str;
        LONG i;
        LONG lMaxCount = 0;
        CPaintDC dc(this);
        CWnd* pWnd = GetDlgItem(IDC_PIC);
        CDC* pDC = pWnd->GetDC();
        pWnd->Invalidate();
        pWnd->UpdateWindow();

        pDC->Rectangle(0, 0, 330, 300);
        CPen* pPenRed = new CPen;
        pPenRed->CreatePen(PS_SOLID, 1, RGB(255, 0, 0));
        CPen* pPenGreen = new CPen;
        pPenGreen->CreatePen(PS_SOLID, 1, RGB(0, 255, 0));
        CPen* pPenBlue = new CPen;
        pPenBlue->CreatePen(PS_SOLID, 1, RGB(0, 0, 255));
        CPen* pPenGray = new CPen;
        pPenGray->CreatePen(PS_SOLID, 1, RGB(80, 80, 80));
        CPen* pPenBlack = new CPen;
        pPenBlack->CreatePen(PS_SOLID, 1, RGB(0, 0, 0));
        CPen* pPenBrow = new CPen;
        pPenBrow->CreatePen(PS_SOLID, 1, RGB(200, 128, 128));
        CPen* pPenYellow = new CPen;
        pPenYellow->CreatePen(PS_SOLID, 1, RGB(200, 200, 64));

        CGdiObject* pOldPen = pDC->SelectObject(pPenBlack);
```

```
pDC->MoveTo(10, 6);
pDC->LineTo(10, 276);
pDC->LineTo(320, 276);
str.Format("0");
pDC->TextOut(10, 279, str);
str.Format("50");
pDC->TextOut(60, 279, str);
str.Format("100");
pDC->TextOut(110, 279, str);
str.Format("150");
pDC->TextOut(160, 279, str);
str.Format("200");
pDC->TextOut(210, 279, str);
str.Format("255");
pDC->TextOut(265, 279, str);
for (i = 0; i < 256; i += 5)
{
        if ((i & 1) == 0) {
                pDC->MoveTo(i + 10, 276);
                pDC->LineTo(i + 10, 280);
        }
        else
        {
                pDC->MoveTo(i + 10, 276);
                pDC->LineTo(i + 10, 278);
        }
}
pDC->MoveTo(315, 271);
pDC->LineTo(320, 276);
pDC->LineTo(315, 281);
pDC->MoveTo(10, 6);
pDC->LineTo(5, 11);
pDC->MoveTo(10, 6);
pDC->LineTo(15, 11);
for (i = Edit_Low; i <= Edit_Up; i++)
{
        if (m_pHistTemp[i] > lMaxCount)
        {
                lMaxCount = m_pHistTemp[i];
        }
```

```
    }
    pDC->MoveTo(10, 21);
    pDC->LineTo(14, 21);
    str.Format("%d", lMaxCount);
    pDC->TextOut(11, 22, str);

    pDC->SelectObject(pPenBrow);
    pDC->MoveTo(Edit_Low + 10, 21);
    pDC->LineTo(Edit_Low + 10, 276);
    pDC->MoveTo(Edit_Up + 10, 21);
    pDC->LineTo(Edit_Up + 10, 276);

    switch (m_nPenType)
    {
    case 0:
            pDC->SelectObject(pPenGray);
            break;
    case 1:
            pDC->SelectObject(pPenRed);
            break;
    case 2:
            pDC->SelectObject(pPenGreen);
            break;
    case 3:
            pDC->SelectObject(pPenBlue);
            break;
    default:
            break;
    }
    if (lMaxCount > 0)
    {
            for (i = Edit_Low; i <= Edit_Up; i++)
            {
                    pDC->MoveTo(i + 10, 276);
                    pDC->LineTo(i + 10, 277 - (int)(m_pHistTemp[i] * 256
                        / lMaxCount));
            }
    }
    pDC->SelectObject(pPenYellow);
    pDC->MoveTo(Edit_Gray, 21);
```

```
        pDC->LineTo(Edit_Gray, 276);

        pDC->SelectObject(pOldPen);

        delete pPenRed;
        delete pPenBlue;
        delete pPenBrow;
        delete pPenBlack;
        delete pPenYellow;
        delete pPenGreen;
        delete pPenGray;
}
```

(2) OnMouseMove()：实现鼠标移动的程序逻辑。

当鼠标处于非拖动状态时，鼠标形状为十字形 (cross)，鼠标移动时更新当前灰度值及其对应的像素个数；若鼠标碰到上下限位置，鼠标形状设置为左右箭头，以提示操作者可以进行左右拖拽。

当鼠标在移动且为拖动状态时，根据 m_iIsDraging 的值判断当前是在拖拽上限还是下限，使用鼠标的相对位置重新设置上下限，并保证上限大于下限，代码如下：

```
// CHistDlg.cpp
void CHistDlg::OnMouseMove(UINT nFlags, CPoint point)
{
        if (m_MouseRect.PtInRect(point))
        {
                if (!m_bRMouseDown)
                {
                        ::SetCursor(::LoadCursor(NULL, IDC_CROSS));
                        m_nGrayValue = point.x - 10;
                        Edit_Gray = m_nGrayValue - 10;
                        if (Edit_Gray > 255) Edit_Gray = 255;

                        Edit_Count = m_pHistTemp[Edit_Gray];
                        UpdateData(false);
                        InvalidateRect(m_MouseRect, true);
                }
                if (m_iIsDraging != 0)
                {
                        if (m_iIsDraging == 1)
                        {
```

```
                        if (point.x - m_MouseRect.left < Edit_Up)
                        {
                            Edit_Low = point.x - m_MouseRect.left;
                        }
                        else
                        {
                            Edit_Low = Edit_Up - 1;
                            point.x = m_MouseRect.left+Edit_Up-1;
                        }
                    }
                    else
                    {
                        if (point.x - m_MouseRect.left > Edit_Low)
                        {
                            Edit_Up = point.x - m_MouseRect.left;
                        }
                        else
                        {
                            Edit_Up = Edit_Low + 1;
                            point.x = m_MouseRect.left+Edit_Low+1;
                        }
                    }
                    ::SetCursor(::LoadCursor(NULL, IDC_SIZEWE));
                    UpdateData(false);
                    InvalidateRect(m_MouseRect, true);
                }
                else if (point.x == (m_MouseRect.left + Edit_Low) || \
                   point.x == (m_MouseRect.left + Edit_Up))
                {
                    ::SetCursor(::LoadCursor(NULL, IDC_SIZEWE));
                }
        }
        CDialogEx::OnMouseMove(nFlags, point);
}
```

(3) OnLButtonDown()：判断鼠标光标当前所指灰度刻度，若为上下限，则设置为拖动状态，且设置光标形状为水平左右箭头 (IDC_SIZEWE)，表示可以向右/向左拖动，重新设置直方图灰度显示范围的下限或上限。

```
// CHistDlg.cpp
void CHistDlg::OnLButtonDown(UINT nFlags, CPoint point)
```

```
{
        if (m_MouseRect.PtInRect(point))
        {
                m_bRMouseDown = false;
                if (!m_bRMouseDown)
                {
                        ::SetCursor(::LoadCursor(NULL, IDC_CROSS));
                        m_nGrayValue = point.x - 10;
                        Edit_Gray = m_nGrayValue - 10;
                        Edit_Count = m_pHistTemp[Edit_Gray];
                        UpdateData(FALSE);
                        InvalidateRect(m_MouseRect, TRUE);
                }
                if (point.x == m_MouseRect.left + Edit_Low)
                {
                        m_iIsDraging = 1;
                        ::SetCursor(::LoadCursor(NULL, IDC_SIZEWE));
                }
                else if (point.x == (m_MouseRect.left + Edit_Up))
                {
                        m_iIsDraging = 2;
                        ::SetCursor(::LoadCursor(NULL, IDC_SIZEWE));
                }
        }
        CDialogEx::OnLButtonDown(nFlags, point);
}
```

(4) OnLButtonUp()：重置拖动状态为 0，即当前未拖动。

```
// CHistDlg.cpp
void CHistDlg::OnLButtonUp(UINT nFlags, CPoint point)
{
        if (m_iIsDraging != 0)
        {
                m_iIsDraging = 0;
        }
        CDialogEx::OnLButtonUp(nFlags, point);
}
```

(5) OnChangeEditCount()：交换计数。

```
void CHistDlg::OnChangeEditCount()
{
```

```
        UpdateData(false);
}
```

(6) OnChangeEditGray()：判断输入的灰度值是否为 0~255，若小于 0，则设为 0；若大于 255 则设为 255，然后交换数据。

```
void CHistDlg::OnChangeEditGray()
{
        UpdateData(true);
        if (Edit_Gray < 0) Edit_Gray = 0;
        if (Edit_Gray > 255) Edit_Gray = 255;
        Edit_Count = m_pHistTemp[Edit_Gray];
        UpdateData(false);
}
```

(7) OnChangeEditLow()：同样判断下限是否为 0~255，若不是，则设下限为 0；另外，还判断下限是否大于上限，若大于，则交换上下限。

```
void CHistDlg::OnChangeEditLow()
{
        UpdateData(true);
        if (Edit_Low < 0 || Edit_Low>255)
                Edit_Low = 0;
        if (Edit_Low > Edit_Up)
        {
                int iTemp = Edit_Low;
                Edit_Low = Edit_Up;
                Edit_Up = iTemp;
        }
        UpdateData(FALSE);
        OnPaint();
}
```

(8) OnChangeEditUp()：判断上限是否超出 0~255 的范围，若超出，则设上限为 255；另外，还判断上限是否小于下限，若小于则交换上下限。

```
void CHistDlg::OnChangeEditUp()
{
        UpdateData(true);
        if (Edit_Up < 0 || Edit_Up>255)
                Edit_Up = 255;
        if (Edit_Low > Edit_Up)
        {
```

```
            int iTemp = Edit_Low;
            Edit_Low = Edit_Up;
            Edit_Up = iTemp;
        }
        UpdateData(FALSE);
        OnPaint();
}
```

(9) OnRadioGray()：若当前 radio button 为混合亮度，则用黑色笔画出直方图，表示其是混合通道的直方图。

```
void CHistDlg::OnRadioGray()
{
        m_nHistType = 0;
        UpdateData(true);
        m_pHistTemp = &m_pnHist[0];
        m_nPenType = 0;
        OnPaint();
}
```

(10) OnRadioRed()：若当前 radio button 为红色分量，则用红色笔画出直方图，表示其是红色分量的直方图。

```
void CHistDlg::OnRadioRed()
{
        m_nHistType = 1;
        UpdateData(true);
        m_pHistTemp = &m_pnHist[256];
        m_nPenType = 1;
        OnPaint();
}
```

(11) OndRadioGreen()：若当前 radio button 为绿色分量，则用绿色笔画出直方图，表示其是绿色分量的直方图。

```
void CHistDlg::OnRadioGreen()
{
        m_nHistType = 2;
        UpdateData(true);
        m_pHistTemp = &m_pnHist[512];
        m_nPenType = 2;
        OnPaint();
}
```

(12) OnRadioBlue()：若当前 radio button 为蓝色分量，则用蓝色笔画出直方图，表示其是蓝色分量的直方图。

```
void CHistDlg::OnRadioBlue()
{
        m_nHistType = 3;
        UpdateData(true);
        m_pHistTemp = &m_pnHist[768];
        m_nPenType = 3;
        OnPaint();
}
```

(13) OnInitDialog()：初始化对话框，设置用户区大小 (抠除边界)；设置 spin control 关联的兄弟控制 (buddy) 和上下限；设置红绿蓝三个分量的 radio button 是否启用。

```
BOOL CHistDlg::OnInitDialog()
{
        CDialog::OnInitDialog();
        CWnd* pWnd = GetDlgItem(IDC_PIC);

        pWnd->GetClientRect(m_MouseRect);
        pWnd->ClientToScreen(&m_MouseRect);
        CRect rect;
        GetClientRect(rect);
        ClientToScreen(&rect);

        m_MouseRect.top -= rect.top;
        m_MouseRect.left -= rect.left;

        m_MouseRect.top += 25;
        m_MouseRect.left += 10;
        m_MouseRect.bottom = m_MouseRect.top + 255;
        m_MouseRect.right = m_MouseRect.left + 256;

        m_iIsDraging = 0;

        Spin_Gray.SetRange(0, 255);
        Spin_Gray.SetBuddy((CWnd*)GetDlgItem(IDC_EDIT_GRAY));
        Spin_Low.SetRange(0, 255);
        Spin_Low.SetBuddy((CWnd*)GetDlgItem(IDC_EDIT_LOW));
```

```
    Spin_Up.SetRange(0, 255);
    Spin_Up.SetBuddy((CWnd*)GetDlgItem(IDC_EDIT_UP));

    if (m_bIsGray256)
    {
        GrayTypeRedRadio().EnableWindow(FALSE);
        GrayTypeGreenRadio().EnableWindow(FALSE);
        GrayTypeBlueRadio().EnableWindow(FALSE);
    }
    m_pHistTemp = m_pnHist;
    return TRUE;
}
```

(14) OnOK()：判断“编辑框”上下限相对大小，若下限大于上限则交换上下限。

```
void CHistDlg::OnOK()
{
    if (Edit_Low > Edit_Up)
    {
        int iTemp = Edit_Low;
        Edit_Low = Edit_Up;
        Edit_Up = iTemp;
    }
    CDialogEx::OnOK();
}
```

(15) OnDeltaposSpinGray()：鼠标单击灰度框的图钉按钮 (spin button) 时当前灰度值的偏移量。

```
void CHistDlg::OnDeltaposSpinGray(NMHDR* pNMHDR, LRESULT* pResult)
{
    LPNMUPDOWN pNMUpDown = reinterpret_cast<LPNMUPDOWN>(pNMHDR);
    UpdateData(true);
    Edit_Gray += pNMUpDown->iDelta;
    UpdateData(false);
    OnChangeEditGray();
    OnPaint();
    *pResult = 0;
}
```

(16) OnDeltaposSpinLow()：鼠标单击下限框的 spin button 时当前下限值的偏移量。

```
void CHistDlg::OnDeltaposSpinLow(NMHDR* pNMHDR, LRESULT* pResult)
{
        LPNMUPDOWN pNMUpDown = reinterpret_cast<LPNMUPDOWN>(pNMHDR);
        UpdateData(true);
        Edit_Low += pNMUpDown->iDelta;
        UpdateData(false);
        OnChangeEditLow();
        OnPaint();
        *pResult = 0;
}
```

(17) OnDeltaposSpinUp()：鼠标单击上限框的 spin button 时当前上限值的偏移量。

```
void CHistDlg::OnDeltaposSpinUp(NMHDR* pNMHDR, LRESULT* pResult)
{
        LPNMUPDOWN pNMUpDown = reinterpret_cast<LPNMUPDOWN>(pNMHDR);
        UpdateData(true);
        Edit_Up += pNMUpDown->iDelta;
        UpdateData(false);
        OnChangeEditUp();
        OnPaint();
        *pResult = 0;
}
```

3.6.4　获取直方图数据

1) 添加直方图函数

直方图数据的获取需实现以下三个函数 CreateHistogram()、GetHistogram() 和 IsGray256()。

设置 CDibObject 指针用来指向图像对象，在视图类 MFCView 中，利用以上三个函数来实现直方图统计，其中，利用 CreateHistogram() 来创建数据；利用 GetHistogram() 来获取直方图数据；利用 IsGray256() 判断图像是否为灰度图像，若是，则仅能显示混合亮度，需使红绿蓝三个分量的 radio button 无效。

```
// MFCView.h
protected:
        CMFCView() noexcept;
        DECLARE_DYNCREATE(CMFCView)
```

```
public:
        CMFCDoc* GetDocument() const;

        int* CreateHistogram(int nx1, int ny1, int nx2, int ny2, unsigned
             char* pData, RGBQUAD* pPalette, int nWidthBytes, CDibObject*
             pDibObject);
        int* GetHistogram(int nX1, int nY1, int nX2, int nY2, CDibObject*
             pDibObject);
        BOOL IsGray256(CDibObject* pDibObject);
```

2) 实现直方图函数

(1) GreateHistogram()：根据函数 GreateHistogram() 传入的图像像素数据 pData，以及不同图像的颜色深度 (位数)，分别创建混合亮度和红绿蓝三个通道的直方图数据。

注意：仅 8 位灰度及以上图像才能创建直方图，且 8 位灰度需用到调色板数据来计算亮度值。8 位、16 位、24 位及 32 位颜色深度的图像，其混合亮度均按照 30 : 59 : 11 的比例进行混合。16 位图像需用函数 GETRGB555() 或 GETRGB565() 进行通道拼接；32 位图像需用函数 GETRGB888() 进行通道分离 (未在此处列出，请参考封底网盘内源代码)。

以下分别给出 8 位灰度与 16 位、24 位、32 位彩色图像的代码，需先创建 256×4 大小的数组，用于存储混合亮度和红绿蓝三个通道的直方图数据。

```
int* pBuffer = new int[256 * 4];
if (pBuffer == NULL)return(NULL);
        memset(pBuffer, 0, (256 * 4) * sizeof(int));
...
case 8:
        for (y = nY1; y < nY2; y++)
        {
                pTemp = pData;
                pTemp += ((nHeight - 1 - y) * nWidthBytes);
                pTemp += nX1;
                for (x = nX1; x <= nX2; x++)
                {
                        ucRed = pPalette[pTemp[x]].rgbRed;
                        ucGreen = pPalette[pTemp[x]].rgbGreen;
                        ucBlue = pPalette[pTemp[x]].rgbBlue;

                        dwGray = (DWORD)(ucRed * 0.30 + ucGreen * 0.59 +
```

```
                    ucBlue * 0.11);
                dwGray &= 0x000000ff;

                pBuffer[dwGray]++;
                pBuffer[256 + ucRed]++;
                pBuffer[512 + ucGreen]++;
                pBuffer[768 + ucBlue]++;
            }
        }
        break;
    case 16:
        for (y = nY1; y <= nY2; y++)
        {
            pTemp = pData;
            pTemp += ((nHeight - 1 - y) * nWidthBytes);
            pTemp += (nX1 * 2);
            for (x = nX1; x < nX2; x++)
            {
                GETRGB555(ucRed, ucGreen, ucBlue, pTemp);
                dwGray = ((DWORD)(ucRed * 30 + ucGreen * 59 + ucBlue
                    * 11) / 100);
                dwGray &= 0x000000ff;
                pBuffer[dwGray]++;
                pBuffer[256 + ucRed]++;
                pBuffer[512 + ucGreen]++;
                pBuffer[768 + ucBlue]++;

                pTemp += 2;
            }
        }
        break;
    case 24:
        for (y = nY1; y < nY2; y++)
        {
            pTemp = pData;
            pTemp += ((nHeight - 1 - y) * nWidthBytes);
            pTemp += (nX1 * 3);
            for (x = nX1; x <= nX2; x++)
            {
                ucRed = pTemp[x * 3 + 2];
```

```
                    ucGreen = pTemp[x * 3 + 1];
                    ucBlue = pTemp[x * 3];
                    dwGray = ((DWORD) (ucRed * 30 + ucGreen * 59 + ucBlue
                        * 11) / 100);
                    dwGray &= 0x000000ff;
                    pBuffer[dwGray]++;
                    pBuffer[256 + ucRed]++;
                    pBuffer[512 + ucGreen]++;
                    pBuffer[768 + ucBlue]++;
                    pTemp += 3;

                }
            }
            break;
        case 32:
            for (y = nY1; y < nY2; y++)
            {
                pTemp = pData;
                pTemp += ((nHeight - 1 - y) * nWidthBytes);
                pTemp += (nX1 * 4);
                for (x = nX1; x <= nX2; x++)
                {
                    GETRGB888(ucRed, ucGreen, ucBlue, pTemp);
                    dwGray = ((DWORD)(ucRed * 30 + ucGreen * 59 + ucBlue
                        * 11) / 100);
                    dwGray &= 0x000000ff;

                    pBuffer[dwGray]++;
                    pBuffer[256 + ucRed]++;
                    pBuffer[512 + ucGreen]++;
                    pBuffer[768 + ucBlue]++;
                    pTemp += 4;
                }
            }
            break;
```

(2) GetHistogram()：获取并处理直方图数据。先进行文件头部 (文件头 + 信息头 + 调色板) 偏移，以便指向图像像素数据 pBits(即 pData)，然后调用 GreateHistogram() 创建直方图数组。

```
int* CMFCView::GetHistogram(int nX1, int nY1, int nX2, int nY2,
    CDibObject* pDibObject)
{
       if (pDibObject != NULL) m_pDibObject = pDibObject;
       if (m_pDibObject == NULL)return (FALSE);
       pDibObject->NormalizeCoordinates(&nX1, &nY1, &nX2, &nY2);

       unsigned char* pBuffer, * pBits;
       RGBQUAD* pPalette;
       int nWidthBytes, nNumColors;

       pBuffer=(unsigned char*)m_pDibObject->GetDIBPointer(&nWidthBytes,
          m_pDibObject->GetNumBits());
       if (pBuffer == NULL)return(NULL);

       nNumColors = m_pDibObject->GetNumColors();
       pPalette = (RGBQUAD*)&pBuffer[sizeof(BITMAPFILEHEADER) + sizeof
           (BITMAPINFOHEADER)];
       pBits = (unsigned char*)&pBuffer[sizeof(BITMAPFILEHEADER) + sizeof
           (BITMAPINFOHEADER) + nNumColors * sizeof(RGBQUAD)];

       int* nHistogramBuffer = CreateHistogram(nX1, nY1, nX2, nY2, pBits,
           pPalette, nWidthBytes, pDibObject);
       ::GlobalUnlock(m_pDibObject->GetDib());
       return (nHistogramBuffer);
}
```

(3) IsGray256()：判断输入图像是否是灰度图像。

```
BOOL CMFCView::IsGray256(CDibObject* pDibObject)
{
       if (pDibObject != NULL)pDibObject = pDibObject;
       if (pDibObject == NULL)return (FALSE);
       if (pDibObject->GetNumBits() != 8)return (FALSE);

       unsigned char* pBuffer;
       RGBQUAD* pPalette;
       int nWidthBytes, i;

       pBuffer = (unsigned char*)pDibObject->GetDIBPointer(&nWidthBytes,
          pDibObject->GetNumBits());
       if (pBuffer == NULL)return(FALSE);
```

```
        pPalette = (RGBQUAD*)&pBuffer[sizeof (BITMAPFILEHEADER) + sizeof
            (BITMAPINFOHEADER)];
        for (i = 0; i < 256; i++)
        {
                if (pPalette[i].rgbRed != pPalette[i].rgbGreen ||
                    pPalette[i].rgbRed != pPalette[i].rgbBlue ||
                    pPalette[i].rgbGreen != pPalette[i].rgbBlue)
                return (FALSE);
        }
        ::GlobalUnlock(pDibObject->GetDib());
        return (TRUE);
}
```

3.6.5 绘制直方图

下面为直方图菜单及工具条按钮添加代码实现。其中 DoModal() 模态显示直方图对话框，并默认调用函数 OnPaint() 绘制直方图。

```
void CMFCView::OnHist()
{
        CMFCDoc* pDoc = GetDocument();
        ASSERT_VALID(pDoc);

        if (pDoc->m_pDibObject == NULL)
        {
                AfxMessageBox("图像数据未成功加载!");
                return;
        }
        if (pDoc->m_pDibObject->GetHeight() == 0 || pDoc->m_pDibObject->
            GetWidth() == 0)
        {
                AfxMessageBox("无效的图像文件!");
                return;
        }

        int* pHistogram=GetHistogram(-1, -1, -1, -1, pDoc->m_pDibObject);

        CHistDlg HistDlg;
        if (pHistogram != NULL)
        {
                HistDlg.m_pnHist = pHistogram;
```

```
            HistDlg.Edit_Count = pHistogram[0];
            HistDlg.m_bIsGray256 = IsGray256(pDoc->m_pDibObject);
        }
        if (HistDlg.DoModal() != IDOK)
            return;
        delete[] pHistogram;
}
```

3.6.6 导出直方图数据

1) 添加“数据导出”按钮控件

在对话框窗口底部添加按钮控件，以便导出直方图各通道数据，如图 3-29 所示。

图 3-29　直方图“数据导出”按钮

2) 添加代码实现

通过文件打开函数 fopen() 和格式化输出函数 fprintf()，将直方图的各通道数据写到文本文件 Hist_Data.txt 中 (见 3.8.4 节)。

3.7 优　　化

1) 解决首次启动时创建空白子窗口的问题

若不删除首次启动时的空白子窗口，则不仅会出现直接单击直方图菜单项时数据为空的情况，还会出现保存时图像数据为空的情况。

为了防止出错，需要设置在主应用程序启动时不自动创建空白子窗口；也可以使菜单项和工具条按钮无效来避免出错。

在 MFC 主应用程序中添加如下代码。

```
BOOL CMFCApp::InitInstance()
{
        CCommandLineInfo cmdInfo;
        ParseCommandLine(cmdInfo);
        cmdInfo.m_nShellCommand = CCommandLineInfo::FileNothing;
        if (!ProcessShellCommand(cmdInfo)) return FALSE;
        ...
        CWinApp::InitInstance();
}
```

2) 删除不需要的菜单及对应的工具条按钮

如“新建”和“保存”功能，因未编写代码逻辑，删除其菜单项及对应的按钮，或者使其无效，以防止运行时报错。

3.8 结果展示

3.8.1 应用程序主窗口

图 3-30 展示了应用程序启动后，尚未打开任何图片时的主窗口状态，此时直方图菜单项并未显示。

图 3-30　应用程序主窗口状态

3.8.2 打开并绘制图像

图 3-31 展示了“打开”图像文件对话框，可以从右下角选择六种图像格式的任一种进行过滤；图 3-32 展示了两幅成功打开并在主窗口绘制的图像，注意，此时应用程序主菜单，即直方图菜单项同时显示，并且“打开”、“直方图绘制”及“另存为”三个工具条按钮均变得有效。

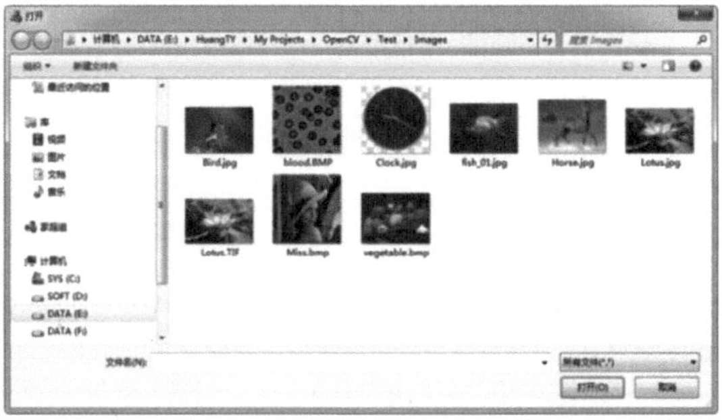

图 3-31　“打开”图像文件对话框

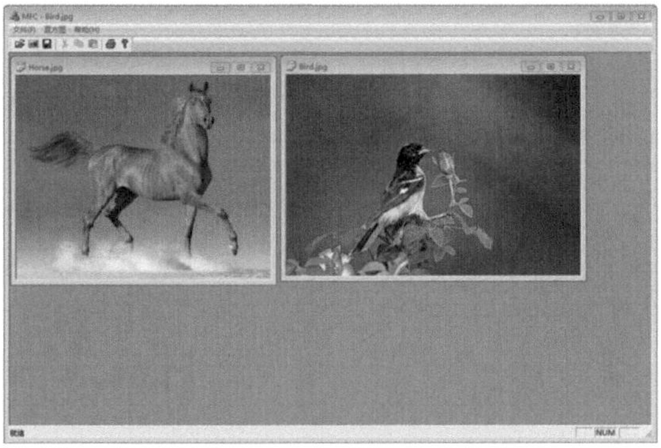

图 3-32　在主窗口绘制图像

3.8.3　显示直方图

图 3-33 ~ 图 3-36 依次展示了图像 Horse.jpg 的混合亮度直方图、红色分量直方图、绿色分量直方图及蓝色分量直方图，并且用对应的颜色的画笔来绘制，以便容易区分。

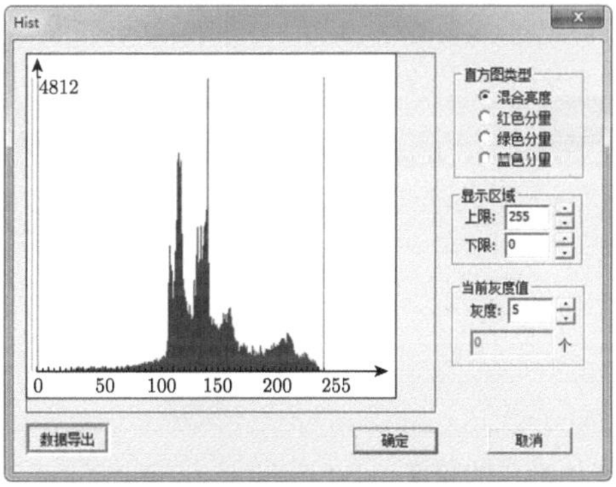

图 3-33　显示直方图 (混合亮度)

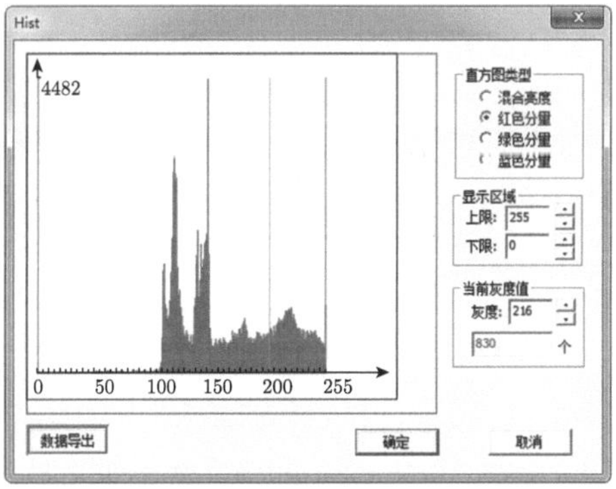

图 3-34　显示直方图 (红色分量)

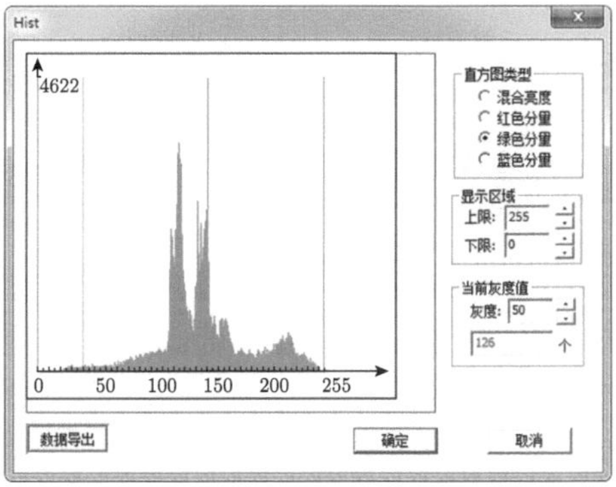

图 3-35　显示直方图 (绿色分量)

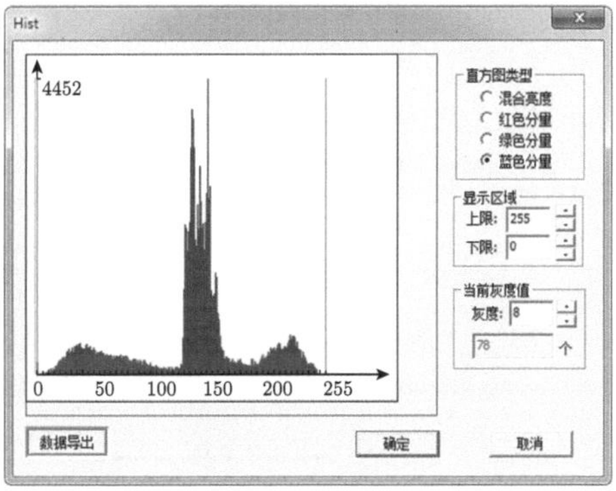

图 3-36　显示直方图 (蓝色分量)

3.8.4　输出直方图数据

图 3-37 展示了图像 Horse.jpg 的混合亮度及红绿蓝三通道直方图数据输出到文本文件 Hist_Data.txt 的结果。限于篇幅，并未完整列出。

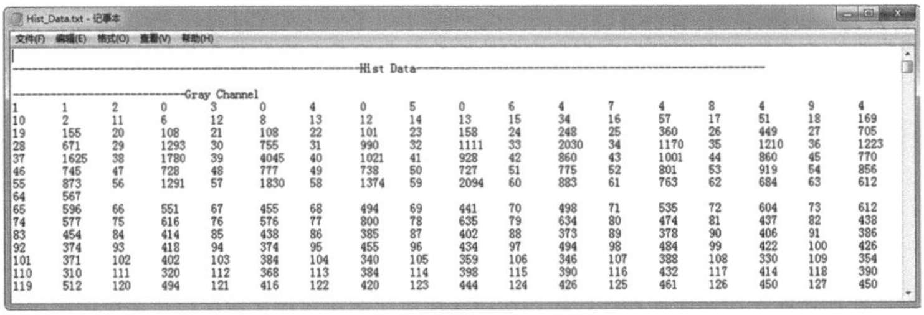

Hist_Data.txt - 记事本

文件(F) 编辑(E) 格式(O) 查看(V) 帮助(H)

--Hist Data--

--------------------------Gray Channel

1	1	2	0	3	0	4	0	5	0	6	4	7	4	8	4	9	4
10	2	11	6	12	8	13	12	14	13	15	34	16	57	17	51	18	169
19	155	20	108	21	108	22	101	23	158	24	248	25	360	26	449	27	705
28	671	29	1293	30	755	31	990	32	1111	33	2030	34	1170	35	1210	36	1223
37	1625	38	1780	39	4045	40	1021	41	928	42	860	43	1001	44	860	45	770
46	745	47	728	48	777	49	738	50	727	51	775	52	801	53	919	54	856
55	873	56	1291	57	1830	58	1374	59	2094	60	883	61	763	62	684	63	612
64	567																
65	596	66	551	67	455	68	494	69	441	70	498	71	535	72	604	73	612
74	577	75	616	76	576	77	800	78	635	79	634	80	474	81	437	82	438
83	454	84	414	85	438	86	385	87	402	88	373	89	378	90	406	91	386
92	374	93	418	94	374	95	455	96	434	97	494	98	484	99	422	100	426
101	371	102	402	103	384	104	340	105	359	106	346	107	388	108	330	109	354
110	310	111	320	112	368	113	384	114	398	115	390	116	432	117	414	118	390
119	512	120	494	121	416	122	420	123	444	124	426	125	461	126	450	127	450

图 3-37　输出直方图数据

3.8.5　另存为其他格式图像

也允许将已打开的图像另存为其他格式，例如，可以选择将 Horse.jpg 另存为 BMP 格式的图像，如图 3-38 所示。图 3-39 展示了另存为输出的位图文件。

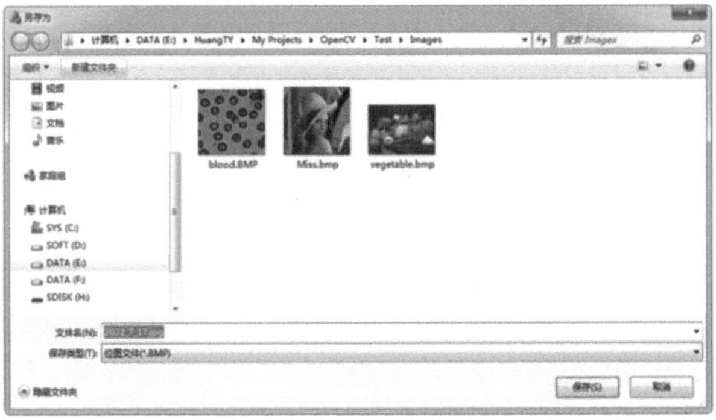

图 3-38　另存为其他格式的图像

图 3-39　另存为输出的位图文件

3.9　反思与改进

1) 缺点

该案例实现存在两个缺点。

(1) 基于 32 位编译的图像加载类静态链接库 ImageLoad.lib 和动态链接库 ImageLoad.dll 无法直接从 Win32 x86 迁移到 64 位平台，需要重新编译图像加载类源代码以生成 64 位的静态链接库和动态链接库，或者利用 OpenCV 进行图像读写。

(2) 利用 MFC 框架实现图像处理案例，需要进行多种消息映射和事件处理，并在熟悉 Win32 API (application program interface，应用程序接口) 的基础上编写复杂的代码，这对程序员的编程能力提出了较高的要求。另外，MFC 的 UI 设计步骤烦琐，效率低下。

2) 解决方案

有以下两种解决方案可供选择。

(1) 利用 WinGDI 图形设备接口，先获取位图句柄 HBITMAP，再利用位图绘制函数，如 BitBlt()、StretchBlt()、StretchDIBits() 等，在 MFC 的 View 视图中进行绘制，见附录 2。

(2) 利用 OpenCV 读入图像并实现图像处理相关算法，然后利用 MFC 框架实现图像绘制及消息映射和处理，这样可以极大地避免在 MFC 开发过程中，还需要单独去实现烦琐的图像读写和各种处理算法。

3) 关于 MFC

从 20 世纪 90 年代起，直到 2010 年，MFC 作为第一代原生 UI 库，一直是 Windows 桌面程序开发的首选。但是，MFC 不管是设计理念还是实现都过于庞大、烦琐，且缺乏持续更新和维护。随着技术的进步，MFC 已经被 WinForms、WPF、UWP 等淘汰，更多跨平台的 UI 框架如 Qt、wxWidgets、GTK 等也不断涌现，并成为主流开发框架。

综上，为了避免 MFC 框架的复杂性，该案例在第 4 章将基于 Qt 框架来实现。同时，为了避免图像加载类静态链接库和动态链接库的限制，不同格式图像的读写及处理算法直接调用 OpenCV 库函数。

本 章 小 结

本章案例源于文献 [2] 的早期版本 (第 2 版)，我们将原始 VC++6.0 版本的代码迁移到 VS2019 环境，并进行了进一步完善，实现了基于 MFC 的 UI 设计和直方图统计功能，对实现过程的完整代码进行了详细解析，以便读者可以从像素操作层面了解图像处理的底层逻辑。通过对早些年开发的基于 Windows MFC 框架的图像处理项目的学习和借鉴，我们可以从中获得宝贵的经验。

我们总结了 MFC 的缺点以及可选的解决方案，其中，基于 WinGDI 图形设备接口的绘制，是一种不借助外部图像库的解决方案，可参考文献 [16]；而利用 OpenCV 库函数来读取和处理图像，则可避免引入其他外部图像库，进而避免造成移植性问题。

第 4 章　实践案例 2(Qt 图像处理框架)

4.1　案例背景

本案例使用 Qt 框架完成图像的读入、显示、保存，以及直方图的统计和绘制等操作。为了简化起见，本案例不再使用 DibObject 图像处理类，而是利用 OpenCV 实现图像读写和直方图统计。同时，为了避免 MFC 框架的复杂性，基于 Qt 框架实现图片的显示、直方图的 UI 设计及绘制。

4.2　整体步骤

我们将按如下步骤，基于 Qt 图像处理框架，实现案例背景所列的相关功能。

(1) 创建 Qt MainWindow 项目，并勾选使用成员指针。

(2) 利用 OpenCV 读入图片。

(3) 创建新的子窗口 PicDisplay，显示 OpenCV 读入的图片。

(4) 创建直方图对话框类 HistDlg，利用 Qt Designer 设计直方图 UI。

(5) 利用 OpenCV 获取直方图数据与通道数。

(6) 使用 Painter 绘制直方图坐标系及直方图数据。

(7) 创建鼠标事件进行鼠标跟踪。

4.3　菜单设计

打开后缀为 ui 的文件，进行菜单设计，创建文件菜单栏，如图 4-1 所示，使用 &F 来启用快捷键。

图 4-1　Qt 菜单设计

与第 3 章相同，文件 (File) 菜单栏包含“打开文件”(Open) 和“另存为”(SaveAs) 两个菜单项功能；直方图 (Hist) 菜单栏包含“显示直方图”菜单项功能。最终效果如图 4-2 所示。

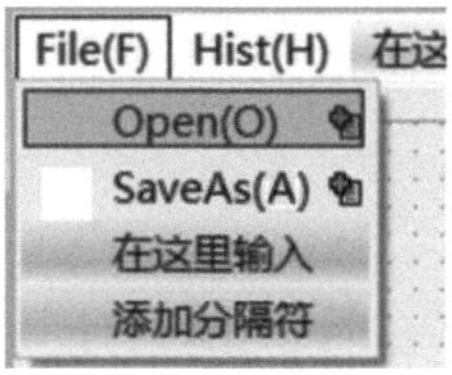

图 4-2　文件和直方图菜单栏

注意，Qt 菜单项及其关联的事件动作命名如图 4-3 所示。

图 4-3　Qt 菜单项及关联事件动作命名

4.3.1　Open 槽函数及动作关联

在 Qt_Demo.h 中声明处理函数：

```
private slots:
    void OpenActionSlot();
```

在 Qt_Demo.cpp 中关联处理函数和动作 action：

```
connect(ui->actionOpen, &QAction::triggered, this, &Qt_Demo::
    OpenActionSlot);
```

添加简化的筛选条件 (注意字符串格式和第 3 章的区别)：

```
const char* szFilter = "BMP(*.BMP);;JPEG(*.JPG);;TIF(*.TIF);;PCX(*.PCX);;
    TGA(*.TGA);;ALL(*.*)";
```

4.3.2　实现 Open 事件动作逻辑

完善处理逻辑，获取文件路径：

```
const char* sc = "ALL(*.*)";
QString curFilter(sc);
QString picName_ = QFileDialog::getOpenFileName(this, "Open", "../",
    szFilter, &curFilter);
```

处理返回值为空的情况:

```
if (picName_.isEmpty()) {
       printf("Empty Open File Path!\n");
       return;
}
```

当处理返回值不为空的情况时，创建图片显示窗口，加载并显示图片；同时通过事件连接捕获当前活动窗口：

```
inPicName = picName_;
QString title= "IMAGE - " + inPicName.section('/', -1);
HWND hWnd = findWindow(title);

if (hWnd != NULL) { //恢复已有显示窗口
    ShowWindow(hWnd, SW_RESTORE);
    SetFocus(hWnd);
}
else{ //创建新的图片显示窗口
    PicDisplay* v;
    v = new PicDisplay(inPicName, this);

// Need the current ACTIVE picName for 'Save as...' and 'Show Hist...'
    FUNC;
// This Parent Receives Data (current picName) from the active Child
    window
// 'PicDisplay' by connect SLOT 'receiveData()' with the child's SIGNAL
// 'sendData()' by EMITting the signal.
   connect(v,SIGNAL(sendData(QString)), this, SLOT(receiveData(QString)));

   v->setWindowTitle(title);
   v->show();
}
```

4.4 创建图片显示子窗口

4.4.1 创建图片显示窗口类

创建新的子窗口界面的 UI 文件及对应的 C++类如图 4-4 所示，用该子窗口而不是 OpenCV 的默认窗口来显示打开的图片。

图 4-4 创建图片显示子窗口界面类

4.4.2 设计图片显示子窗口

在图片显示子窗口中仅放置一个图片显示控件 (graphicsView)，用来装载打开的图片，如图 4-5 所示。

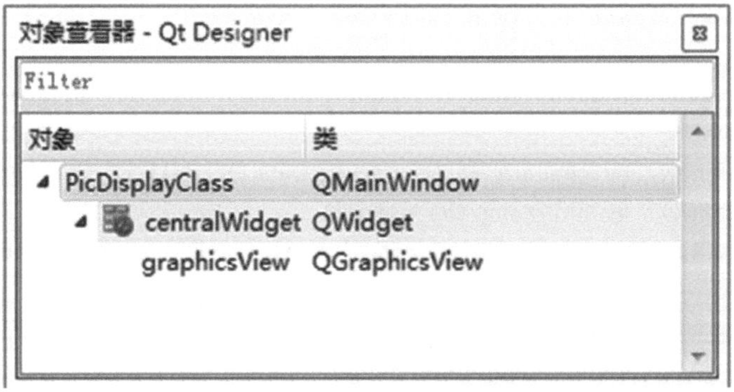

图 4-5 图片显示子窗口对象

4.4.3 修改子窗口构造函数

修改子窗口构造函数如下：

```
// PicDisplay.h
public:
    PicDisplay(QString picName, QWidget *parent = nullptr);
    ~PicDisplay();
```

4.4.4 添加图片并显示

添加图片并显示，代码如下：

```
// PicDisplay.cpp
PicDisplay::PicDisplay(QString picName, QWidget* parent)
    :QMainWindow(parent), ui(new Ui::PicDisplayClass())
{
    ui->setupUi(this);
    inPicName = picName;

    QGraphicsScene* scene = new QGraphicsScene;
    scene->addPixmap(QPixmap(picName));
    ui->graphicsView->setScene(scene);

    ui->graphicsView->setMaximumWidth(scene->width());
    ui->graphicsView->setMinimumWidth(scene->width());
    ui->graphicsView->setMaximumHeight(scene->height()+2);
    ui->graphicsView->setMinimumHeight(scene->height()+2);

    // this->resize(QSize(scene->width(), scene->height()));
    this->setMaximumWidth(ui->graphicsView->width()-8);
    this->setMinimumWidth(ui->graphicsView->width()-8);
    this->setMaximumHeight(ui->graphicsView->height()-19);
    this->setMinimumHeight(ui->graphicsView->height()-19);

    ui->graphicsView->show();
}
```

4.5 创建直方图显示子窗口

4.5.1 创建直方图对话框窗口类

创建直方图对话框窗口类 (见图 4-6)。

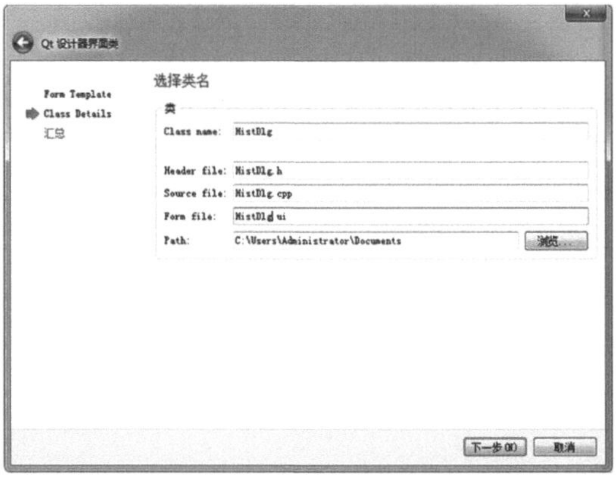

图 4-6　创建直方图对话框窗口类

4.5.2 设计直方图对话框

直方图对话框的 UI 设计如图 4-7 所示，直方图对话框窗口对象如图 4-8 所示。

图 4-7　直方图对话框的 UI 设计

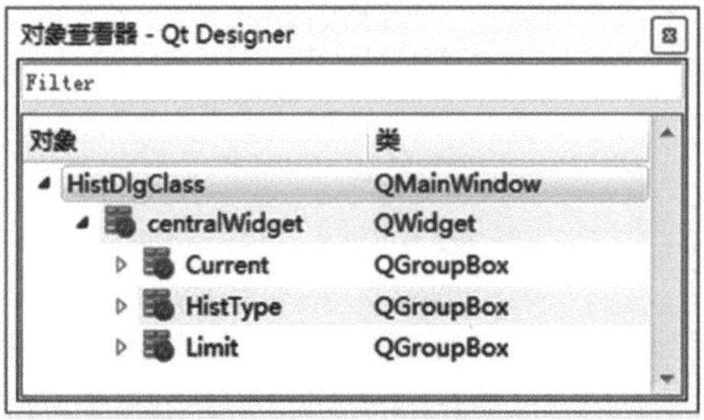

图 4-8　直方图对话框窗口对象

4.5.3 直方图槽函数及动作关联

声明槽函数并连接动作信号，呼出直方图对话框。

```
// QtDemo.h
void HistActionSlot();

// QtDemo.cpp
connect(ui->actionShowHist, &QAction::triggered, this, &Qt_Demo::
    HistActionSlot);

 QString title = "HIST - " + inPicName.section('/', -1);
 HWND hWnd = findWindow(title);
 if (hWnd != NULL) {
```

```
        ShowWindow(hWnd, SW_RESTORE);
        SetFocus(hWnd);
}
else {
        HistDlg* w;
        w = new HistDlg(GetHist(inPicName), this);
        w->setWindowTitle(title);
        w->show();
}
```

4.5.4 获取直方图通道数据

创建 Hist 结构体用于返回 hist 数据。

```
struct Hist
{
    bool isGray256 = false;
    Mat hist_R, hist_G, hist_B, hist_Blend;
};
```

利用 OpenCV 的 calcHist() 函数获取直方图数据与通道数量，我们注意到，不同的图片灰度化方法可能导致统计得到的混合亮度像素个数不一致，这将在后续改进部分中进行讨论。

```
Hist Qt_Demo::GetHist(QString filePath)
{
    Mat pic;
    Hist HIST;

    filePath = curPicName;
    pic = imread(filePath.toLocal8Bit().toStdString(), IMREAD_UNCHANGED);

    if(pic.channels()==1) HIST.isGray256 = true;
    else HIST.isGray256 = false;
    isGray256_ = HIST.isGray256;

    const int channels[] = { 0 };
    int dims = 1;

    const int histSize[] = { 256 };
    float pranges[] = { 0,255 };
    const float* ranges[] = { pranges };
```

```
    Mat gray_plane;
    Mat bgr_planes[3];

    if (isGray256_) pic = imread(filePath.toLocal8Bit().toStdString(),
        IMREAD_COLOR);

    split(pic, bgr_planes);

    // gray_plane = (0.30 * bgr_planes[2] + 0.59 * bgr_planes[1] + 0.11 *
    //    bgr_planes[0]);
    // cvtColor(pic, gray_plane, COLOR_BGR2GRAY);
    CvtRGB2Gray(pic, gray_plane);

    calcHist(&bgr_planes[0], 1, channels, Mat(), HIST.hist_B, dims,\
        histSize, ranges, true, false);
    calcHist(&bgr_planes[1], 1, channels, Mat(), HIST.hist_G, dims,\
        histSize, ranges, true, false);
    calcHist(&bgr_planes[2], 1, channels, Mat(), HIST.hist_R, dims,\
        histSize, ranges, true, false);
    calcHist(&gray_plane, 1, channels, Mat(), HIST.hist_Blend, dims,\
        histSize, ranges, true, false);

    return HIST;
}
```

4.6 绘制直方图

4.6.1 绘制直方图坐标系

使用 Painter 画出直方图坐标系，并重写 paintEvent() 事件生成方法。

```
// HistDlg.h
protected:
    void paintEvent(QPaintEvent*);
```

首先绘制直角坐标系（含水平刻度）：

```
// HistDlg.cpp
void HistDlg::paintEvent(QPaintEvent*)
{
    QPainter Painter(this);
```

```
    Painter.setPen(QColor(0, 0, 0));

    Painter.drawLine(50, 300, 350, 300);
    Painter.drawLine(50, 300, 50, 50);
    Painter.drawLine(350, 300, 340, 290);
    Painter.drawLine(350, 300, 340, 310);
    Painter.drawLine(50, 50, 40, 60);
    Painter.drawLine(50, 50, 60, 60);

    Painter.drawLine(50, 70, 60, 70);
    ...;
}
```

并给水平刻度标注数字:

```
Painter.drawText(i * step_x2 + 48, 320, QString::number(i * step_x2));
```

4.6.2 设置各通道画笔颜色

根据所选类型，设置不同的画笔颜色，绘制混合亮度和各通道直方图:

```
// HistDlg.cpp
void HistDlg::drawHist(Hist HIST,int Type)
{
    QPainter Painter(this);
    Mat CurrentHist;

    switch (Type)
    {
    case 0:
    Painter.setPen(QColor(0, 0, 0));
    CurrentHist = HIST.hist_Blend;
    break;
    case 1:
        Painter.setPen(QColor(255, 0, 0));
        CurrentHist = HIST.hist_R;
        break;
    case 2:
        Painter.setPen(QColor(0, 255, 0));
        CurrentHist = HIST.hist_G;
        break;
    case 3:
        Painter.setPen(QColor(0, 0, 255));
```

```
            CurrentHist = HIST.hist_B;
            break;
        default:
            break;

        ...;
}
```

4.6.3 设置区间标注线

获取当前通道的最大灰度个数，并将该值标注到纵坐标顶端：

```
minMaxLoc(CurrentHist, 0, &max_val, 0, 0);
Painter.drawText(30, 50, QString::number(max_val));
```

根据各变量初始值或用户交互，设置左右边界标注线和当前位置标注线：

```
// HistDlg.cpp
Painter.setPen(QColor(255, 255, 0));
Painter.drawLine(CurrentGray + 50, 299, CurrentGray + 50, 50);
Painter.setPen(QColor(0, 255, 255));
Painter.drawLine(MaxGray + 50, 299, MaxGray + 50, 50);
Painter.setPen(QColor(255, 0, 255));
Painter.drawLine(MinGray + 50, 299, MinGray + 50, 50);
```

循环遍历 hist，基于左右边界 [MinGray, MaxGray] 画出直方图 (初始默认值：左边界/下限 MinGray=0；右边界/上限 MaxGray=255)，仅绘制左右边界之间的直方图，若 MinGray 或 MaxGray 发生改变，则进行重绘。

```
for (int i = MinGray; i <= MaxGray; i++)
{
    double temp = 230*(CurrentHist.at<float>(i) / max_val);
    if (temp) Painter.drawLine(50 + i, 299, 50 + i, (int)(300 - temp));
}
```

4.7 处理交互事件

4.7.1 处理 radio button 事件

设置混合通道 radio button 为默认勾选。

```
ui->RadioGray->setChecked(1);
```

声明槽函数，并进行连接：

```
// HistDlg.h
private slots:
    void RadioButton();

// HistDlg.cpp
connect(ui->RadioGray,&QRadioButton::clicked,this,&HistDlg::RadioButton);
connect(ui->RadioRed,&QRadioButton::clicked,this,&HistDlg::RadioButton);
connect(ui->RadioGreen,&QRadioButton::clicked,this,&HistDlg::RadioButton);
connect(ui->RadioBlue,&QRadioButton::clicked,this,&HistDlg::RadioButton);
```

根据 sender 改变直方图类型 (Type)，并重新绘制直方图：

```
// HistDlg.cpp
void HistDlg::RadioButton()
{
    QRadioButton *CurrentRadioButton = dynamic_cast<QRadioButton*>
        (sender());
    if (CurrentRadioButton == ui->RadioGray) Type = 0;
    else if (CurrentRadioButton == ui->RadioRed) Type = 1;
    else if (CurrentRadioButton == ui->RadioGreen) Type = 2;
    else Type = 3;

    // repaint();    // Recursive repaint() called! Do not use!
    update();        // update(0, 0, WIDTH, HEIGHT);
}
```

4.7.2　处理 spinBox 事件

创建槽函数，更新上下限文本框、当前灰度值文本框、灰度计数文本框：

```
private slots:
    void SpinCurrent();
    void SpinMin();
    void SpinMax();
connect(ui->spinBox_Current, SIGNAL(valueChanged(int)), this, \
    SLOT(SpinCurrent()));
ui->spinBox_Current->setMinimum(0);
ui->spinBox_Current->setMaximum(255);
connect(ui->spinBox_Min,SIGNAL(valueChanged(int)),this,SLOT(SpinMin()));
ui->spinBox_Min->setMinimum(0);
ui->spinBox_Min->setMaximum(255);
connect(ui->spinBox_Max,SIGNAL(valueChanged(int)),this,SLOT(SpinMax()));
ui->spinBox_Max->setMinimum(0);
```

```
ui->spinBox_Max->setMaximum(255);
```

初始化三个 spinBox 的值：

```
ui->spinBox_Current->setValue(128);
ui->spinBox_Max->setValue(255);
ui->spinBox_Min->setValue(0);
```

更新当前灰度值计数：

```
Count = CurrentHist.at<float>(CurrentGray);
ui->lineEdit_Count->setText(QString::number(Count));
```

4.7.3 处理鼠标事件

1) 声明鼠标事件

```
void mousePressEvent(QMouseEvent* event);
void mouseReleaseEvent(QMouseEvent* event);
void mouseMoveEvent(QMouseEvent* event);
```

2) 创建标记变量

创建鼠标位置标记变量 DragIndex(0, 1, 2)，提示鼠标是否落在边界处 (1 为右边界，2 为左边界)，以便拖动调整左右边界；定义变量 inRect，标记鼠标是否在直方图区域：

```
int DragIndex;
bool inRect;
```

勾选鼠标跟踪状态 MouseTracking 并初始化该变量，以便可以使用鼠标控制当前灰度线边界的左右移动：

```
DragIndex = 0;
inRect = true;
setMouseTracking(true);
```

3) 实现鼠标事件

鼠标动作事件包括：鼠标按下 (Press)、鼠标释放 (Release) 和鼠标移动 (Move)。

```
void HistDlg::mousePressEvent(QMouseEvent* event)
{
        QPoint pos = event->pos();
        if (event->button() == Qt::LeftButton)
        {
                if (pos.x() == MaxGray + 50)
                        DragIndex = 1;
```

```
            else if (pos.x() == MinGray + 50)
                DragIndex = 2;
        }
}

void HistDlg::mouseReleaseEvent(QMouseEvent* event)
{
        if (event->button() == Qt::LeftButton) {
            DragIndex = 0;
        }
}

void HistDlg::mouseMoveEvent(QMouseEvent* event)
{
        QPoint pos = event->pos();
        if ((pos.x() >= 50) && (pos.x() <= 350) && (pos.y() >= 50) &&
           (pos.y() <= 300))
        {
            inRect = true;
            int temp = pos.x() - 50;
            if (temp > 255)temp = 255;
            if (temp < 0)temp = 0;

            if ((pos.x() == MaxGray + 50) || (pos.x() == MinGray + 50))
                setCursor(Qt::SizeHorCursor);
            else setCursor(Qt::CrossCursor);

            switch (DragIndex)
            {
            case 0:
                CurrentGray = temp;
                break;
            case 1:
                MaxGray = temp;
                break;
            case 2:
                MinGray = temp;
                break;
            default:
                break;
```

```
            }
        }
        else{
            inRect = false;
            setCursor(Qt::ArrowCursor);
        }

        update();
}
```

4) 同步更新 spinBox

在 paintEvent() 事件中，根据鼠标交互结果，同步更新各 spinBox 的当前灰度值、灰度上限值、灰度下限值，并重绘直方图。

```
ui->spinBox_Current->setValue(CurrentGray);
ui->spinBox_Max->setValue(MaxGray);
ui->spinBox_Min->setValue(MinGray);

drawHist(HIST,Type);
```

4.8 结果展示

结果如图 4-9~图 4-12 所示。

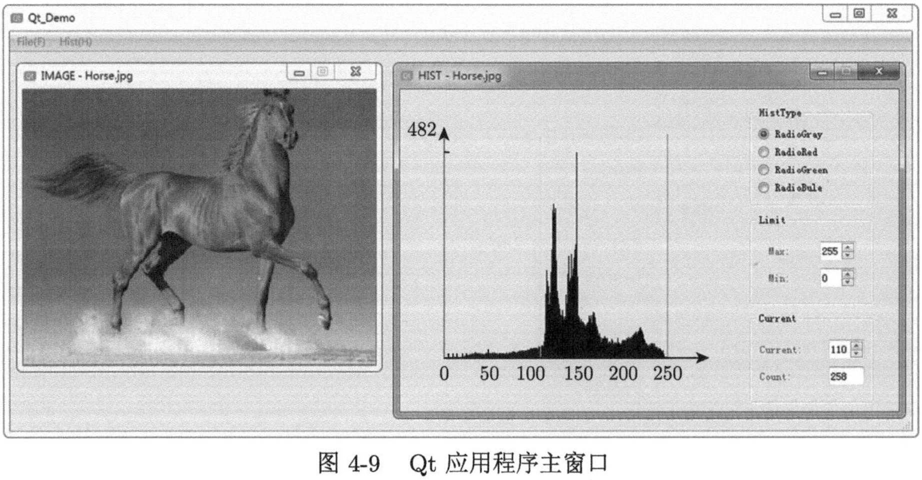

图 4-9　Qt 应用程序主窗口

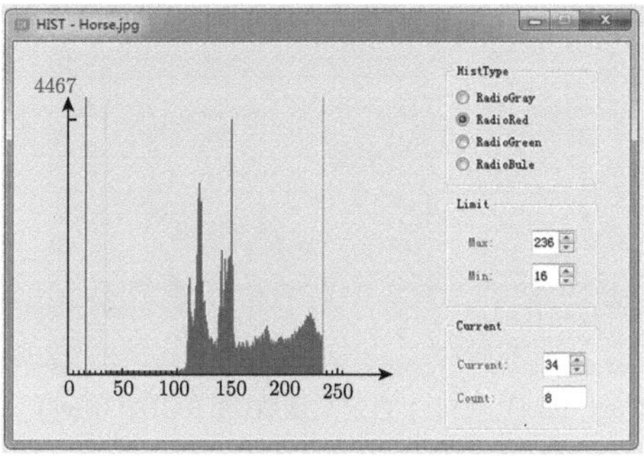

图 4-10　显示直方图 (红色分量)

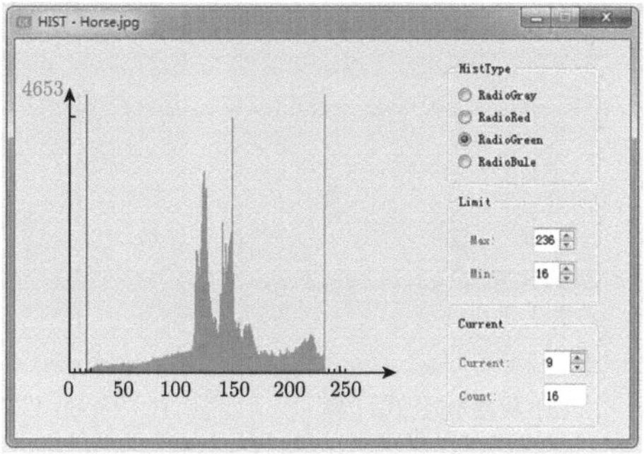

图 4-11　显示直方图 (绿色分量)

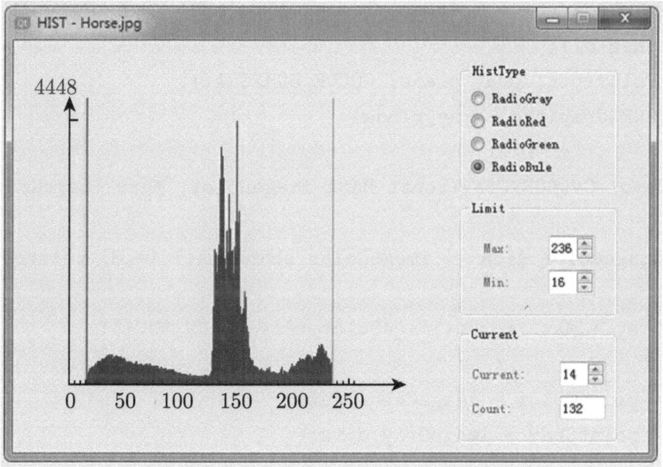

图 4-12　显示直方图 (蓝色分量)

4.9　反思与改进

4.9.1　图像灰度化方法比较

图像灰度化的三种不同方法在 4.5.4 节的函数 GetHist() 代码中已注释，对图像 Horse.jpg 进行灰度化的结果如图 4-13 所示。可以看出，这些图像从视觉上几乎无法区分。然而，实际统计得到的直方图数据却存在略微甚至较大差异。

参考 4.5.4 节代码，我们在程序中分别对比了三种不同的灰度化方法，其中，CvtRGB2Gray() 仍然采用公式 $L = 0.3 \times R + 0.59 \times G + 0.11 \times B$ 计算亮度，通过对整幅图像逐个像素遍历来进行；同时也与 MFC 案例计算的直方图数据进行比较。

(a) 灰度化公式计算　　(b) Open CV函数atColor()　　(c) 自定义函数CvtRGB2Gray()

图 4-13　三种灰度化方法得到的灰度图像对比

```
// Qt_Demo.cpp
// 1. gray_plane = (0.30 * bgr_planes[2] + 0.59 * bgr_planes[1] + 0.11 *
// bgr_planes[0]);
// 2. cvtColor(pic, gray_plane, COLOR_BGR2GRAY);
// 3. cvtRGB2Gray(pic, gray_plane);

void Qt_Demo::CvtRGB2Gray(const Mat& imageColor, Mat& imageGray)
{
    if (!imageColor.data || imageColor.channels() != 3) return;

    imageGray = Mat::zeros(imageColor.size(), CV_8UC1);

    uchar* pointColor = imageColor.data;
    uchar* pointGray = imageGray.data;

    size_t stepColor = imageColor.step;
    size_t stepGray = imageGray.step;

    for (int i = 0; i < imageGray.rows; i++)
        for (int j = 0; j < imageGray.cols; j++)
            pointGray[i * stepGray + j] =
            (uchar)(0.11 * pointColor[i * stepColor + 3 * j + 0] +
                    0.59 * pointColor[i * stepColor + 3 * j + 1] +
                    0.30 * pointColor[i * stepColor + 3 * j + 2]);
}
```

表 4-1 给出了三种不同灰度化方法计算得到的各通道直方图的最大值，同时也列出了第 3 章 MFC 案例的直方图计算结果。可见，方法 1 在各通道直方图最大值上和其他方法有明显差异，这是因为直接在位平面上进行公式计算导致了亮度数据的截断。而方法 2 和方法 3 略有差异，其中，方法 3 和 MFC 案

例在所有通道上计算的直方图最大值几乎一致，因此本案例的图像灰度化采用方法 3。特别说明，如果要得到更为精确的亮度计算，可以采用更高精度的公式：$L = 0.299R + 0.587G + 0.114B$。

表 4-1　不同灰度化方法在各通道直方图最大值上的对比

方法	L	R	G	B
方法 1	6028	4467	4653	4448
方法 2	5139	4467	4653	4448
方法 3	4821	4467	4653	4448
MFC	4812	4482	4622	4452

4.9.2　Qt 多窗口联动

不同于 MFC 案例的实现，本案例因为允许通过 new() 同时打开多个图片窗口并显示对应的直方图对话框，所以在具体实现中必须考虑各窗口之间的联动，有以下几种情况。

(1) 不允许同一个图片窗口多次打开。

(2) 若一个图片窗口对应的直方图对话框窗口已经创建，则不能重复创建，只能恢复显示并设置焦点。

(3) 关闭直方图对话框不影响其图片窗口的显示；反之，若图片窗口关闭，其对应的直方图对话框窗口也应该关闭。

(4) 图像的 SaveAs 功能在打开多个图片窗口时，需获取当前活动窗口的图像，才能保证正确保存对应的图像。

情况 (1)~情况 (3) 可以通过 Win32 API 的窗口函数，如 findWindow()、ShowWindow()、SetFocus()、setWindowTitle() 等，基于窗口标题进行控制；情况 (4) 则需要在子窗口和父窗口之间进行消息传递。

限于篇幅，未给出代码解析 (下同)，请参考项目工程的具体实现。

4.9.3　Qt 自定义信号和槽函数

以下步骤给出了情况 (4) 的解决方案，即如何通过 Qt 自定义信号和槽函数，实现子窗口和父窗口之间的消息传递。

(1) 在 MainWindow 中定义全局变量 curPicName，记录当前激活子窗口的图像文件名。

```
private:
    QString curPicName;
```

(2) 在 PicDisplay 头文件中自定义信号 sendData()，发送当前激活子窗口的图像文件名。

```
signals:
    void sendData(QString data);
```

(3) 重载 PicDisplay 的窗口激活事件 WindowActivate()，通过 Qt 的 emit 发送当前图像文件名，以便父窗口接收。

```
bool PicDisplay::event(QEvent* e)
{
        if (e->type() == QEvent::WindowActivate) {
                curPicName = inPicName;
                emit sendData(curPicName); // Emit curPicName to its parent.
        }
        return QMainWindow::event(e);
}
```

(4) 在 MainWindow 中定义槽函数 receiveData() 并实现，用来接收数据。

```
private slots:
    void receiveData(QString data);

void Qt_Demo::receiveData(QString data) // Receive data from the child
  // window.
{
    curPicName = data;
}
```

(5) 在 MainWindow 的槽函数 OpenActionSlot() 中打开图片，创建 PicDisplay 图片显示子窗口，并进行自定义信号和槽函数的连接。

```
void Qt_Demo::OpenActionSlot()
{
    PicDisplay* v;
    v = new PicDisplay(inPicName, this);
    connect(v,SIGNAL(sendData(QString)),this,SLOT(receiveData(QString)));
    v->setWindowTitle(title);
    v->show();
}
```

4.9.4 Qt 自定义控件

本节以数字时钟为例，讨论如何实现 Qt 自定义控件在父窗口中的绘制。关于数字时钟的绘制，网上有很多参考代码，所以不单独分析。假设已经通过 DigiClock 类的 drawClock() 函数成功实现了数字时钟的绘制。

(1) 首先，DigiClock 类需要继承自 Qt 通用类 QObject；其次，drawClock() 函数必须声明为 public，以便能够在父窗口 (parent) 中调用绘制时钟，并通过 Timer 槽函数定时更新。

```
// DigiClock.h
public:
    void drawClock(QMainWindow* parent);
```

(2) 在主窗口构造函数中创建并实例化一个数字时钟：CLOCK = new DigiClock(this)。在析构函数中删除时钟：delete CLOCK。

(3) 重载主窗口绘制事件 paintEvent()，调用 DigiClock 的 public 函数 drawClock() 重绘数字时钟。

```
void Qt_Demo::paintEvent(QPaintEvent*)
{
    CLOCK->drawClock(this);
}
```

本 章 小 结

本章利用 OpenCV 进行图像读写，选择 Qt MainWindow 项目来进行案例设计，实现基于 Qt 的图像显示、直方图 UI 设计和绘制。为了避免 3.6.4 节直方图统计的烦琐计算，直接调用 OpenCV 函数 calcHist()。另外，比较了三种不同的图像灰度化方法对灰度直方图统计的细微影响。

我们同时分析了 Qt 的多窗口联动、Qt 自定义信号和槽函数 [15]、Qt 自定义控件 [17]。这些均已在项目工程中完整实现，限于篇幅，不再对相关代码进行详细解析。

第 5 章　实践案例 3(基于 SVM 的图像分类)

5.1　案 例 背 景

5.1.1　题目要求

基于 OpenCV 内置的 SVM 分类算法，对 ccla 原始数据集 (见 Test/data 的三个文件夹) 的工业零件图像数据集进行分类，数据文件及示例图片如图 5-1 所示。

图 5-1　SVM 分类算法使用的 data 数据文件及示例图片

具体要求如下。

(1) 实现目标的识别、分类命名。

(2) 实现形状的几何测量，如位置 (pos)、面积 (area)、纵横比 (ar)、矩形度、圆形度等，示例结果见实验部分的截图。

(3) 对分类效果进行简单评价。

5.1.2　所需材料

本案例选取图像共 405 张，分为三个类别，分别是螺母 (nut)、圆环 (ring)、螺钉 (screw)，我们对其进行训练，并按 10%～ 50%递增的比例，从数据集中选取样本进行模型测试，以简单判断模型的准确性。对利用代数运算得到的背景模式图片 pattern 进行辅助分析，并用 data 数据库中的图片 test1 与 test2 进行验证。

5.2　整体步骤

(1) 图像预处理。由于受到光照、噪声等因素的影响，需要对图像进行预处理。首先将图像进行转灰度处理，利用中值滤波去除椒盐噪声，利用背景模式图像进行背景消除操作，然后将图像进行二值化，利用形态学运算去除小的孔洞噪声。

(2) 图像特征提取。我们选择圆形度、矩形度、面积、纵横比四个指标，来提取对象的形状特征，并在测试中验证如何以最少的特征达到最精准的分类效果。数据集中的少部分图片可能包含一个或多个对象，如螺母，在提取时要特别注意。

(3) 核函数选择。在常用的几种核函数中，RBF 核函数在大多数情况下都能达到较好的分类效果。因此，本案例基于 RBF 核函数进行图像分类。

(4) 核参数选取。在确定了实验所用的核函数后，首先使用默认的核参数进行实验，并对参数进行微调，以确定最优的核参数。

(5) 实验结果评价标准。为了简化起见，以图像分类准确率作为实验的评价标准，表示为准确率 = 正确分类样本数/测试样本总数 ×100%。我们对预处理后的训练图像先进行特征提取，选择训练参数并输入 SVM 进行训练；测试图像基于 SVM 的训练结果进行预测，由此得到各个分类并评价其准确率，如图 5-2 所示。

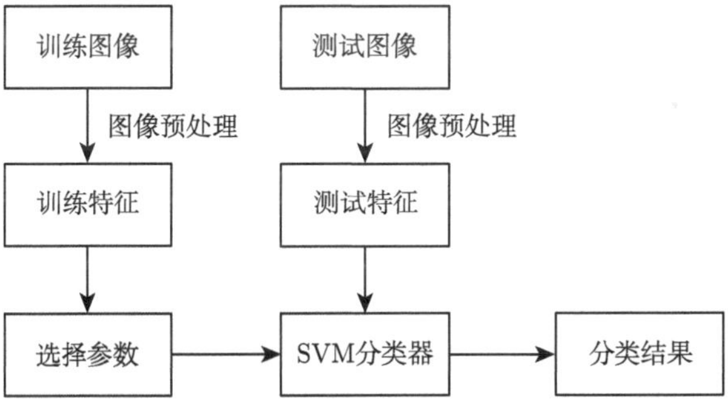

图 5-2　图像分类流程图

5.3　SVM 图像分类

5.3.1　读取图像数据集

针对每个类别，一次性读入对应文件夹下的训练图片 (总图片数 −num_for_test，其中，num_for_test 用来定义测试图片数)，每读一张图片就提取其特征，如面积、周长、纵横比等，并放到特征向量里面，根据这些特征去训练模型。

label：分别用不同的标签表示，其中 0 为螺母、1 为圆环、2 为螺钉。因为螺母和螺钉各自在不同文件夹里面，所以每个文件夹内图片的标签是一样的。

trainData：记录训练数据集提取的图片特征。

trainResponse：存储训练数据集中每个样本对应的标签 label。

testData：记录测试数据集提取的图片特征。

testResponse：存储测试数据集中每个样本对应的标签 label。

```
bool readDataset(string folder, int label,
     vector<float>& trainData, vector<int>& trainResponse,
     vector<float>& testData, vector<float>& testResponse)
{
     vector<String> image_files;
     glob(folder, image_files);

     int num_for_test = (int) (image_files.size() * ratio_for_test);
     int Num_Train_Images = 0, Num_Test_Images = 0;
     int Num_Train_Samples = 0, Num_Test_Samples = 0;

     int img_index = 0;
     for (int i = 0; i < image_files.size(); i++) {
            Mat src = imread(image_files[i], IMREAD_COLOR);
            if (src.empty()) {
                 cout << "Reading Image Failed: " << image_files[i]<< endl;
                 continue;
            }

            Mat pre;
            preProcessImages(src, pre);
            vector<int> pos_top, pos_left;
            vector< vector<float> > features = extractFeatures(pre);
            // 提取特征

            // 前image_files.size() - num_for_test张图片用来做训练
            if (img_index <= image_files.size() - num_for_test) {
                  Num_Train_Images++;
                  for (int j = 0; j < features.size(); j++) {
                 // 特征由每个目标的feature_num个数字组成，存到一个大数组内
                         for (int k = 0; k < feature_num; k++)
                                trainData.push_back(features[j][k]);
                         trainResponse.push_back(label);
                         Num_Train_Samples++;
                 }
```

```
            }
            else { // 后面的num_for_test用来做测试
                    Num_Test_Images++;
                    for (int j = 0; j < features.size(); j++) {
                          for (int k = 0; k < feature_num; k++)
                                testData.push_back(features[j][k]);

                          testResponse.push_back((float)label);
                          Num_Test_Samples++;
                    }
            }
            img_index++;

            return (img_index == 0) ? false : true;
   }
```

5.3.2 图像预处理

(1) 将图像进行转灰度处理。

```
Mat gray; // 灰度图
cvtColor(image, gray, COLOR_BGR2GRAY);
```

(2) 中值滤波去除噪声。

```
Mat mBlur; // 中值滤波去除椒盐噪声
medianBlur(gray, mBlur, 7);
```

(3) 背景减除，去除输入图像背景。

图像背景减除有两种方法：①减法 = 背景图像 − 原始图像；②除法 = 255 × (1−(原始图像/背景图像))。

```
Mat removeLight;
removeLight = pattern1 - mBlur;
// removeLightPattern = 255 * (1 - (mBlur / pattern1));
```

(4) 图像二值化，利用形态学操作进行腐蚀。

```
Mat threshMat; // 图像二值化
threshold(removeLight, threshMat, 30, 255, THRESH_BINARY);
// 形态学腐蚀运算
Mat element = getStructuringElement(MORPH_RECT,Size(3, 3),Point(-1, -1));
erode(threshMat, new_image, element, Point(-1, -1), 1);
```

(5) 检查并去除小的孔洞。

RemoveSmallRegion() 函数，见附录 1。

5.3.3 提取图像特征

```
vector<vector<float>>extractFeatures(Matimg,vector<int>* left=NULL,
    vector<int>* top = NULL)
{
    vector<vector<float>> output;
    vector<vector<Point>> contours;
    vector<Vec4i> hierarchy;

    Mat input = img.clone();
    findContours(input, contours, hierarchy, RETR_EXTERNAL,
        CHAIN_APPROX_SIMPLE);
    if (contours.size() == 0) return output; // 空图像直接删除

    RNG rng(0xFFFFFFFF);

    for (int i = 0; i < contours.size(); i++) {
        Mat mask = Mat::zeros(img.rows, img.cols, CV_8UC1);
        // 使用值1绘制形状，可以求和统计面积
        drawContours(mask, contours, i, Scalar(1), FILLED, LINE_8,
            hierarchy, 1);

        // sum函数统计当前轮廓对应的图中每个通道的总和，这里取出0通道的非
        // 零点的总和
        Scalar area_s = sum(mask);
        float area = (float)area_s[0]; // 得到第一个特征面积

        RotatedRect r = minAreaRect(contours[i]);
        float width = r.size.width;
        float height = r.size.height;

        float ar = (width > height) ? width / height : height / width;
            // 纵横比

        float box_area = r.size.area();// 外接矩形的面积
        Rect rr = boundingRect(contours[i]);// 正矩形
        Mat blockI = img(rr);// 截取出来
        int area2 = countNonZero(blockI);// 计算非零面积
        float rectness = (float)area2 / box_area; // 矩形度，目标面积与
            // 包围矩形面积的比值
```

```
        float perimeter = (float)arcLength(contours[i], true);//目标周长
        float roundness = (float)(4.0 * 3.1415926 * area / (perimeter *
             perimeter));

        if (area > MIN_AREA) {
            vector<float> row;
            row.push_back(area);
            row.push_back(ar);
            if (feature_num >= 3) row.push_back(rectness);  // 矩形度
            if (feature_num == 4) row.push_back(roundness); // 圆形度
            output.push_back(row);

            // 轮廓中心到图像左上角和顶部的坐标
            if (left != NULL) left->push_back((int)r.center.x);
            if (top != NULL) top->push_back((int)r.center.y);
        }
    }
    return output;
}
```

5.3.4 设置 SVM 模型参数

这里采用简单交叉验证，将样本数据随机分为两部分，如 70%的训练集和 30%的测试集，然后用训练集来训练模型，在测试集上验证模型及参数。接着将样本打乱，重新选择训练集和测试集，继续训练模型和验证模型。最后选择损失函数等最优问题参数。

以下两组参数设置可供测试。

```
// ========================== SVM模型参数设置1==========================
// svm->setKernel(ml::SVM::KernelTypes::RBF);
// 核函数参数: CUSTOM, LINEAR, POLY, RBF, SIGMOID
// svm->setType(ml::SVM::Types::C_SVC); // C_SVC用于分类, C_SVR用于回归
// svm->setTermCriteria(TermCriteria(TermCriteria::MAX_ITER +
// TermCriteria::EPS, 100, FLT_EPSILON));

/* setTermCriteria设置算法的终止条件, SVM训练的过程就是一个通过<迭代>方式解
   决约束条件下的二次优化问题, 这里指定一个最大迭代次数和容许误差, 以允许算
   法在适当的条件下停止计算 */
// svm->setGamma(0); // 核函数中的参数gamma, 针对多项式/RBF/SIGMOID核函数;
// svm->setC(100); // SVM最优问题参数, 设置C-SVC、 EPS_SVR和NU_SVR的参数;
// svm->setP(0.1); // SVM最优问题参数, 设置EPS_SVR 中损失函数p的值。
```

```
// ============================ SVM模型参数设置2 ==========================
svm->setType(ml::SVM::C_SVC);
svm->setNu(0.05);
svm->setKernel(ml::SVM::CHI2);
svm->setDegree(1.0);
svm->setGamma(1.0);
svm->setTermCriteria(TermCriteria(TermCriteria::MAX_ITER, 100, 1e-6));
```

5.4 实验结果

5.4.1 特征选择及误差分析

本次实验的图像允许在 2~4 个特征之间进行选择，即面积、纵横比、矩形度、圆形度。由零件本身特点可知，在不同视图下，螺钉相较于螺母和圆环有更大的纵横比；而螺母和圆环有相近的面积。因此，可以考虑加入，甚至优先选择更有区分度的图像特征，以进一步提高模型训练的分类准确率。

实验测试了选择 2~4 个特征时的分类误差率，均为 1.68539%，如图 5-3 所示。我们发现，在选取前两个特征时，对图片 test1 和 test2 的分类能达到完全正确；即使选取全部的四个特征，分类识别的效果也并没有明显提升。显然，更

图 5-3　训练完成的模型在测试集上的分类误差率

多特征的加入并没有显著提升分类器的分类准确率，这表明矩形度和圆形度特征对螺母和圆环的分类准确率没有明显的提升，应该考虑检测是否存在中空的特征(孔洞)。

为了避免单独对孔洞进行检测，对实验 findContours() 函数的调用采用参数 RETR_CCOMP，而不是 RETR_EXTERNAL，以便获取二级层次轮廓，同时剔除 MIN_AREA <200 的内部小孔对应的二级轮廓，这样也达到了与孔洞剔除同样的效果。

以上观察和 ccla 原始数据集分类测试的结果基本一致，表明模型有较强的分类识别能力。更高精度的分类识别，需要综合考虑模型的特征选择、参数设置、训练数据集和测试数据集比例，这需要通过交叉验证进行微调。

5.4.2 SVM 模型训练结果

为了便于对比，以下给出选取前两个特征 (见图 5-4) 以及全部四个特征 (见图 5-5) 时的模型训练过程，其中，训练样本和测试样本的比例预设为 0.7 : 0.3。对图片 test1 和 test2 的分类预测，也同时给出全部四个特征的数据。

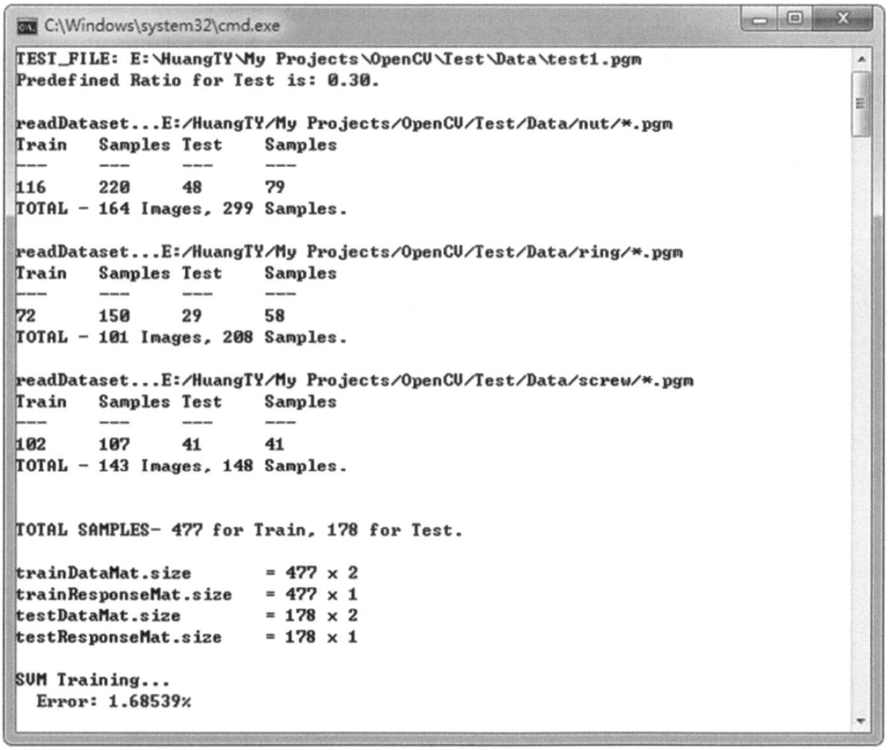

图 5-4　模型训练过程 (前两个特征)

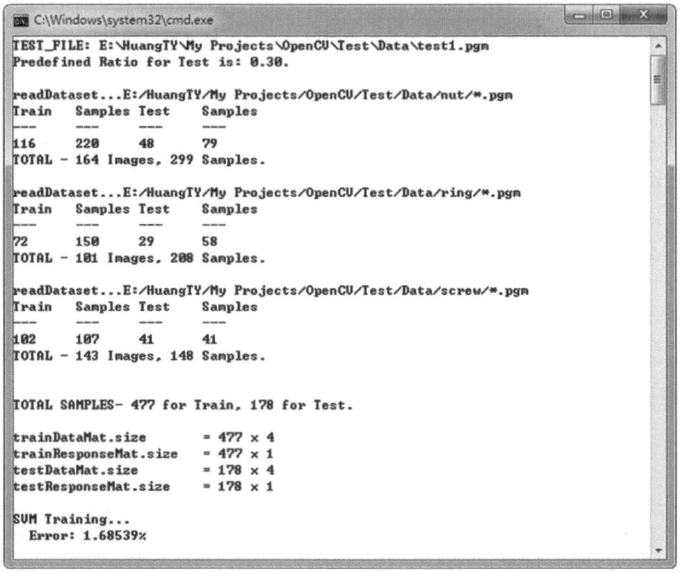

图 5-5　模型训练过程 (全部四个特征)

5.4.3　图片 test1 测试结果

图片 test1 的预处理过程、预测 (分类) 结果以及提取的各目标 (样本) 特征数据，依次由图 5-6～图 5-8 给出。

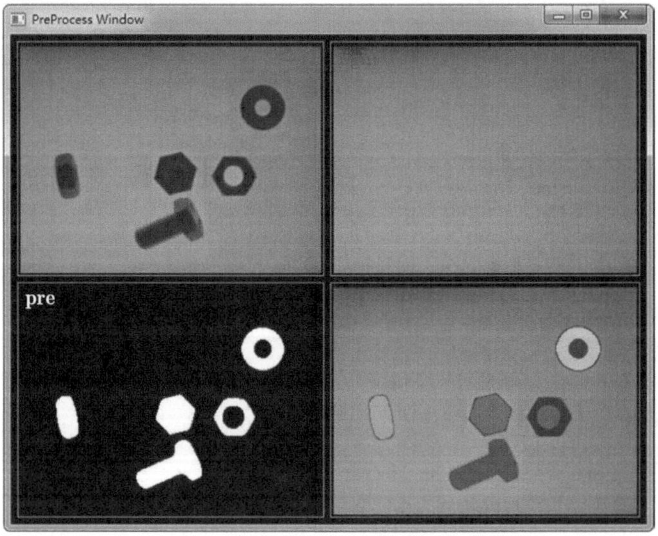

图 5-6　图片 test1 的预处理过程

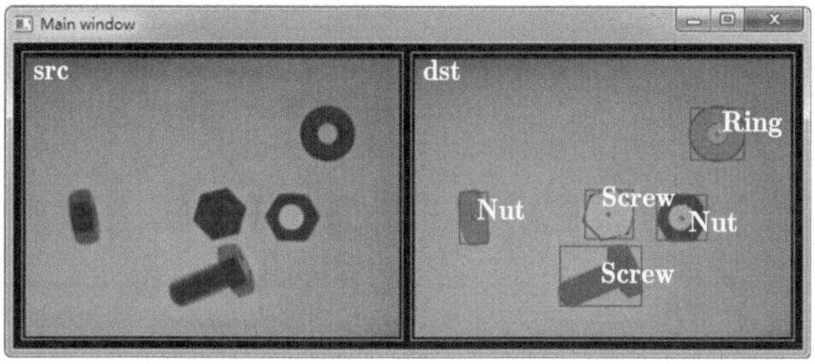

图 5-7　图片 test1 的预测结果

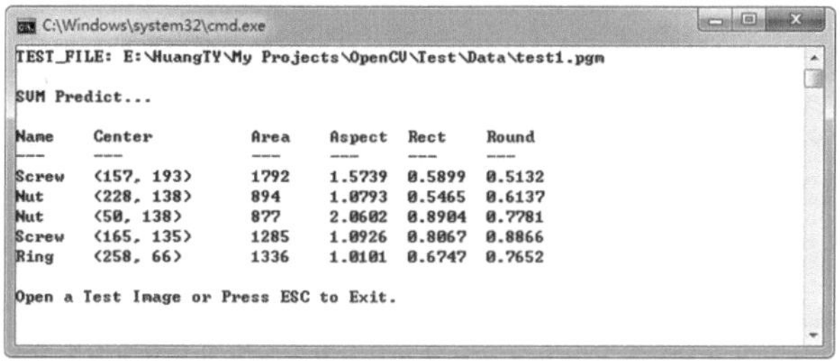

图 5-8　图片 test1 的各目标特征数据

5.4.4　图片 test2 测试结果

图片 test2 的预处理过程、预测 (分类) 结果以及提取的各目标 (样本) 特征数据，依次由图 5-9~图 5-11 给出。

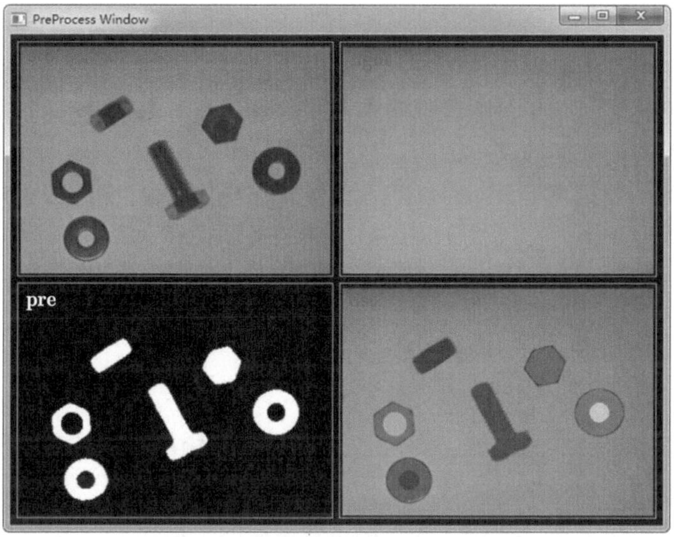

图 5-9　图片 test2 的预处理过程

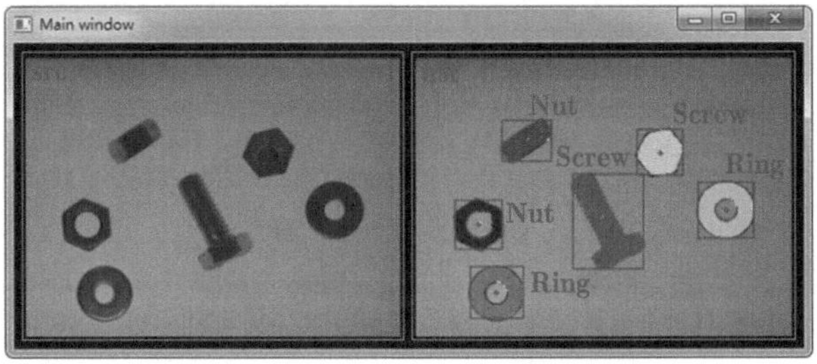

图 5-10　图片 test2 的预测结果

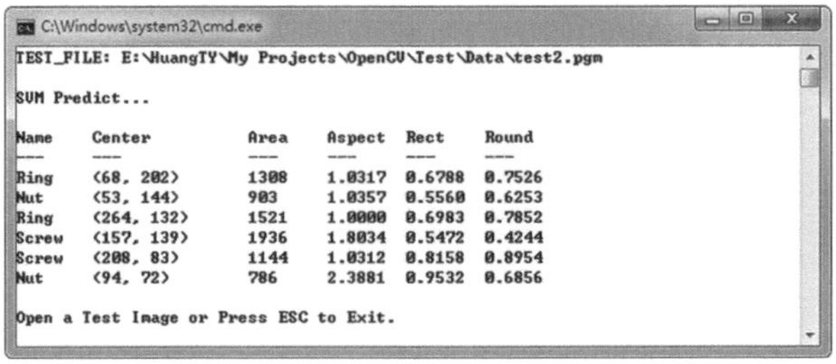

图 5-11　图片 test2 的各目标特征数据

5.4.5　反思与改进

1) 关于训练误差与测试误差

统计学习的目的是使学到的模型不仅对已知数据，而且对未知数据都能有很好的预测能力。不同的学习方法会给出不同的模型。当损失函数给定时，基于损失函数的模型的训练误差 (training error) 和测试误差 (test error) 就自然成为学习方法评估的标准。需要指出的是，在实际应用中，用于训练模型的损失函数可能与评价模型性能时使用的损失函数不同。尽管如此，为了评估的有效性，我们通常期望这两种损失函数是一致的。

假设学习到的模型是 $Y=\hat{f}(X)$，其中，X 是输入特征；Y 是对应的输出。训练误差是模型 $Y=\hat{f}(X)$ 关于训练数据集的平均损失，即

$$R_{\mathrm{emp}}(\hat{f})=\frac{1}{N}\sum_{i=1}^{N}L\left[y_i,\hat{f}\left(x_i\right)\right] \tag{5-1}$$

其中，N 是训练样本容量；y_i 是第 i 个样本的实际输出；$\hat{f}(x_i)$ 是模型对第 i 个样本的预测输出；L 是损失函数。

测试误差是模型 $Y=\hat{f}(X)$ 关于测试数据集的平均损失，即

$$e_{\text{test}}(\hat{f})=\frac{1}{N'}\sum_{i=1}^{N'}L\left[y_i,\hat{f}\left(x_i\right)\right]\tag{5-2}$$

其中，N' 是测试样本容量。

训练误差的大小虽然有助于判断问题的学习难度，但在评估学习方法时并不是最重要的因素。相比之下，测试误差则更能反映学习方法对未知数据的预测能力，即泛化能力。比较两种学习方法时，测试误差较小的方法通常被认为更有效。模型选择是一个关键问题，特别是当假设空间中存在不同复杂度的模型时。我们希望选择一个合适的模型，它应该与真实模型相近，但不会过度复杂。

2) 关于过拟合

过拟合是一个常见问题，即模型参数过多，模型对已知数据拟合良好但在未知数据上表现较差。当选择的模型复杂度过高时，过拟合现象就会发生。通常情况下，随着模型复杂度的增加，训练误差会减小，但测试误差会先减小，达到最小值后又增大。最佳模型的选择不仅要让训练误差尽可能小，还要让测试误差最小化，在防止过拟合的同时提高模型的预测能力，如图 5-12 所示。

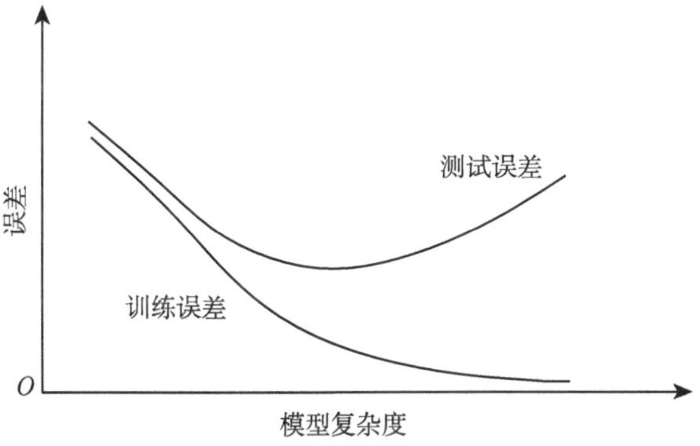

图 5-12　训练误差、测试误差与模型复杂度之间的关系

3) 关于泛化误差

分析泛化能力往往是通过研究泛化误差上界 (generalization error upper bound) 进行的，这个上界代表了学习方法的性能。具体来说，就是通过比较两种学习方法的泛化误差上界的大小来评价它们的优劣。泛化误差上界通常具有以下性质：它是样本容量的函数，当样本容量增加时，泛化误差上界趋于 0；它是假设空间容量的函数，假设空间容量越大，模型就越难学习，泛化误差上界就越大。

机器学习中通常将数据集划分为训练集、测试集和验证集，利用训练集构建模型，通过测试集评估模型的性能，并在验证集上验证模型的泛化能力。泛化能力被视为评价模型性能的重要标准，泛化能力越强，模型效果越好。

举例如下：假设训练样本占总数据集的 $\alpha\%$ ，测试样本占总数据集的 $\beta\%$，验证样本占总数据集的 $\gamma\%$，且满足 $\alpha+\beta+\gamma=100$，如式 (5-3) 所示。

$$\begin{cases}(\alpha-nh)+(\beta+nh)=100\\ \alpha_{\text{origin}}=100\\ \beta_{\text{origin}}=0\\ n=0,1,\cdots,8\end{cases} \tag{5-3}$$

假设每次实验步长取 $h=10$。通过连续多次的测试，我们发现，验证样本的分类错误率曲线随着 n 的增加而逐渐衰减，直至逼近 0。

这确实说明 SVM 算法在统计样本量较少的情况下，也能获得良好统计规律。但也可能由于样本的特殊性，样本间的差异较易于拟合，例如，特征过于特殊，那么分类效果自然就很好。如果想提升模型整体泛化能力，则应该在多种数据集划分方式下进行实验，并通过交叉验证来综合评价。

4) 关于交叉验证

通常，我们把数据集随机分成三份，一份为训练集、一份为验证集、一份为测试集。用训练集来训练模型，用测试集来评估模型的预测能力、选择模型及其对应的参数，用验证集验证模型的泛化能力，从而决定使用哪个模型及对应参数。更一般的情况下，如果数据样本量小于 1 万条，我们就会采用交叉验证来训练优化选择模型。

第一种方法是简单交叉验证，也是本案例选取的办法。首先，我们随机地将样本数据分为两部分 (如 70%的训练集和 30%的测试集)，然后用训练集来训练模型，在测试集上验证模型及参数。接着将样本打乱，重新选择训练集和测试集，继续训练数据和验证模型。最后我们选择损失函数评估最优的模型和参数。

第二种方法是 k 折交叉验证 (k-fold cross-validation)，它是交叉验证方法中最简单的数据拆分策略，即将数据集拆分为训练集和测试集，其原理如下：先将整个数据集分为 k 个折叠，用其中 $k-1$ 个折叠作为训练集训练模型，用剩余的 1 个折叠作为测试集对模型进行评分，并重复 k 次上述过程。该方法的优势在于不需要额外拆分数据，避免了数据的浪费和运算成本的提高；也能够促使模型从多方面学习样本，避免了模型陷入局部极值。

第三种方法是留一交叉验证 (leave-one-out cross validation)，它是第二种方法的特例，此时 k 等于样本数量 N，这样，对于 N 个样本，每次选择 $N-1$ 个样本来训练数据，留 1 个样本来验证模型的预测能力。此方法主要用于样本量非常少的情况，例如，$N<50$ 时，一般采用留一交叉验证。

本 章 小 结

基于 SVM 的图像分类源于 ccla 的工业零件图像数据集，在文献 [18] 中作为对象分割与检测的一个实例进行实现。我们对该实例做了更多改进和扩展，例如，去除孔洞以实现更精确的零件分割、训练集和测试集的多种样本划分方式、SVM 模型的参数设置、样本特征的选择和误差分析等，并且讨论了可以从哪些方面对 SVM 分类模型进行优化和改进。

第 6 章　实践案例 4(自定义图像分类)

6.1　案例背景

6.1.1　题目要求

本案例与案例 3 相同，在提供背景图像和足量训练图像 (已分类) 的条件下，识别并统计输入图像，保存训练的分类结果参数，在下次启动程序时不必再次训练；验证训练结果，输出正确率。本案例所用数据与 SVM 分类的 data 文件夹相同。

6.1.2　解决方案流程图

自定义图像分类流程图如图 6-1 所示。

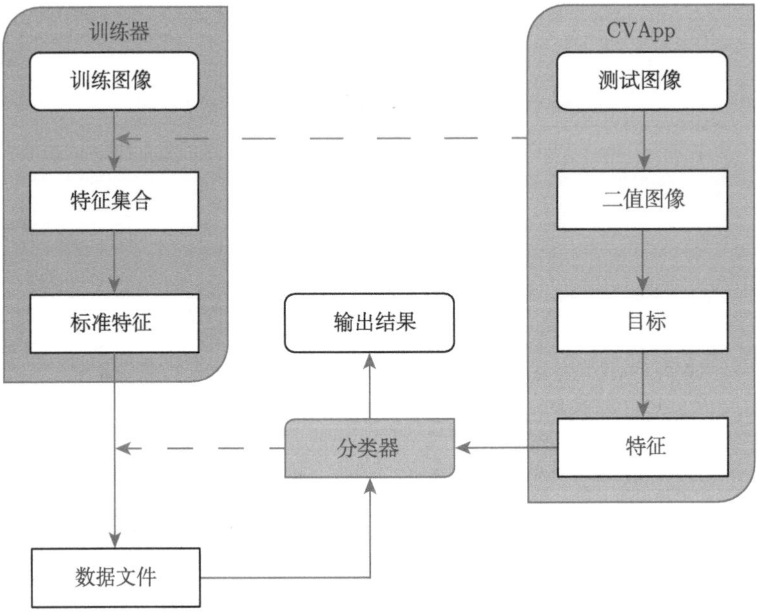

图 6-1　自定义图像分类流程图

注：灰色区域中的流程被封装在类中；实线箭头表示数据的流动；虚线箭头表示类的参与。

6.2　图像预处理

图像预处理的目的是得到二值图像，便于后续分析。

6.2.1 二值化

将背景光照图像 light.pgm 与测试图像相减进行二值化 (dif = 35)，或者使用 OpenCV 内置的阈值分割函数将图像二值化，效果如图 6-2 所示。由图 6-2(a) 可以看出，使用背景图像与测试图像相减可以较好地实现图像分割。

```
    //输入图像与背景图像相减，返回二值图像，容许的阈值为dif
Mat CVApp::MinusMat_1(uchar dif)
{
    Mat tImg = Mat::zeros(sizeImg, CV_8UC1);
    Mat* tpImg = &testImgs[1];          // 灰度测试图像
    Mat* bgpImg = &bgImgs[1];           // 灰度背景图像

    MatIterator_<uchar> it_t = tpImg->begin<uchar>(), it_end_t = \
        tpImg->end<uchar>();
    MatIterator_<uchar> it_bg = bgpImg->begin<uchar>(), it_end_bg = \
        bgpImg->end<uchar>();
    MatIterator_<uchar> it_b = tImg.begin<uchar>(), it_end_b = \
        tImg.end<uchar>();

    for (; it_b != it_end_b; it_b++, it_bg++, it_t++) {
        if (fabs(*it_t - *it_bg) > dif) *it_b = 255;
    }
    return tImg;
}
```

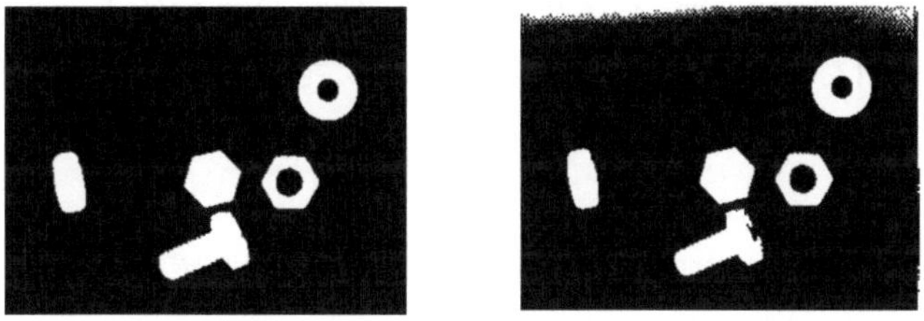

(a) 背景减除　　(b) OpenCV 阈值分割

图 6-2　图像二值化

6.2.2 优化二值图

在个别图像中，可能由于物体反光等因素，二值图内部出现异常点。在对物体进行特征提取时需要尽量排除这些因素的影响，如图 6-3 所示。

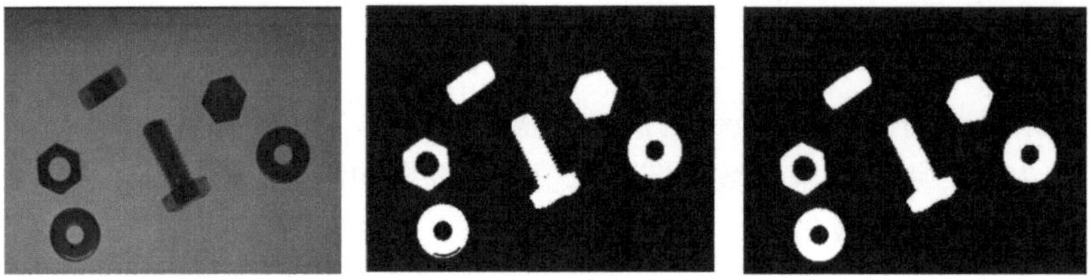

(a) 灰度图　　(b) 二值图　　(c) 去除孔洞

图 6-3　优化二值图

去除内部的细小孔洞：首选形态学方法，通过使用 3×3 的圆形结构元素作为模板来对分割得到的二值图依次进行闭、开操作。由图 6-3(c) 可以看出，去除效果非常不错，由于进行的运算量较大，所以仅对存在明显噪声的图像使用。

```
//形态学处理分割后的二值图像
void CVApp::ProBinarization(void)
{
        Mat kernel = getStructuringElement(MORPH_ELLIPSE, Size(3, 3));
        morphologyEx(testImgs[2], testImgs[2], MORPH_CLOSE, kernel);
        morphologyEx(testImgs[2], testImgs[2], MORPH_OPEN, kernel);
}
```

6.3　目标获取

6.3.1　目标确定

将二值化后图像中的白色物体称为目标。在本案例中，目标可能是螺母、螺钉或圆环，一幅图像中可能含有多个目标。二值化分割后的下一步就是让程序能够在图片中确定目标，描述目标有很多种方式，考虑到需要对其数据进行多种操作，这里用一个类来概括描述目标的数据和在其上的操作。

1) Target 类

将一个目标从图像中提取出来成为一个对象，最直接的方式就是用目标内的种子点进行 4-连通区域生长，将生长得到的点放入链表 tlist 中。当生长结束时，链表中存储的点便是目标的所有点。鉴于生长的停止点对目标的描述同样具有重要的意义，用另一个链表 plist 存放边界点。

```
//4-连通区域种子点递归生长
void Target::Grow(Point seed)
{
        if (seed.inside(rect_image)) { // 检查生长点是否超出图像
```

```
            if (pImg->at<uchar>(seed) == 255 && !tlist.IsExist(seed)) {
                tlist.AddData(seed);     // (nX,nY)是内部点，继续生长
                Grow(Point(seed.x - 1, seed.y));
                Grow(Point(seed.x + 1, seed.y));
                Grow(Point(seed.x, seed.y - 1));
                Grow(Point(seed.x, seed.y + 1));
            }
            else if (!tlist.IsEmpty() && pImg->at<uchar>(seed) == 0 &&\
               !plist.IsExist(seed))
                plist.AddData(seed);     // 点(nX,nY)为边界点
        }
    }
```

如果采用静态空间分配，生长函数 Grow() 的递归调用可能导致系统堆栈的溢出，需要在项目配置属性中对“堆栈保留大小”进行修改，如图 6-4 所示。

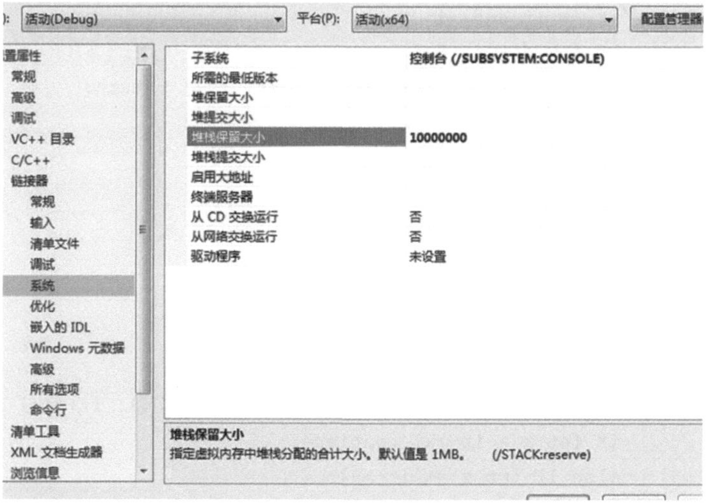

图 6-4　系统堆栈静态空间分配

2) FList 类

```
// Target.h
FList tlist;  // 目标内部的所有点
FList plist;  // 目标的边界点(不在目标内)
```

单向链表 tlist 与 plist 提供有序插入和查找的高效算法。这两个链表的作用域仅限在 Target 类中，主要功能是为提取目标的特征做准备，二者本身也反映目

标最直接的两个特征——面积和周长。

```
    //将点(nx, ny)有序插入链表中
void FList::AddData(const Point& pt)
{
    if ( IsEmpty() ) {          // 如果链表为空，在第一个位置插入元素
        list.emplace_front(pt); return;
    }

    auto it = list.cbegin();
    auto it_end = list.cend();
    auto temp = it;              // it的上一个指针

    if (pt < *it++) {            // pt小于第一个元素
        list.emplace_front(pt); return;
    }

    while (it != it_end) {
        if (pt < *it) {
            list.emplace_after(temp, pt); return;
        }
        temp = it; it++;
    }
    list.emplace_after(temp, pt); // pt大于所有元素
}
  // 判断点(nx, ny)是否被包含在链表中
bool FList::IsExist(const Point& pt)
{
    for (auto it = list.cbegin(); it != list.cend(); it++) {
        if (pt.x > it->x) continue;
        else if (pt.x == it->x)
        {
            if (pt.y > it->y)   continue;
            else if (pt.y == it->y) return true;
            else   break;
        }
        else   break;
    }
    return false;
}
```

6.3.2　目标位置

除了特征信息，还有一类信息需要记录：目标的位置信息。目标在图像中的位置与物体的类型无关，在测试时可以通过鼠标回调函数来手动选取生长点，但是让程序自动选取时可能会有多个种子点落在同一目标内部。为了避免重复选取带来的不必要的计算，需要将目标在原图像中的位置信息记录下来。

rect_ Target 是用来记录目标外接矩形大小的布尔 (Boolean) 矩阵，我们通过对该矩阵的访问来快速判断一个点是否属于该目标，这种做法虽然牺牲了内存空间，但是可以方便地弥补链表不能随机访问的缺点。

```
// Target.h
Rect rect_Target;    // 目标在原图像的所属区域(外接矩形)，用于进行特征提取
Rect rect_Box; // 标记目标的外框矩形，略大于外接矩形，用于进行目标分离标记
void CalRectTarget(void) { // 计算目标外接矩形
     rect_Target = plist.GetRect();
}
// Target.cpp
void Target::CalRectBox(void) // 计算目标外框矩形
{
     // MIN_SCAN_GAP: 网格扫描间隔
     rect_Box.x = rect_Target.x - MIN_SCAN_GAP / 2;
     rect_Box.y = rect_Target.y - MIN_SCAN_GAP / 2;
     rect_Box.width = rect_Target.width + MIN_SCAN_GAP;
     rect_Box.height = rect_Target.height + MIN_SCAN_GAP;
     normalizeRect(pImg, rect_Box);
}
void Target::CalRectMat(void) //计算目标bool矩阵
{
     TRectImg = Mat(Size(rect_Box.width, rect_Box.height), CV_8UC1);
     for (const auto& pt : tlist) {
         TRectImg.at<uchar>(Point(pt.x - rect_Box.x, pt.y - rect_Box.y))
             = 255;
     }
}
```

6.4　特征提取 (特征结构)

特征的结构体定义如下：

```
typedef struct _Fearture {
```

```
        uint size           = 0;                    //面积
        uint peripheral     = 0;                    //周长
        uint major_axis     = 0;                    //最小外接矩形的长轴
        uint minor_axis     = 0;                    //最小外接矩形的短轴
        uint isHollow       = 0;                    //是否中空
        double Rectangularity = 0.0;                //矩形度
        double consistency  = 0.0;                  //圆形度(致密度)
        double eccentricity = 0.0;                  //偏心率
}feature;
```

6.4.1 最小外接矩形

通过旋转边界点链表中的点找出目标的最小外接矩形 (minimum enclosing rectangle，MER)，将长轴和短轴作为特征记录。

```
Size Target::CalMER()
{
        FList list = plist;
        Size temp = CalER(list);
        Size minSize = temp;
        for (int i = 0; i < 90; i++) {
                list = plist;
                RotateList(list, i);
                temp = CalER(list);
                if (temp.area() < minSize.area()) minSize = temp;
        }
        return minSize;
}
```

6.4.2 是否中空

在本案例中，不同的物体之间存在明显且重要的特征，即物体内部是否中空。判断依据：在目标中心点进行圆形模板匹配，若匹配度大于 0.5，则认为该物体中心存在孔洞。

```
bool Target::IsHollow(void)
{
        CircleMatching matchingOBJ(pImg, 3);
        return matchingOBJ.Todo(centre, 0) > 0.5 ? true :false;
}
```

6.4.3　矩形度、圆形度、偏心率

(1) 矩形度：目标的面积除以最小外接矩形的面积。

```
double Target::CalR(void)
{
        double MER_area = struct_feature.major_axis * struct_feature.
            minor_axis;
        if (MER_area) return (double )struct_feature.size / MER_area;
        else return 0.0;
}
```

(2) 圆形度：目标周长的平方除以目标的面积。

```
double Target::CalC(void)
{
    if (struct_feature.size) return (double)struct_feature.peripheral *
         (double)struct_feature.peripheral/(double)struct_feature.size;
    else return 0.0;
}
```

(3) 偏心率：目标的最小外接矩形的短轴与长轴之比。

```
double Target::CalE(void)
{
     if (struct_feature.major_axis)
        return (double)struct_feature.minor_axis/(double)struct_feature.
            major_axis;
     else return 0.0;
}
```

6.5　图像中的目标获取与保存

一幅图像中可能不只存在一个目标，所以需要对图像内部多次选取生长点，尽可能地确保所有物体都被发现。获取到一个目标后，在进行下一次扫描点生长前需要先保存本次获取到的目标的信息。

6.5.1　扫描模式

CVApp 类中提供了三种扫描模式：随机扫描、网格扫描和逐点扫描。这三种扫描方式的运算量依次增大，精度也依次提高。

```
size_t CVApp::Scan(ScanMode mode)
{
```

```
    switch (mode)  {
    case ScanMode::SMode_random:
         Scan_Random();
         break;
    case ScanMode::SMode_grid:
         Scan_Grid();
         break;
    case ScanMode::SMode_pixel:
         Scan_Pixel();
         break;
    default:
         fprintf_s(stderr, "WARNING: Scan Mode not Defined, use Default
             GRID Mode.\n");
         Scan_Grid();
    }

#if DEBUG_PRINTF
    fprintf_s(stdout, "Scan Finished, %zu Objects Captured.\n", target.
        size());
#endif

      return target.size();
}
```

6.5.2 目标压栈

扫描到目标并完成特征提取后，需要将目标保存下来。以网格扫描为例，只有面积大于 50 像素且不位于图像边界的目标才会被保存。

```
void CVApp::Scan_Grid(void)
{
    Point pt;

    for (int i = 0; i < sizeImg.width; i += MIN_SCAN_GAP) {
          for (int j = 0; j < sizeImg.height; j += MIN_SCAN_GAP) {
              pt = Point(i, j);
              if (!IsExistTarget(pt)) {
                 Target tPixel(testImgs[2], pt);
                 if (tPixel.GetTargetState() == TargetState::TS_Normal)
                          target.emplace_back(tPixel);
              }
```

```
#if DISPLAY_SCAN_POINT
                testImgs[2].at<uchar>(pt) = COLOR_SCAN_POINT_8UC1;
#endif
            }
        }
}
```

6.6 分　类　器

Tclassifier 类分类器用于区分不同特征，并且与数据文件的通信都在该类中实现。

6.6.1 特征区分

粗糙的特征区分方式：比较两个特征是否相似，用于对未知状态数据进行初步划分。

```
bool TClassifier::IsFeatureEqual(const feature& TFea_in, const feature&
    TFea_std, double errlimit)
{
    double    err = 0.0;
    int       flag = 0;

    err = fabs((double)(TFea_in.size - TFea_std.size)) / TFea_std.size;
    err < errlimit ? flag++ : flag -= 2;

    err = fabs((double)(TFea_in.peripheral - TFea_std.peripheral)) /
        TFea_std.peripheral;
    err < errlimit ? flag++ : flag -= 2;

    err = fabs((double)(TFea_in.major_axis - TFea_std.major_axis)) /
        TFea_std.major_axis;
    err < errlimit ? flag++ : flag -= 2;

    err = fabs((double)(TFea_in.minor_axis - TFea_std.minor_axis)) /
        TFea_std.minor_axis;
    err < errlimit ? flag++ : flag -= 2;

      TFea_in.isHollow == TFea_std.isHollow ? flag += 2 : flag -= 2;
```

```
    err = fabs(TFea_in.Rectangularity - TFea_std.Rectangularity) /
        TFea_std.Rectangularity;
    err < errlimit ? flag++ : flag -= 2;

    err = fabs(TFea_in.consistency - TFea_std.consistency) / TFea_std.
        consistency;
    err < errlimit ? flag++ : flag -= 2;

    err = fabs(TFea_in.eccentricity - TFea_std.eccentricity) / TFea_std.
        eccentricity;
    err < errlimit ? flag++ : flag -= 2;

    return flag > 0 ? true : false;
}
```

6.6.2 特征分类

特征分类是在已有分类器或初步分类的基础上进行的分类。

```
size_t TClassifier::DoClassify(const feature& TFea)
{
        fea_array feature_data = Target::Struct2Array(TFea);
        std::vector<fea_array> feature_list(count);

        for (size_t i = 0; i < count; i++)
                feature_list.at(i) = Target::Struct2Array(data.at(i));

        // 得到待分类特征与记录特征的误差表
        for (auto&& it : feature_list)
        {
                for (size_t i = 0; i < FEATURE_SIZE; i++)
                        it[i] = fabs(it[i] - feature_data[i]);
        }

        // 寻找综合误差最小的记录
        std::vector<size_t> score_sum(count);
        struct _key_value { size_t key; double value; };
        std::vector<struct _key_value> sorted(count);
        for (size_t order = 0; order < FEATURE_SIZE; order++) {
                for (size_t i = 0; i < count; i++) {
                        sorted.at(i).key = i;
                        sorted.at(i).value = feature_list.at(i)[order];
```

```
            }

            std::sort(sorted.begin(), sorted.end(), [](struct \
                _key_value a, struct _key_value b) {return a.value < b.
                value; });

            size_t score = count;
            for (auto it = sorted.cbegin(); it != sorted.cend(); it++){
                score_sum.at(it->key) += score;
                score--;
            }
        }

        size_t max_key = std::distance(score_sum.cbegin(), std::max_element
            (score_sum. cbegin(), score_sum.cend()));

        return max_key;
}
```

6.6.3　文件读写

从文件中读取/加载的代码如下：

```
bool TClassifier::LoadClassifier(const char* fileName)
{
    FILE* fp = nullptr;

    fopen_s(&fp, fileName, "r");
    if (!fp) {
        fprintf_s(stderr, "ERROR: Classifier File not Specified.\n");
        return false;
    }
    Else
{
        filePath = String(fileName);  // 保存分类器路径
        size_t length;                // 分类器包含的特征数目
        fscanf_s(fp, "%zu\n\n", &length);
        if (length == 0) return false;

        for (size_t i = 0; i < length; i++)
            ReadStructure(fp);
```

```
            PrintClassifierMSG();
            fclose(fp);

            return true;
        }
}
```

写入文件/保存分类器的代码如下：

```
void TClassifier::SaveClassifier(const char* fileName)
{
      bool flag = LoadClassifier(fileName);
      if (flag == false)
              printf("Create New Classifier In File: %s.\n\n", fileName);
      FILE* fp = OpenFile(fileName, "w+");

      fprintf_s(fp, "%zu\n\n", count);
      for (size_t i = 0; i < count; i++)
              WriteStructure(fp, i);

      fclose(fp);
}
```

创建特征结构的代码如下：

```
void TClassifier::WriteStructure(FILE* fp, size_t num)
{
      String tname = Tname.at(num);
      feature fea = data.at(num);

      fprintf_s(fp, "\" %s \" = {\n", tname.c_str());
      fprintf_s(fp, "\t%s = %d;\n", strfeatureName[0].c_str(), fea.size);
      fprintf_s(fp, "\t%s = %d;\n", strfeatureName[1].c_str(), \
      fea.peripheral);
      fprintf_s(fp, "\t%s = %d;\n", strfeatureName[2].c_str(), \
          fea.major_axis);
      fprintf_s(fp, "\t%s = %d;\n", strfeatureName[3].c_str(), \
          fea.minor_axis);
      fprintf_s(fp, "\t%s = %d;\n", strfeatureName[4].c_str(), \
          fea.isHollow);
      fprintf_s(fp, "\t%s = %lf;\n", strfeatureName[5].c_str(), \
          fea.Rectangularity);
      fprintf_s(fp, "\t%s = %lf;\n", strfeatureName[6].c_str(), \
```

```
        fea.consistency);
    fprintf_s(fp, "\t%s = %lf;\n", strfeatureName[7].c_str(), \
        fea.eccentricity);
    fprintf_s(fp, "}\n\n");
}
```

一个分类器特征结构例子的代码如下：

```
" screw_A " = {
    size = 1428;
    peripheral = 124;
    major_axis = 48;
    minor_axis = 41;
    isHollow = 0;
    rectangularity = 0.722371;
    consistency = 10.941058;
    eccentricity = 0.865453;
}
```

6.7 训　练　器

在上述步骤中，已经能够从一幅图像中获得全部目标，并将其信息保存。训练器 (Trainer) 也只是不断重复这个过程，并对获得的所有信息进行分析。

6.7.1 训练图像的读入

读入指定的文件夹下的所有文件，并将文件的绝对路径以字符串的形式压栈；使用 imread() 检验文件是否为可读入图像文件，将不符合要求的文件剔除，这样就得到了全部的有效图像文件，保存文件路径而不是保存读入的 Mat 类图像数据，避免了程序一次性读取全部图像造成的内存消耗过大。

注意：务必检验文件是否为可读取的图像文件。

```
std::vector<String> Trainer::VaildFileList(std::vector<String> fileList)
{
    size_t length = fileList.size();
    std::vector<String> vaildFile;

    for (size_t i = 0; i < length; i++)
        if (imread(fileList[i]).data != nullptr)
            vaildFile.emplace_back(fileList[i]);
    fileList.clear();
```

```
        return vaildFile;
}
```

6.7.2 多线程计算

当对数百个图像进行重复运算时，使用多线程计算能大大加快程序的运行速度。在实现中，通过该步骤可以达到近 10 倍的速度提升。以下函数将任务分成 8 份并创建 8 个线程同时处理，它们都会将扫描到的目标特征压栈。注意，所有线程用到的是同一个数据栈，因此在压栈时要使用进程锁。

```
void Trainer::threadProcess_8(std::vector<String> image_names, Mat&
    background)
{
     size_t sum = image_names.size();
     size_t avg = sum / 8;

     size_t num_0 = 0, num_1 = num_0 + avg, num_2 = num_1 + avg;
     size_t num_3 = num_2 + avg, num_4 = num_3 + avg, num_5 = num_4 + avg;
     size_t num_6 = num_5 + avg, num_7 = num_6 + avg, num_8 = sum;

     std::mutex mu;
     auto Sub_fun = [&](size_t begin, size_t end) {
             for (size_t i = begin; i < end; i++)
             {
                     Mat tImg = imread(image_names[i]);
                     CVApp tho(tImg, background);

                     mu.lock();
                     PushFeatureData(*tho.getTargets(), image_names[i]);
                     mu.unlock();
             }
     };

     std::thread thread_01(Sub_fun, num_0, num_1);
     std::thread thread_02(Sub_fun, num_1, num_2);
     std::thread thread_03(Sub_fun, num_2, num_3);
     std::thread thread_04(Sub_fun, num_3, num_4);
     std::thread thread_05(Sub_fun, num_4, num_5);
     std::thread thread_06(Sub_fun, num_5, num_6);
     std::thread thread_07(Sub_fun, num_6, num_7);
```

```
        std::thread thread_08(Sub_fun, num_7, num_8);

        thread_01.join();thread_02.join();thread_03.join();thread_04.join();
        thread_05.join();thread_06.join();thread_07.join();thread_08.join();
}
```

6.7.3　数据分析

得到训练图像提供的大量目标特征后还需要进一步分析，因为可能出现特例情况：以图 6-5 所示的顶视图和侧视图为例，二者均是螺钉，但是从程序角度来看，二者具有不同的特征，只不过共有“螺钉”这一名字而已。如果没有人告知程序它们都是螺钉，那么程序会将其看作完全不同的两个物体，因此需要对从训练集中获得的一系列特征再次分类。

(a) 顶面　(b) 侧面

图 6-5　同一螺钉的顶视图和侧视图

由于不知道在训练集中物体有多少种不同的状态，程序需要采用无监督学习的方式来区分物体不同的状态。以下通过一种简单的聚类方式来区分不同的目标，其适用于具有较高区分度和较少特例状态的训练集。

```
void Trainer::Sieve_1(double errlimit)
{
        std::vector<TClassifier> feature_List;

        for (size_t i = 0; i < feature_Data.getSize(); i++)
        {
                feature temp_feature = feature_Data.getFeatureAt(i);
                String  temp_name    = feature_Data.getNameAt(i);

                for (auto&& it : feature_List)
                {
                        // 若在某个类别中发现相似，则将特征载入类别后跳出循环
                        if (it.IsExistTFeature(temp_feature, errlimit))
                        {
```

```
                    it.AddNewData(temp_feature, temp_name);
                    goto TAG_NEXTLOOP_Sieve_1;
                }
            }

            // 仅当发现新特征时被执行
            feature_List.emplace_back();
            feature_List.back().AddNewData(temp_feature, temp_name);

        // 进入下一个外层循环，为下一个*it分类
        TAG_NEXTLOOP_Sieve_1:;
        }

        for (size_t i = 0; i < feature_List.size(); i++) {
            target_Class.AddNewClass(getAverageFeature(\
                    *feature_List[i].getDataPointer()), \
                        StrAddChar(target_Name, i));
        }
}
```

对于区分度大于 30%的目标，算法将会创建新的分类，结束后会求出不同类别特征的平均值，并将其作为该类别的标准，使用该标准对特征集合再次分类，重复三次后可认为分类完毕。

```
void Trainer::Sieve_2(double errlimit)
{
        size_t count = target_Class.getSize();
        using vFeature = std::vector<feature>;
        auto featrue_List = new vFeature[count];

        vFeature* pdata = feature_Data.getDataPointer();
        for (const auto& it : *pdata) {
                featrue_List[target_Class.DoClassify(it)].push_back(it);
        }

        target_Class.clear();
        for (size_t i = 0; i < count; i++) {
                target_Class.AddNewClass(getAverageFeature(\
                        featrue_List[i]), StrAddChar(target_Name, i));
        }
```

```
        delete[] featrue_List;
}

void Trainer::Analysis(void)
{
        if (feature_Data.IsEmpty()) {
                fprintf_s(stdout, "No Data Found!\n");
                return;
        }

        Sieve_1(0.30); Sieve_2(0.20); Sieve_2(0.15);
}
```

参照 6.4 节的特征结构体定义，特征数据共包含 8 个指标：面积、周长、最长轴、最短轴、矩形度、圆形度、偏心率和是否中空。将分析螺母 (nut) 数据集得到的每个目标的各特征数据输出到文本，并导入 Excel 表格，以便对各特征数据的分布区间作图，如图 6-6 所示，图中表格每行对应一个螺母对象 (目标)。

	A	B	C	D	E	F	G
1	面积	周长	最长轴	最短轴	矩形度	圆形度	偏心率
2	1093	191	47	43	0.541	33.377	0.915
3	1073	188	48	42	0.532	32.939	0.875
4	1087	189	47	43	0.538	32.862	0.915
5	1090	189	47	43	0.539	32.772	0.915
6	1091	189	47	43	0.54	32.742	0.915
7	1096	189	47	43	0.542	32.592	0.915
8	1144	193	48	43	0.554	32.56	0.896
9	1113	190	48	43	0.539	32.435	0.896
10	1102	189	47	43	0.545	32.415	0.915
11	1105	189	48	42	0.548	32.327	0.875
12	1109	189	48	43	0.537	32.21	0.896
13	1102	188	48	43	0.534	32.073	0.896
14	1102	188	47	42	0.558	32.073	0.894
15	1115	189	48	43	0.54	32.037	0.896
16	1082	186	46	44	0.535	31.974	0.957
17	1106	188	47	43	0.547	31.957	0.915
18	1118	189	47	43	0.553	31.951	0.915
19	1118	189	47	44	0.541	31.951	0.936
20	1119	189	46	44	0.553	31.922	0.957
21	1097	187	47	43	0.543	31.877	0.915
22	1109	188	45	45	0.548	31.87	1
23	1121	189	48	43	0.543	31.865	0.896
24	1110	188	47	42	0.562	31.841	0.894
25	1123	189	47	43	0.556	31.809	0.915
26	1123	189	48	43	0.544	31.809	0.896
27	1135	190	47	44	0.549	31.806	0.936
28	1136	190	48	43	0.55	31.778	0.896
29	1115	188	47	43	0.552	31.699	0.915

nut | screw A | Sheet1

图 6-6　分析 nut 数据集得到各个特征数据并导入 Excel 表格

根据 Excel 表格数据，对前 7 个指标的特征数据分布区间作图，如图 6-7(a)～图 6-7(g) 所示，图中各子图横坐标为目标编号，面积、周长、最长轴、最短轴的纵坐标以像素个数计；矩形度、圆形度、偏心率的纵坐标均为图像特征表示的默认参数范围。

参考图 6-2，其中同时包含正视图和侧视图的螺母 (中空可见/不可见)，为了区分二者并保证正确分类，Excel 表格在导入数据之后，筛选含中空的螺母 (isHollow = 1)，以此训练并创建新的类别 nut_A，如图 6-8 所示。表格中的角点数也可以作为一个特征指标，但是这里我们暂未考虑。

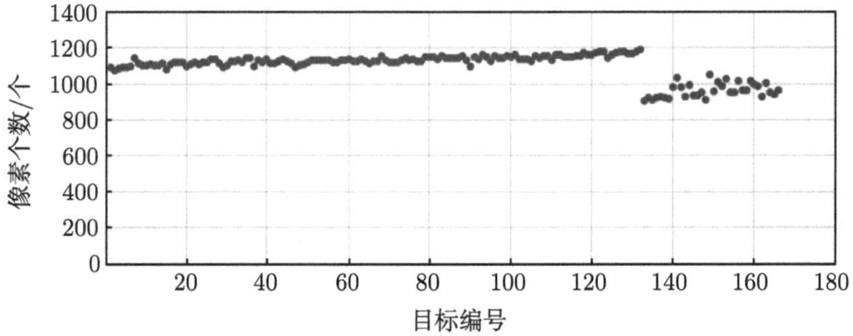

(a) 面积

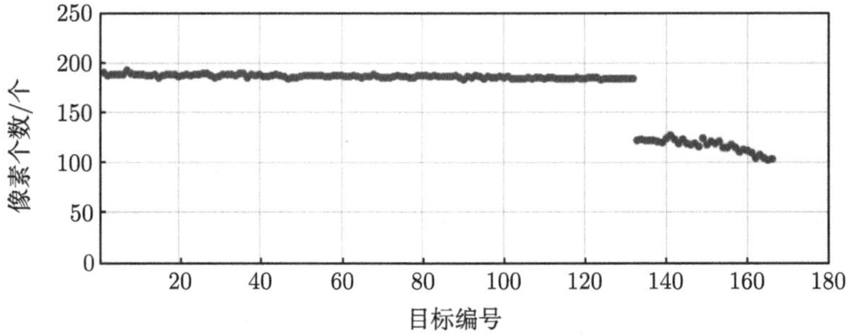

(b) 周长

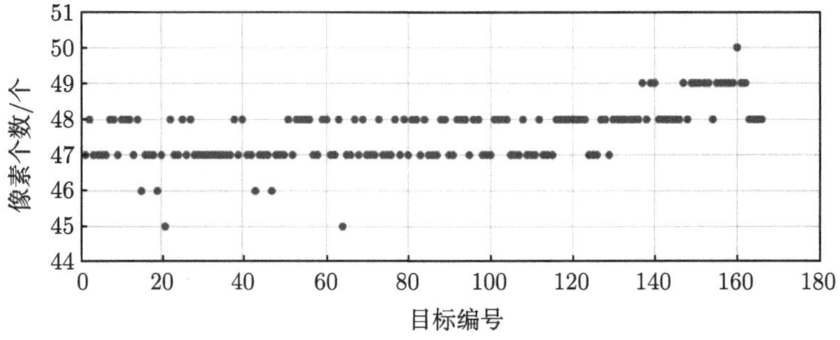

(c) 最长轴

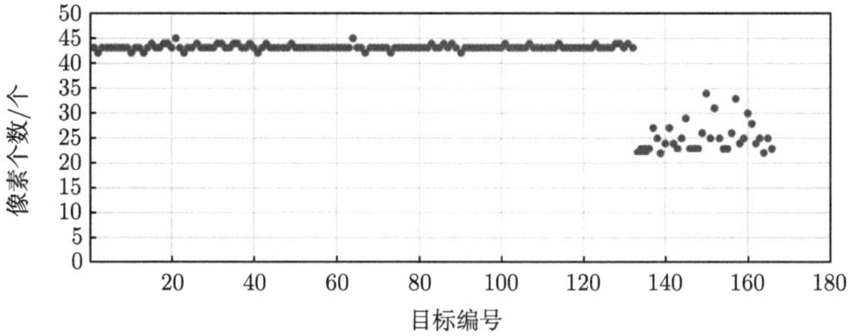

(d) 最短轴

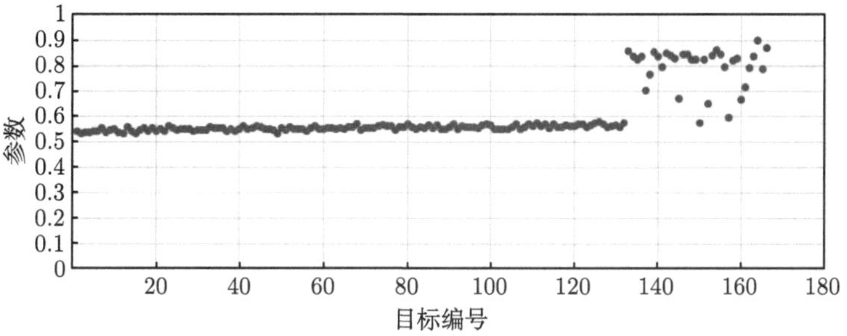

(e) 矩形度

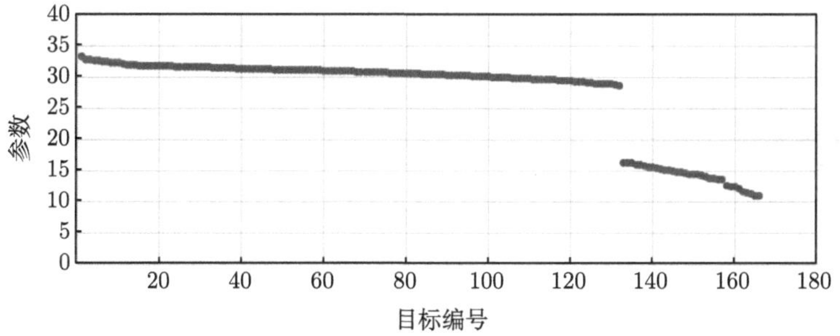

(f) 圆形度

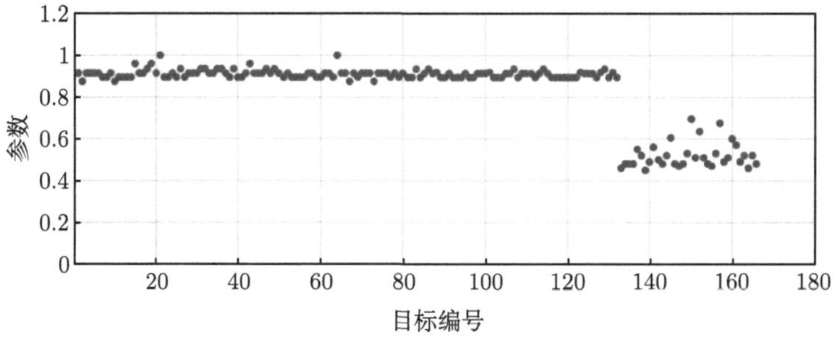

(g) 偏心率

图 6-7　由 Excel 表格对各个特征数据的分布区间作图

	A	B	C	D	E	F	G	H	I
1	面积	周长	最长轴	最短轴	中空	角点数	矩形度	圆形度	偏心率
2	1132	188	48	43	1	0	0.548	31.223	0.896
3	1149	185	47	43	1	0	0.569	29.787	0.915
4	1143	190	47	44	1	0	0.553	31.584	0.936
5	1102	188	48	43	1	0	0.534	32.073	0.896
6	1113	187	47	43	1	0	0.551	31.419	0.915
7	1162	188	48	43	1	0	0.563	30.417	0.896
8	1102	188	47	42	1	0	0.558	32.073	0.894
9	1157	188	48	44	1	0	0.548	30.548	0.917
10	1153	185	48	43	1	0	0.559	29.683	0.896
11	1154	189	47	43	1	0	0.571	30.954	0.915
12	1130	187	48	43	1	0	0.547	30.946	0.896
13	1128	189	47	44	1	0	0.545	31.668	0.936
14	1136	185	48	43	1	0	0.55	30.128	0.896
15	1132	188	48	43	1	0	0.548	31.223	0.896
16	1093	191	47	43	1	0	0.541	33.377	0.915
17	1147	186	47	43	1	0	0.568	30.162	0.915
18	1115	188	47	43	1	0	0.552	31.699	0.915
19	1134	187	47	43	1	0	0.561	30.837	0.915
20	1133	186	48	43	1	0	0.549	30.535	0.896
21	1151	188	48	43	1	0	0.558	30.707	0.896
22	1141	187	48	43	1	0	0.553	30.648	0.896
23	1126	187	47	43	1	0	0.557	31.056	0.915
24	1073	188	48	42	1	0	0.532	32.939	0.875
25	1167	184	48	43	1	0	0.565	29.011	0.896
26	1129	184	47	43	1	0	0.559	29.988	0.915
27	1136	187	47	43	1	0	0.562	30.783	0.915
28	1119	188	47	43	1	0	0.554	31.585	0.915
29	1179	185	48	43	1	0	0.571	29.029	0.896
30	1096	189	47	43	1	0	0.542	32.592	0.915
31	1092	186	46	44	1	0	0.535	31.974	0.957

图 6-8　类别 nut_A 的特征数据表格

6.7.4 数据文件

训练后保存的分类器文件如下：

```
5  //类别个数

" screw_A " = {
      size = 1463;
      peripheral = 127;
      major_axis = 47;
      minor_axis = 42;
      isHollow = 0;
      rectangularity = 0.723283;
      consistency = 11.070208;
      eccentricity = 0.905532;
}

" screw_B " = {
      size = 2070;
      peripheral = 196;
```

```
        major_axis = 75;
        minor_axis = 49;
        isHollow = 0;
        rectangularity = 0.554002;
        consistency = 18.670807;
        eccentricity = 0.652651;
}

" ring_A " = {
        size = 1565;
        peripheral = 181;
        major_axis = 48;
        minor_axis = 48;
        isHollow = 1;
        rectangularity = 0.663307;
        consistency = 20.976490;
        eccentricity = 0.987999;
}

" nut_A " = {
        size = 1133;
        peripheral = 184;
        major_axis = 47;
        minor_axis = 43;
        isHollow = 1;
        rectangularity = 0.559105;
        consistency = 29.980853;
        eccentricity = 0.915091;
}

" nut_B " = {
        size = 962;
        peripheral = 115;
        major_axis = 48;
        minor_axis = 25;
        isHollow = 0;
        rectangularity = 0.796035;
        consistency = 13.826291;
        eccentricity = 0.521671;
}
```

6.8　显 示 输 出

TargetDisplay 类作为 Target 类的友元类，承担着显示输出的功能。图 6-9 为该类的各函数原型，功能包括以下几个方面。

(1) 用颜色填充目标的内部。

(2) 用颜色填充目标的边界。

(3) 在目标中心画出反色的十字记号。

(4) 用方框在画布上标记出目标。

(5) 在画布上为目标添加文字。

(6) 输出信息到控制台。

- DrawBox(const cv::Scalar & color = green)
- DrawBox(Target & obj, const cv::Scalar & color)
- DrawCross()
- DrawCross(const Target & obj)
- DrawInside(Target & obj, const cv::String & tclass_name)
- DrawList(const FList & list, const cv::Scalar & color)
- DrawPeripheral(cv::Scalar color_peripheral = black)
- DrawPeripheral(Target & obj, cv::Scalar color_peripheral = black)
- DrawTextA(Target & obj, cv::String name, cv::Scalar color = red)

图 6-9　TargetDisplay 类的各类函数原型

6.8.1　随机色彩

我们为每一个目标类别名称设置一个随机颜色，这样每次调用函数时都会根据不同的类别名称画出不同的颜色。

```
struct _name_color { cv::String name; cv::Scalar color; int count = 0; };
std::vector<struct _name_color> name_color;

Scalar TargetDisplay::getRandomColor(void)
{
        time_t curTime;
        time(&curTime);
        static int randNum = 0;
        RNG rng = RNG(curTime + randNum);
        randNum = (int)rng.uniform(0x00000000, 0xFFFFFFFF);
        return Scalar(rng.uniform(0,255), rng.uniform(0, 255), \
            rng.uniform(0, 255));
```

```
}

Scalar TargetDisplay::ColorfulName(const String& tclass_name)
{
    for (auto&& s : name_color) {
        if (s.name == tclass_name) {
                s.count++;
                return s.color;
        }
    }

    name_color.push_back({tclass_name, TargetDisplay::getRandomColor (),
        1 });
    return name_color.back().color;
}

void TargetDisplay::DrawInside(Target& obj, const String& tclass_name)
{
    DrawList(obj.tlist, ColorfulName(tclass_name));
}
```

6.8.2 反色

使用简单函数实现像素点的反色；画十字准星的缺点是不能直接使用 OpenCV 的画线函数 (line)。

```
void TargetDisplay::Reverse(Point pt)
{
      if (pt.x<0 || pt.x>canvas->cols || pt.y<0 || pt.y>canvas->rows)
          return;

      canvas->at<Vec3b>(pt)[0] = 255 - canvas->at<Vec3b>(pt)[0];
      canvas->at<Vec3b>(pt)[1] = 255 - canvas->at<Vec3b>(pt)[1];
      canvas->at<Vec3b>(pt)[2] = 255 - canvas->at<Vec3b>(pt)[2];
}

void TargetDisplay::DrawCross(const Target& obj)
{
      constexpr int cross_radius = 8;
      int centre_X = obj.centre.x;
      int centre_Y = obj.centre.y;
```

```
        for (int i = centre_X - cross_radius; i < centre_X + cross_radius;
            i++) {
              Reverse(Point(i, centre_Y));
        }

        for (int j = centre_Y - cross_radius; j < centre_Y + cross_radius;
            j++) {
              Reverse(Point(centre_X,j));
        }
}
```

6.9 运行程序

6.9.1 主函数

训练过程可以在不同训练集上单独进行，并且可以将训练结果保存到分类文件中；在同一训练集下不必重复训练。主函数可以直接加载已经训练好的分类文件，并对测试图像进行分类；也可以选择卸载并重新加载分类器文件。图 6-10 展示了训练过程的控制台输出。

```
void onTrain()
{
        Trainer train_1(bgImg, (DATAFOLDER + "nut").c_str(), "pgm");
        cout << "Trained Successful: [NUT]." << endl;
        Trainer train_2(bgImg, (DATAFOLDER + "ring").c_str(), "pgm");
        cout << "Trained Successful: [RING]." << endl;
        Trainer train_3(bgImg, (DATAFOLDER + "screw").c_str(), "pgm");
        cout << "Trained Successful: [SCREW]." << endl;
        cout << "\n***Finished Trainning!***\n" << endl;

        string tip = "Save Training Results to Classifier File";
        string sFile = getFileDlgName(1, tip, 1, 3);

        train_1.SaveTClassifier("nut", sFile.c_str());
        train_2.SaveTClassifier("ring", sFile.c_str());
        train_3.SaveTClassifier("screw", sFile.c_str());
        cout << "Training Results Saved: \n" << sFile << endl;
}
```

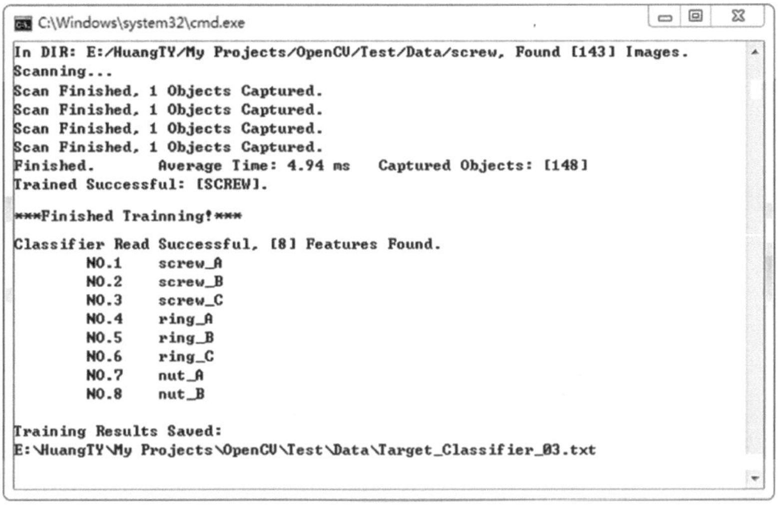

图 6-10　训练过程的控制台输出

6.9.2　运行结果

测试图片 test1 的完整处理及分类过程如图 6-11 所示，其中的彩色子图通过调用 6.8 节的相关函数，实现不同颜色的目标显示、绘制目标外接矩形、标记目标十字中心、标记目标类别文字等。

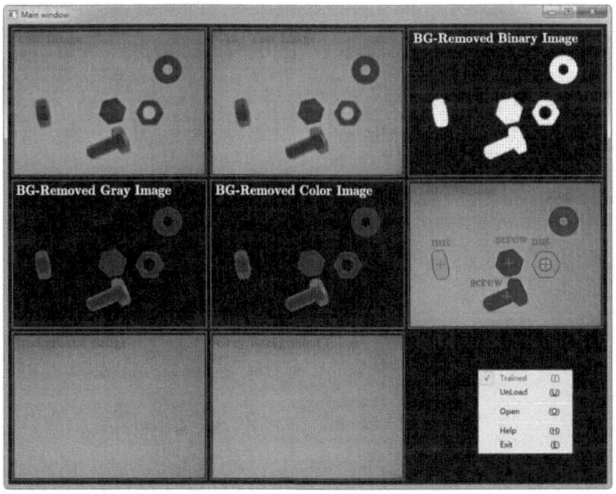

图 6-11　test1 的完整处理及分类过程

图 6-12 是 test1 目标检测及分类的控制台输出，检测到的每个目标的特征数据如中心、面积、周长、纵横比 (短轴/长轴) 也同时输出，以便对照。

测试图片 test2 的完整处理及分类过程如图 6-13 所示；目标检测及分类的控制台输出如图 6-14 所示。弹出菜单功能未做说明，可以在项目工程测试时验证。

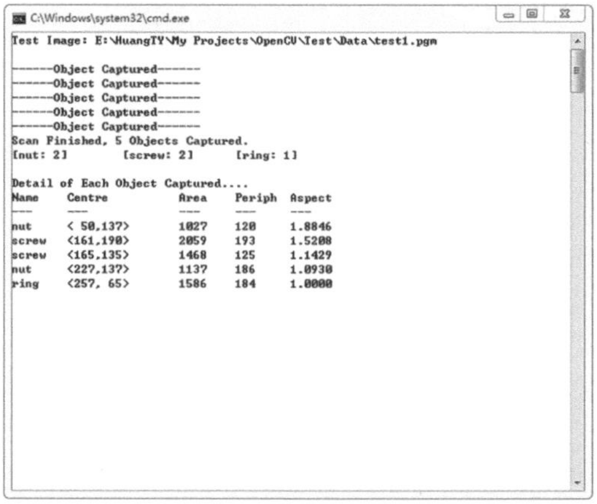

图 6-12　test1 目标检测及分类的控制台输出

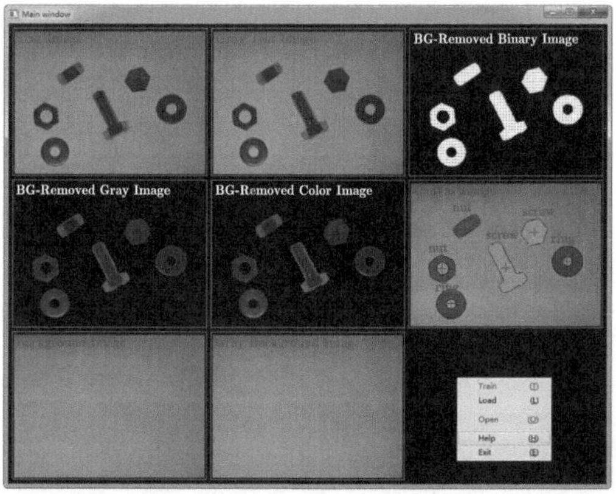

图 6-13　test2 的完整处理及分类过程

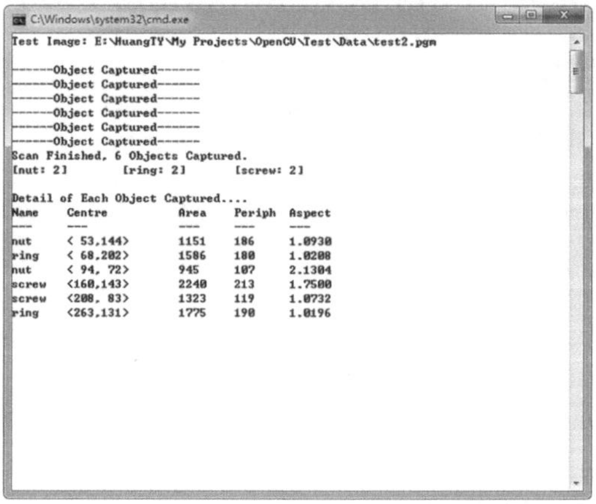

图 6-14　test2 目标检测及分类的控制台输出

6.10　反思与改进

6.10.1　验证训练模型

1) 手动分组

我们将各类别的训练图像以 7:3 的比例分为训练集和测试集，如图 6-15 所示。使用训练集对分类器进行训练，使用测试集验证训练成果，以此得到本训练模型的准确率。

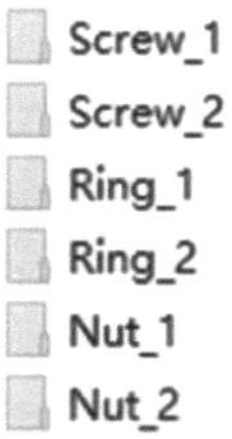

图 6-15　各类别训练图像和测试图像的手动分组

2) 随机分组

以下提供两种随机分组的算法，可以按不同比例设置训练集和测试集，并且从整个数据集中随机选取图像。算法也允许进行多分组，如将数据集按 7: 2:1 划分成训练集、测试集和验证集，同样，分组时选取的图像可以重叠也可以不重叠。

```
void Trainer::randomShuffle1(std::vector<int>& trainNums, \
     std::vector<int>& testNums, int a, int b, double testRatio)
{
       trainNums.clear(), testNums.clear();
       std::vector<std::vector<int>> randNums;

       int flag = 0, randNum = 0;
       int trainNum = (int)((b - a) * (1.0 - testRatio)), \
           testNum = (b - a) - trainNum;

       time_t curTime; time(&curTime);
       RNG rng = RNG(curTime + randNum);
       randNum = (int)rng.uniform(a, b);
       trainNums.push_back(randNum);

       for (int i = 1; i < trainNum; i++) {
              randNum = (int)rng.uniform(a, b);
              for (int j = 0; j < i; j++) {
```

```
                    if (randNum == trainNums.at(j)) {
                        randNum = rng.uniform(a, b);
                        j = -1;
                    }
                }
                trainNums.push_back(randNum);
        }

        for (int i = a; i < b; i++) {
                flag = 0;
                for (int j = 0; j < trainNums.size(); j++)
                        if (trainNums.at(j) == i) {flag = 1; break;}
                if (!flag) testNums.push_back(i);
        }

        randNums.push_back(trainNums);
        randNums.push_back(testNums);
}

bool Trainer::randomShuffle2(std::vector<int>& trainNums, \
     std::vector<int>& testNums, int a, int b, double testRatio)
{
        trainNums.clear(), testNums.clear();

        std::vector<std::vector<int>> randNums;

        int randNum = 0;
        int trainNum = (int)((b - a) * (1.0 - testRatio)), \
            testNum = (b - a) - trainNum;

        time_t curTime, time(&curTime);
        RNG rng = RNG(curTime + randNum);

        int length = (b - a);
        int* array = NULL;
        array = (int*)malloc(length * sizeof(int));
        if (array == NULL) return false;

        for (int i = 0; i < length; i++) *(array + i) = (a + i);
```

```
        int k = length - 1;
        for (int i = 0; i < length; i++)
        {
                randNum = (int)rng.uniform(a, a + k);
                int temp = *(array + k);    // SWAP()
                *(array + k) = *(array + randNum);
                *(array + randNum) = temp;

                k--;
        }

        for (int i = 0; i < trainNum; i++) trainNums.push_back(*(array +
            i));
        for (int i = trainNum; i < length; i++) testNums.push_back(*(array
            + i));
        randNums.push_back(trainNums);
        randNums.push_back(testNums);

        free(array);
        return true;
}
```

3) 重写 main 函数

训练过程与前面相同，这里需要实现对测试图像的批量测试，在 CVApp 类中新增一个函数用于将分类后的结果进行合并。然后，用 Trainer 类中同样的方法读入一个文件夹的全部图像作为测试图像，再用循环进行分类处理。

```
void CVApp::ToTest(std::vector<String>& name_list)
{
        for (auto&& obj : targets) {
                String name = pClassifier->getNameAt(\
                                pClassifier->DoClassify(obj.GetFeature()));
                name_list.push_back(name);
        }
}

std::vector<String> name_list;
std::vector<String> testImgs = Trainer::VaildFileList(\
        Trainer::getAllFile(DATAFOLDER"Screw_2", "pgm"));
for (const auto& file : testImgs) {
        Mat tImg = imread(file);
```

```
        CVApp app(tImg, bgImg);
        app.AddClassifier(cls);
        app.ToTest(name_list);
}
```

还需要一段代码来计算正确率，这里可以部分借鉴 TargetDisplay 类中的代码。这样控制台便会输出全部的分类结果。

```
struct _name_count { String name; uint count; };
std::vector<struct _name_count> list;
for (auto&& str : name_list) {
        str = TargetDisplay::getSourceName(str);

        for (auto&& s : list) {
                if (s.name == str) {
                        s.count++;
                        goto TAB_GOTO_1;
                }
        }

        list.push_back({ str, 1 });
TAB_GOTO_1:;
}

for (const auto& s : list) {
        fprintf_s(stdout, "%s\t%u\n", s.name.c_str(), s.count);
}
```

4) 结果检验

算法的批量分类结果如图 6-16~图 6-18 所示。由图可见，nut 没有错分；ring 和 screw，以及 screw 和 nut 因为存在部分形状靠近图片区域边界的情况，轮廓形状和孔洞无法区分，出现少量错分。在现有划分下，测试集上的分类整体准确率为 96.43%。

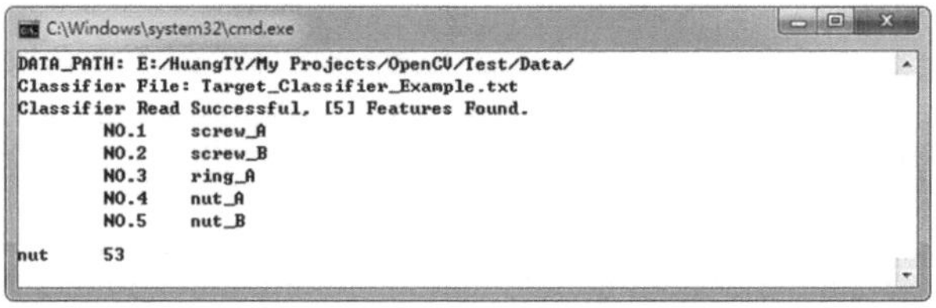

图 6-16　使用 nut 图片测试集

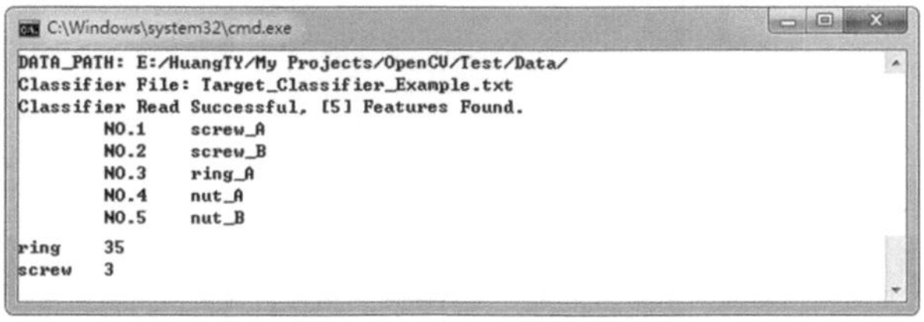

图 6-17　使用 ring 图片测试集

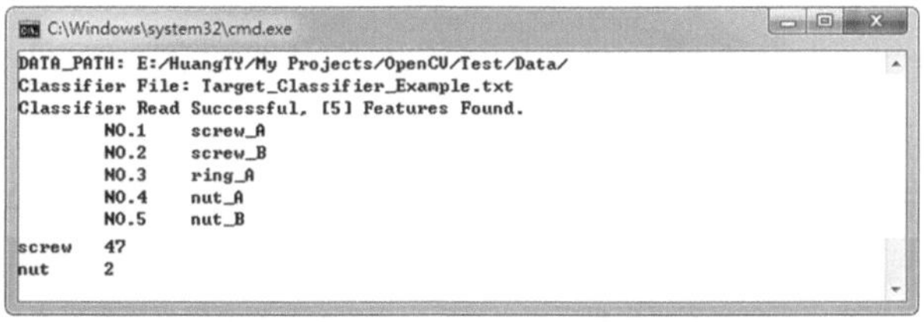

图 6-18　使用 screw 图片测试集

6.10.2　噪声测试

1) 噪声类型

我们对添加噪声的图像进行测试，检验存在噪声干扰情况下的分类效果。图 6-19~图 6-21 分别是存在高斯噪声、泊松噪声和椒盐噪声下的分类结果。

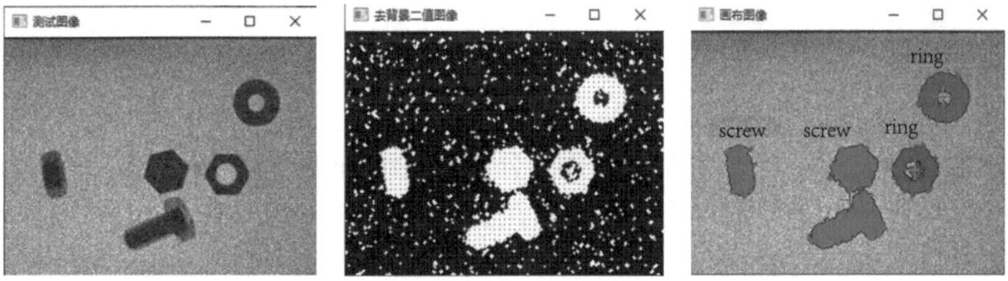

图 6-19　高斯噪声

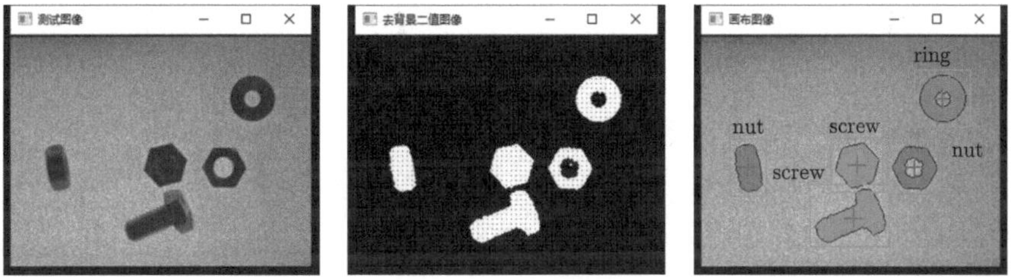

图 6-20　泊松噪声

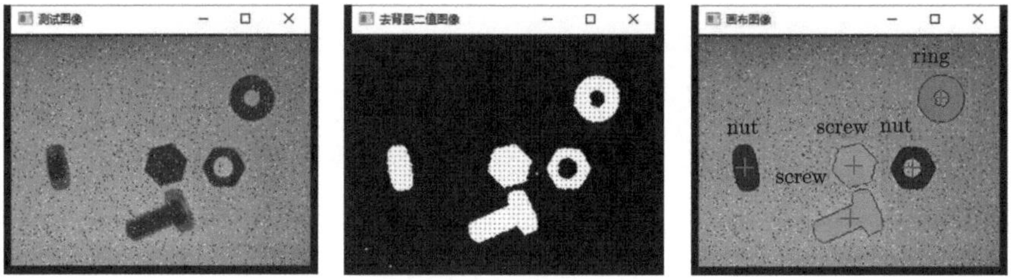

图 6-21　椒盐噪声

2) 结果分析

程序在不同噪声干扰下的分类效果有明显区别，对泊松噪声和椒盐噪声干扰的鲁棒性强；在高斯噪声下会出现误判，甚至不能正确分割目标。从二值图分析，泊松噪声和椒盐噪声经过形态学滤波处理后仅存在非常少的小噪点，几乎可以忽略不计。相反，高斯噪声干扰下的二值图中密集分布着大量噪点，对目标信息的提取产生极大干扰。

结合高斯噪声的特点分析，可能由于二值化采用的是背景减除方法，高斯噪声作用于整幅图像，极大地改变了图像的背景，使减除操作无法很好地分割背景和物体。

本章小结

本章要求与案例 3 相同，但不再借助于任何已定义分类器，而是从头构建、完全独立实现自定义的图像分类器，通过足量的训练样本得到分类参数，实现一次训练、多次验证、多次分类。我们基于 C++类实现了目标提取、特征结构构建、特征分类和读写，以及模型训练、数据分析、图像分类、可视化展示，并且讨论了随机样本分组、批量图片测试、噪声测试等一般情况。

实现以上步骤需要具备充分的图像处理和机器学习的基础理论知识，并且熟练掌握 C/C++编程。该案例可作为从零开始构建一个图像分类器的参考。

第 7 章 实践案例 5(图像处理中的插值算法)

7.1 案 例 背 景

7.1.1 题目要求

1) 题目 1 及要求

在机械设计的带传动设计中，需要依照表 7-1 中的小带轮包角 α(单位为 °) 的大小来查取小带轮包角修正系数 K_α。

表 7-1 小带轮包角修正系数 K_α

$\alpha/(°)$	K_α	$\alpha/(°)$	K_α
180	1.00	145	0.91
175	0.99	140	0.89
170	0.98	135	0.88
165	0.96	130	0.86
160	0.95	125	0.84
155	0.93	120	0.82
150	0.92		

要求根据表 7-1 中的数据求出当 $\alpha = 148°$ 时的修正系数 K_α。

2) 题目 2 及要求

某汽车制造商用插值设计车门的曲线，其中一段的数据如表 7-2 所示。

表 7-2 车门设计部分数据

x_k	0	1	2	3	4	5	6	7	8	9	10
y_k	2.51	3.30	4.04	4.70	5.22	5.54	5.78	5.40	5.57	5.70	5.80

要求根据表 7-2 中的数据求出车门的曲线。

3) 题目 3 及要求

图 7-1 是一张 512 像素 ×512 像素的图片，请将该图缩小至 20%后放大到 1.5 倍，并给出生成图像。

图 7-1 Lena 图像

7.1.2 分析与思路

针对题目 1，观察可知，表 7-1 中的小带轮包角值两两相差 5°，当实际小带轮包角值的个位不是 5 或 0 时，就需要插值求得修正系数。又由于实际包角值总是在间距为 5° 的小区间内，因此线性多项式插值即可解决问题。

针对题目 2，在用插值实现曲线设计的方法中，最常见的是三样条插值，然而，这段数据没有提供节点处的导数值，因此需要选用简单的分段插值实现。

题目 3 是一道关于图像处理的图像放缩的题目。图像放缩在图像处理和计算机视觉中都是常规操作，而插值算法是这类问题最基本的算法。从速度和效果两方面综合考虑，我们选用双线性插值来解决这道题目。

7.1.3 编程语言与编译器

本案例的程序可以用现有的各种编程语言实现，如 C/C++、MATLAB 或 Python。Python 语言在数据处理和机器学习领域中拥有广泛的、免费开源的第三方库，具备强大的数据处理能力，并且可以与其他编程语言和工具集成，适合擅长不同工具和技术的数据分析人员。特别地，Python 语言本身具有简单直观的语法，对初学者和经验丰富的开发者而言，都是十分友好易学的语言。因此，我们选用 Python 语言实现编程。

Python 语言有众多的编译器可以选择，这里选择 Jupyter Notebook。这是一款基于 Web 的编译器，相较于 PyCharm、Vscode 等其他编译器而言，编辑界面相对简单，对使用者更加友好的同时更容易实现数据的可视化。

7.2 实验主要过程

7.2.1 题目 1

根据前面分析，只需要依据相关的理论知识，简单编辑一个如下的子函数用以实现多项式插值，即可有效地解决问题。

这里的代码段是拉格朗日插值的实现，由多项式插值的唯一性可知，其也可以用牛顿插值的代码段实现，因此不再赘述。

```
def Lagrange(data_x, data_y,vx): # vx: 代入变量x
l = [0 for j in range(len(data_x))]
L = 0
for i in range(0, len(data_x)):
    den = 1 #拉格朗日乘子l_i(x)分母初值
    num = 1 #拉格朗日乘子l_i(x)分子初值
    for j in range(0, len(data_x)):
        if i != j:
            den= den * (data_x [i] - data_x[j])
            # 计算拉格朗日乘子l_i(x)分母
            num = num * (vx - data_x[j])
            # 计算拉格朗日乘子l_i(x)分子
    l[i] = num / den
    L = L + l[i] * data_y[i]
return L
```

若在主函数中输入数据：

```
x_arr = [145,150]
y_arr = [0.91,0.92]
```

即可得到拉格朗日插值的结果，当 α =148° 时修正系数 K_α =0.916。
图 7-2 是拉格朗日插值的图形，对应代码段见后。

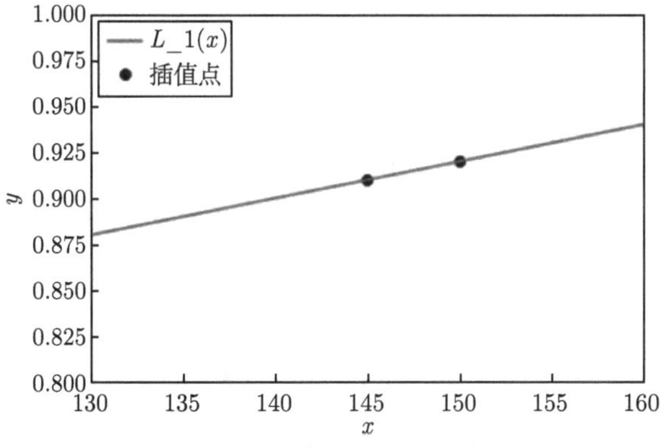

图 7-2　拉格朗日插值示意图

```
import matplotlib.pyplot as plt
from matplotlib.pyplot import MultipleLocator
```

```
plt.plot(x1, y1, label='L_1(x)', color="green")
plt.scatter(x1_arr, y1_arr, label=' the interpolation points', color= \
    "black")
plt.title("Linear interpolation")
plt.legend(loc="upper left")
plt.xlabel("x")
plt.ylabel("y")
plt.xlim(130, 160)
plt.ylim(0.8,1.0)
x_major_locator=MultipleLocator (5)
plt.show()
```

继续增加插值点，观察图 7-3 的插值图形。我们发现，在区间 [145, 150] 内，插值点的增加并未引起函数值的波动。这也验证了之前针对题目 1 的分析是准确的。

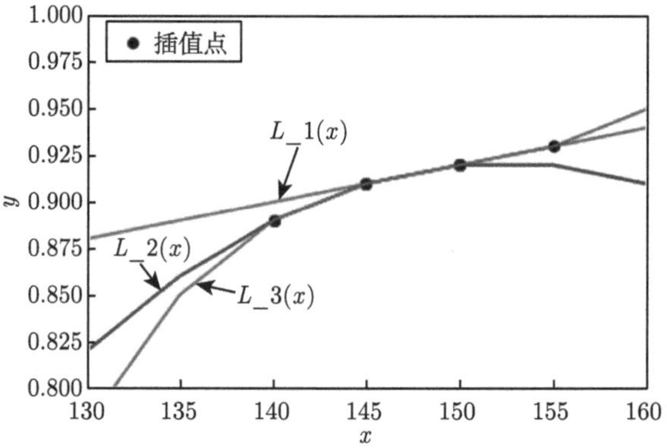

图 7-3　拉格朗日插值示意图

7.2.2　题目 2

根据之前的分析，给出如下分段线性插值的代码段。

```
def PLine(vx):
    # 找出i所在的区间
    for i in range(len(d_x)-1):
        if d_x[i]<=vx and d_x[i+1]>vx:
            break
    PL=(vx-d_x[i])*d_y[i+1]/(d_x[i+1]-d_x[i])+\
        (vx-d_x[i+1])*d_y[i]/(d_x[i]-d_x[i+1])
    return PL
return PLine
```

调用这个函数，即可得到车门的曲线表示，如图 7-4 所示。

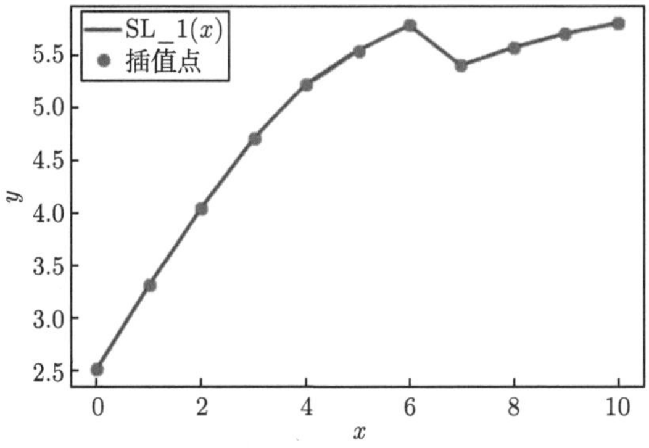

图 7-4　分段线性插值示意图

下面是图形的相关代码。

```
from matplotlib impoxt pyplot as plt
plt. scatter(d_x,d_y, label='the intexpolation points', color="red")
plt.title("Piecewise linear interpolation")
plt.plot(X,Y, label='SL_1(x)', color='blue")
plt.legend(loc="upper left")
plt.xlabel("x")
plt.ylabel("y")
plt.show()
```

从图 7-4 可以看出，该曲线在一些插值点上并不光滑。这也客观体现了该算法的理论分析中提到的角点问题。

7.2.3　题目 3

借助双线性插值公式，编辑如下双线性插值的相应代码段。

```
def Bilinear(ip, zs): # ip: 输入图像 zs: 放缩倍数
    ip_row, ip_col = ip.shape # 输入图像的尺寸(行、列)
    op_row = int(ip_row * zs) # 输入图像的行尺寸
    op_col = int(ip_col * zs) # 输入图像的列尺寸
    op = np.zeros((op_row, op_col)) # 输出图片
    for i in range (op_row):
        for j in range (op_col):
            vy = i * ip_row / op_row ## 目标在源上的行坐标
            vy = j * ip_col / op_col ## 目标在源上的列坐标
            x1 = int(vx) # 计算源图上四个近邻点的位置
            y1 = int(vy)
```

```
        x2 = x1 + 1
        y2 = y1 +1
        if x2 >= ip_row or y2 >= ip_col: # 越界检查
           x2 = ip_row - 1
              x1 = x2 - 1
              y2 = ip_col - 1
              y1 = y2 - 1
        # x轴插值
        R1=(vx-x2)*int(ip[x1, y1])/(x1-x2)+(vx-x1)*int(ip[x2, y1])/
           (x2-x1)
        R2=(vx-x2)*int(ip[x1, y2])/(x1-x2)+(vx-x1)*int(ip[x2, y1])/
           (x2-x1)
        # y轴插值
         op[i, j]=(vy-y2)* int(R1)/(y1-y2)+(vy-y2)*int(R2)/(y2-y1)
  return op
```

调用上述函数，根据题目要求分别得到生成图像，如图 7-5 所示。

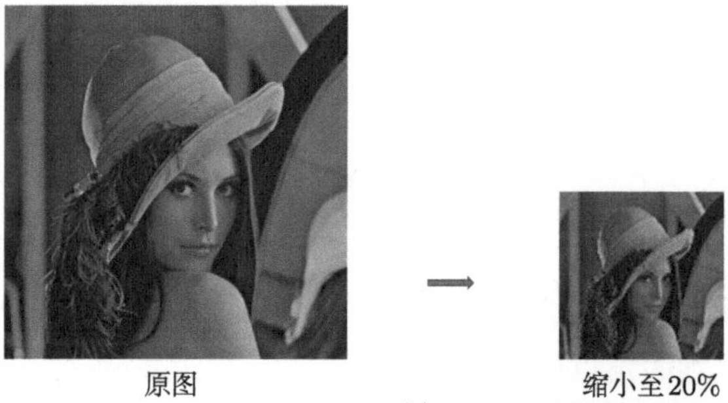

(a)

(b)

图 7-5　图像的双线性插值示意图

观察生成的新图片，我们发现在缩小至 20%图片的基础上放大到 1.5 倍的图片轮廓不再清晰。这一观察结果和双线性插值具有低通滤波器的性质，从而使高频分量受损的理论分析相吻合。

本 章 小 结

本章讨论了图像处理中插值算法的简单应用，牛顿插值可参考文献 [19]；双线性插值可参考文献 [20]；题目 1 来自文献 [21]；题目 2 来自文献 [22]。

下篇：图形绘制应用

第 8 章　3D 图形绘制揭秘

尽管有诸多建模软件可以生成需要的几何模型及模型数据，但是，为了更深刻地理解 3D 物体的表示与绘制，从程序的角度理解 3D 图形的绘制过程，本案例从手动制作 3D 数据开始构建简单的 3D 场景，以帮助我们对常见的 3D 游戏、虚拟场景、工业设计、电影特效等画面的实现过程有一个数据和算法层面的理解，从而揭开 3D 绘制和渲染的神秘面纱。

8.1　3D 物体的表示

在计算机中，若想要绘制如图 8-1 中的单位立方体 Cube，则首先需将 Cube 的顶点数据及其连接关系表示出来。编程环境为 VC++和 OpenGL 图形库，并使用右手坐标系。

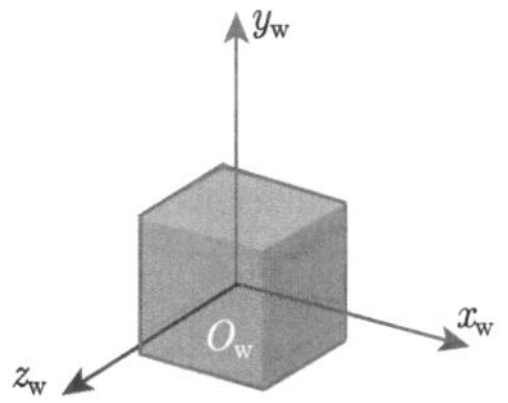

图 8-1　场景中的 3D 物体 Cube

(1) 以物体中心为坐标系原点建立世界坐标系 O_w-$x_w y_w z_w$。

(2) 对 Cube 的 8 个顶点和 6 个面进行编号。注意编号没有顺序要求。顶点编号为 0、1、2、3、4、5、6、7。面标号为⓪、①、②、③、④、⑤。

(3) 获取顶点数据和面索引号。依照顶点所在坐标系的位置确定顶点坐标。但是，面索引号实际上是定义物体顶点的连接关系，考虑到光照渲染，面的索引号严格按照右手法则，即右手拇指指向物体外侧，按其余手指的旋转方向依次确定该平面顶点的索引号。例如，图 8-2 中的②号面的索引号为 0,3,7,4 或 3,7,4,0。Cube 物体的顶点坐标和面索引号如下：

```
GLdouble CubeVert[8][3] = {{0.5,0.5,0.5},{0.5,0.5,-0.5},{-0.5,0.5,-0.5},
        {-0.5,0.5,0.5},{0.5,-0.5,0.5},{0.5,-0.5,-0.5},{-0.5,-0.5,-0.5},
        {-0.5,-0.5,0.5}}; //顶点坐标
```

```
GLint CubeFace[6][4] = {{0,1,2,3},{7,6,5,4},{0,3,7,4},
        {4,5,1,0},{1,5,6,2},{7,3,2,6}}; //面索引号
```

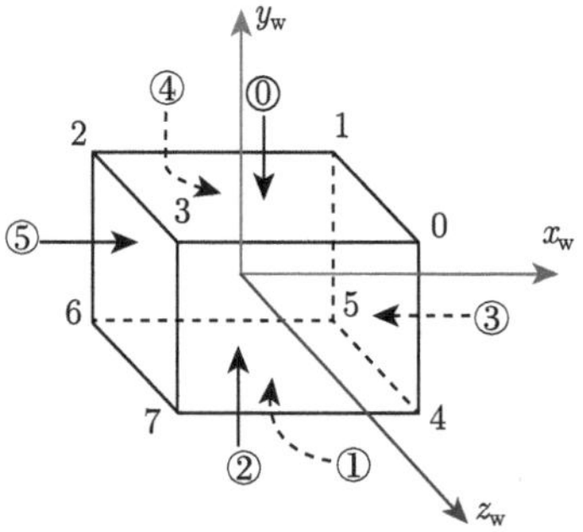

图 8-2　3D 物体 Cube

8.2　相机坐标系

在计算机中绘制 3D 物体的过程与我们日常拍照的情况非常相似。同一场景呈现出来的画面与相机的位置、观察的方向和相机旋转的角度密切相关。

(1) 在 3D 场景中建立相机坐标系 (观察坐标系)。在图 8-3 的世界坐标系 O_w-$x_w y_w z_w$ 中，首先确定观察点，即相机位置 $O_v(x_0, y_0, z_0) = (-4, 2.5, 12)$，再选择物体中心作为对焦参考点 $P_f(x_f, y_f, z_f) = (0, 0, 0)$，并以 P_f 至 O_v 的连线方向为 z_v 轴 (观察方向)，垂直于该轴的平面为观察平面 (投影平面)。最后选择相机向上的方向 (即相机左右旋转方向) $V_{up}(v_x, v_y, v_z) = (0, 1, 0)$，$V_{up}$ 在观察平面上的投影为 y_v 轴，同时垂直于 y_v、z_v 轴并构成右手系的向量为 x_v 轴，由此确定相机坐标系 O_v-$x_v y_v z_v$。

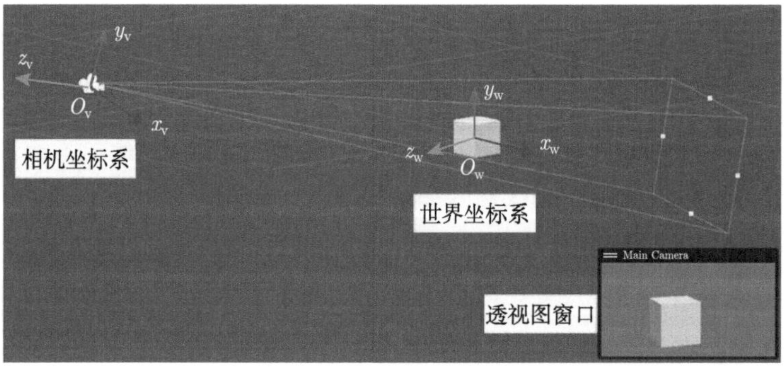

图 8-3　3D 场景中的相机坐标系

(2) 相机坐标的计算。在相机坐标系建立之后，需要将 3D 场景中所有物体的

顶点的世界坐标转换到相机坐标系中。在 OpenGL 中，调用 gluLookAt() 函数即可完成。具体调用如下：

```
gluLookAt(x0,y0,z0,xf,yf,zf,vx,vy,vz);
```

在相机坐标系建立以后，所有物体的顶点数据就会通过 gluLookAt() 函数转换到相机坐标系，至此，以后绘制图形的参考系就为该坐标系。若无特别声明不会使用世界坐标系。

8.3　投影观察体

我们要绘制 3D 物体还有一个关键步骤，就是投影。投影过程与画家绘画是一致的，即将空间景物投射到一个平面上，形成有 3D 空间效果的平面图形，这里以透视投影为例。计算机中的投影与现实拍照不同的是，计算机中没有视界限制。因此，需要确定的绘制的空间范围，称为投影观察体，如图 8-4 所示。投影观察体的确定步骤如下。

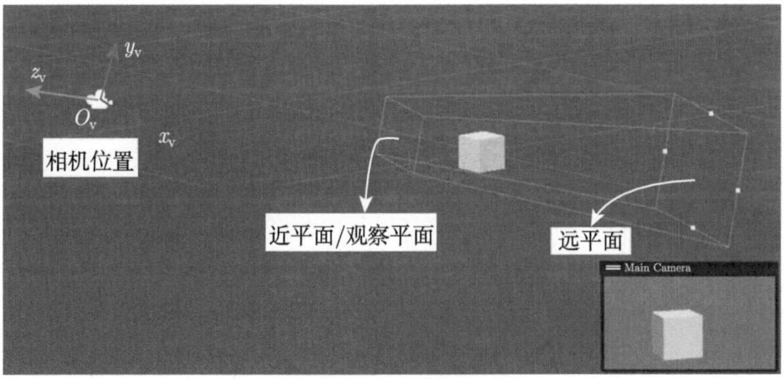

图 8-4　投影观察体

(1) 在相机坐标系下，距离坐标原点 $z_{near} = -10$ 处设置观察平面，在平面上以 z_v 轴为中心设置矩形观察窗口，该窗口的边与 x_v 轴平行或垂直，坐标原点与窗口的四个顶点连接构成一个锥体。分别以 $z_{near} = -10$ 为近平面和 $z_{far} = -20$ 为远平面截取锥体形成棱台体，即投影观察体。在投影观察体内的物体将被显示出来，在外的部分将被裁剪掉。因此，也称观察窗口为裁剪窗口。例如，在图 8-5 中，当近平面 $z_{near} = -15$ 时，物体在投影观察体之外，观察窗口为空。

(2) 投影计算。投影计算就是将 3D 场景物体的顶点坐标投影到观察平面上。这一过程可调用 OpenGL 的透视投影函数：

```
glFrustum(xwmin,xwmax,ywmin,ywmax,dnear,dfar);
```

其中，$(x_{\mathrm{wmin}}, y_{\mathrm{wmin}})$ 为窗口左下角点；$(x_{\mathrm{wmax}}, y_{\mathrm{wmax}})$ 为窗口右上角点；$d_{\mathrm{near}} = -z_{\mathrm{near}}$；$d_{\mathrm{far}} = -z_{\mathrm{far}}$。

图 8-5　物体在投影观察体外的情况

8.4　OpenGL 线框绘制

本案例的编程环境为 Microsoft Visual C++，采用 Win32 Console Application 程序框架，使用 OpenGL 图形库实现 3D 线框绘制，如图 8-6 所示，Cube 绘制程序如程序 8.1 所示。

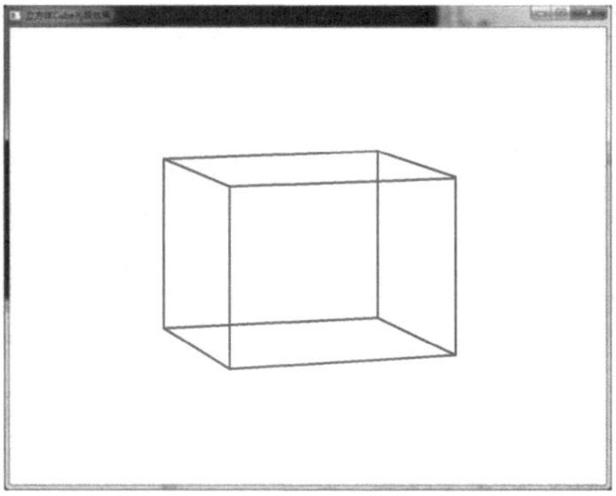

图 8-6　Cube 3D 线框图

程序 8.1　Cube 绘制

```
#include <stdio.h>
GLint winWidth= 800, winHeight= 600;
GLfloat CubeVert[8][3] = {{0.5,0.5,0.5},{0.5,0.5,-0.5},
    {-0.5,0.5,-0.5},{-0.5,0.5,0.5},{0.5,-0.5,0.5},{0.5,-0.5,-0.5},
    {-0.5,-0.5,-0.5},{-0.5,-0.5,0.5}};            //顶点坐标
GLint CubeFace[6][4] = {{0,1,2,3},{7,6,5,4},{0,3,7,4},{4,5,1,0},
    {1,5,6,2},{7,3,2,6}};                         //面索引号
```

```
GLfloat x0 = -4.0, y0 = 2.5, z0 = 12.0;      //相机位置
GLfloat xf= 0.0, yf= 0.0, zf= 0.0;           //对焦参考点
GLfloat Vx= 0.0, Vy= 1.0, Vz= 0.0;           //相机向上的方向
GLfloat xwmin= -1.0, ywmin= -1.0, xwmax= 1.0, ywmax= 1.0;
//裁剪窗口坐标
GLfloat dnear= 10.0, dfar= 20.0;             //近平面, 远平面
void init (void)
{
    glClearColor (1.0,1.0,1.0,0.0);
    glMatrixMode (GL_MODELVIEW);
    gluLookAt (x0,y0,z0,xf,yf,zf,Vx,Vy,Vz);  //相机坐标系设置
    glMatrixMode(GL_PROJECTION);
    glFrustum (xwmin,xwmax,ywmin,ywmax,dnear,dfar);//透视投影体设置
}

void mydisplayFcn(void)
{
    int i,j;
    glClear(GL_COLOR_BUFFER_BIT);
    glPolygonMode(GL_FRONT_AND_BACK,GL_LINE);  //面绘制模式
    glColor3f (1.0, 0.0, 0.0);
    // 立方体Cube线框图, 将立方体看成6个面的集合, 每次绘制一个面, 循环6次
    for(i=0;i<6;i++)
    {
     glBegin(GL_POLYGON);
            for(j=0;j<4;j++)
            {
                    glVertex3fv(CubeVert[CubeFace[i][j]]);
            }
     glEnd();
    }
    glFlush();
}
void main (int argc, char** argv)
{
     glutInit(&argc, argv);
     glutInitDisplayMode(GLUT_SINGLE | GLUT_RGB);
     glutInitWindowPosition(100,100);
     glutInitWindowSize(winWidth, winHeight);
     glutCreateWindow("立方体Cube线框图");
```

```
    init ();
    glutDisplayFunc(mydisplayFcn);
    glutMainLoop();
}
```

8.5 光 照 效 果

我们现在看到的物体还只是线框，没有空间真实感，也就是绘制每个面时，没有按照空间反光效果填充具有明暗的颜色。实现这一过程称为面绘制，或明暗处理、光照效果。光照效果也是 3D 渲染的关键环节，既要实现面的绘制，又要实现可见性判别，即深度测试。深度测试将被遮挡部分不显示出来，使其具有真实感。

8.5.1 灯光设置

灯光设置与我们日常拍照类似。灯光的类型有点光源、方向光源、聚光灯等。图 8-7 说明了相机、物体和灯光的位置关系。因此，灯光的位置应该在世界坐标系下指定。场景中的一个点光源是指光线从一个点出发，向四周发射。由于光亮度的快速衰减，点光源离场景不能太远。一个场景中可以同时定义多个光源，OpenGL 允许最多定义 8 个光源，即 GL_LIGHT0~GL_LIGHT7。OpenGL 的光源位置及属性函数定义如下：

```
glLightfv (GL_LIGTH0, GL_POSITION, light0_PosType);
```

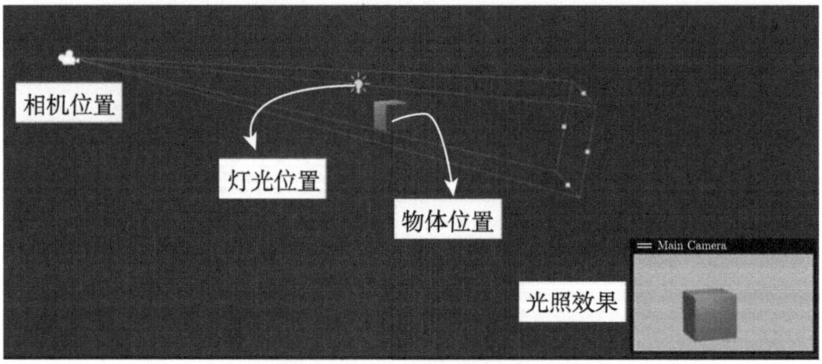

图 8-7　3D 场景灯光位置

其中，GL_LIGTH0 为 0 号光源；GL_POSITION 说明该函数定义位置 (也可以是其他属性)；light0_PosType 是位置坐标，例如，在图 8-8 的场景中取 light0_PosType[]={−1.5,1.2,2.2,1.0}，第四分量在 GL_POSITION 的情况下为光源类型，1.0 表示点光源，0.0 表示方向光源。同一种灯光可以有环境光、漫反射光和镜面反射光三种不同的光照效果。

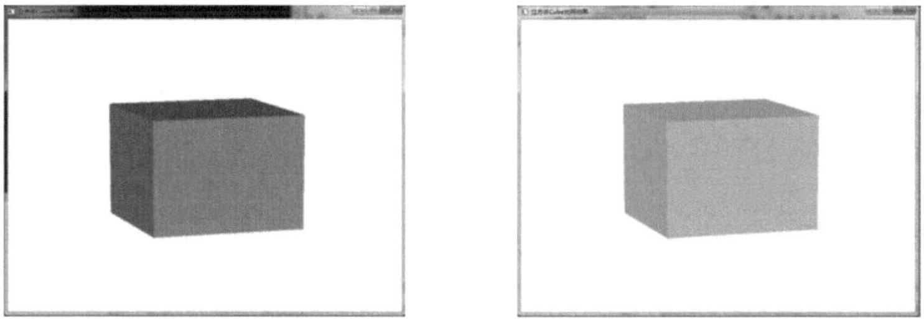

(a) 无材质反射　　(b) 有材质反射

图 8-8　恒定强度法绘制立方体光照效果

8.5.2　环境光设置

环境的光照模型可表示为

$$I_{\mathrm{ambstren}} = K_{\mathrm{a}} I_{\mathrm{a}}$$

其中，I_{a} 表示环境光强度；K_{a} 表示物体表面对环境光的反射系数。在 OpenGL 中，环境光的强度和反射系数都是通过 RGB 颜色分量来设定的。环境光强度 I_{a} 及颜色的设置使用符号常量 GL_AMBIENT，OpenGL 函数定义如下：

```
glLightfv(GL_LIGHT0,GL_AMBIENT,Light0_ambient);
```

在图 8-8 的场景中，取 Light0_ambient[]={0.2,0.8,0.2,1.0}。材质属性 K_{a} 的设置使用如下函数：

```
glMaterialfv(GL_FRONT, GL_BACK, ambientCoeff);
```

其中，GL_FRONT 表示物体前向表面属性；GL_BACK 表示物体后向表面属性；ambientCoeff 以分量形式说明材质对 RGB 的反射率，第四分量为透明系数。在图 8-8 的场景中，取 ambientCoeff[]={0.2, 0.1, 0.05, 1.0}。以下光照函数相同，不再赘述。

8.5.3　漫反射光设置

漫反射光照模型可表示为

$$I_{\mathrm{diffstren}} = K_{\mathrm{d}} I_{\mathrm{d}} \cos\theta$$

其中，I_{d} 表示入射光强度；K_{d} 表示物体的漫反射率，取值为 [0,1]；θ 为入射光源点与表面点的法向量的夹角，取值为 [0°, 90°]。在 OpenGL 中漫反射参数的设定采用如下函数：

```
glLightfv(GL_LIGHT0,GL_DIFFUSE,Light0_diffuse);
```

在图 8-8 的场景中，取 Light0_diffuse[]={0.2,1.0,1.0,1.0}。材质属性 K_{d} 的设置使用如下函数：

```
glMaterialfv(GL_FRONT,GL_DIFFUSE,diffuseCoeff);
```

其中，diffuseCoeff[]={0.7,0.4,0.2,1.0}。

8.5.4 镜面反射光设置

镜面反射光照的近似计算模型可表示为

$$I_{\text{specstren}} = K_{\mathrm{s}} I_{\mathrm{s}} \left(\cos\phi\right)^{n_{\mathrm{s}}}$$

其中，K_{s} 为表面材质的镜面反射系数，简化取值为 [0,1]；I_{s} 为光源强度；ϕ 为观察方向与镜面反射方向的夹角；n_{s} 为镜面反射参数，光滑表面参数值较大，粗糙表面参数值较小。在 OpenGL 中，镜面反射光强度、反射系数及镜面反射指数分别使用如下函数：

```
glLightfv(GL_LIGHT0,GL_SPECULAR,Light0_specular);
glMaterialfv(GL_FRONT,GL_SPECULAR,specluarCoeff);
glMaterialfv(GL_FRONT,GL_SHININESS,mat_shininess);
```

在图 8-8 的场景中，取 Light0_specular[]={0.2,1.0,1.0,1.0}；specluarCoeff[]={0.4,0.3,0.2,1.0}；mat_shininess[]={32.0}。

8.5.5 光照计算

光照计算就是计算构成 3D 物体的表面上每个点的光强度或颜色强度值。先将场景的每个物体表面细分成三角形或平面凸多边形，来逼近该多面体，此时，待绘制的场景就可视为多边形的集合，循环绘制场景的每个面即可绘制整个场景，如程序 8.1 所示，Cube 由 6 个面构成。

对每个面绘制的流程如下：先将每个面投影到观察平面上，该投影仍是一个多边形，并将该多边形光栅化成像素。再从每个像素出发回溯到所在的空间位置，根据光照模型计算该点亮度值。为了降低巨大的计算量，通常采用近似方法，包括恒定强度法和插值法。

恒定强度法，即在一个多边形面内选取一个点，按照光照模型计算该点的 RGB 颜色强度值，并将该值赋予整个平面。OpenGL 提供了恒定强度绘制函数：

```
glShadeModel(GL_FLAT);
```

由于光照模型计算需要法向量，所以必须先计算场景中每个面的法向量。

8.5.6 OpenGL 光照效果绘制

Cube 光照绘制效果如图 8-8 所示，程序如程序 8.2 所示。

程序 8.2 Cube 光照绘制

```
#include <GL/glut.h>
#include <stdio.h>
#include <math.h>
GLint winWidth= 800, winHeight= 600;
GLdouble CubeVert[8][3]={{0.5,0.5,0.5},{0.5,0.5,-0.5},
  {-0.5,0.5,-0.5},{-0.5,0.5,0.5},{0.5,-0.5,0.5},{0.5,-0.5,-0.5},
  {-0.5,-0.5,-0.5},{-0.5,-0.5,0.5}}; //顶点坐标
GLint CubeFace[6][4]={{0,1,2,3},{7,6,5,4},{0,3,7,4},{4,5,1,0},
  {1,5,6,2},{7,3,2,6}};                //面索引号
double CubeNorm[6][3];                 //桌面法向量
GLdouble x00=-4.0, y00=2.5, z00=12.0;
GLdouble xf=0.0, yf=0.0, zf=0.0;
GLdouble Vx=0.0, Vy=1.0, Vz=0.0;
GLdouble xwmin=-1.0, ywmin=-1.0, xwmax=1.0, ywmax=1.0;
GLdouble dnear=10.0, dfar=20.0;
typedef struct{double x,y,z;}wcPt3D; //空间点类型定义
void init (void)
{
   glClearColor (1.0,1.0,1.0,0.0);
   glMatrixMode (GL_MODELVIEW);
   gluLookAt (x00,y00,z00,xf,yf,zf,Vx,Vy,Vz);
   glMatrixMode(GL_PROJECTION);
   glFrustum (xwmin,xwmax,ywmin,ywmax,dnear,dfar);
   //光照参数设置
   GLfloat light0_PosType[]={-1.5,1.2,2.2,1.0};
   //灯光位置及类型
   glLightfv(GL_LIGHT0,GL_POSITION,light0_PosType);      //灯光设置
   GLfloat light0_ambient[]={0.2,0.8,0.2,1.0};           //环境光强度
   glLightfv(GL_LIGHT0,GL_AMBIENT,light0_ambient);
   GLfloat ambientCoeff[]={0.2,0.1,0.05,1.0};            //环境光反射系数
   glMaterialfv(GL_FRONT,GL_AMBIENT,ambientCoeff);
   GLfloat light0_diffuse[]={0.2,1.0,1.0,1.0};          //漫反射光强度
   glLightfv(GL_LIGHT0,GL_DIFFUSE,light0_diffuse);
   GLfloat diffuseCoeff[]={0.7,0.4,0.2,1.0};            //漫反射系数
   glMaterialfv(GL_FRONT,GL_DIFFUSE,diffuseCoeff);
   GLfloat Light0_specular[]={0.2,1.0,1.0,1.0};
```

```
    //镜面反射光强度
    glLightfv(GL_LIGHT0,GL_SPECULAR,Light0_specular);
    GLfloat specluarCoeff[]={0.4, 0.3, 0.2, 1.0};        //镜面反射系数
    glMaterialfv(GL_FRONT,GL_SPECULAR, specluarCoeff);
    GLfloat mat_shininess[]={32.0};                      //镜面反射指数
    glMaterialfv(GL_FRONT,GL_SPECULAR,mat_shininess);
    glEnable(GL_LIGHTING);                //打开总光源
    glEnable(GL_LIGHT0);                  //打开0号光源
    glEnable(GL_DEPTH_TEST);              //打开深度测试
}
// 计算已知三个顶点的面的法向量函数
wcPt3D computNorm(double v0[],double v1[],double v2[])
{
    wcPt3D normal;
    double vocter;
    double x1,y1,z1,x2,y2,z2;
    x1=v1[0]-v0[0]; y1=v1[1]-v0[1]; z1=v1[2]-v0[2];
    x2=v2[0]-v1[0]; y2=v2[1]-v1[1]; z2=v2[2]-v1[2];
    normal.x=y1*z2-y2*z1;
    normal.y=x2*z1-x1*z2;
    normal.z=x1*y2-x2*y1;
    vocter=sqrt(normal.x*normal.x+normal.y*normal.y+normal.z*normal.z);
    normal.x=normal.x/vocter;
    normal.y=normal.y/vocter;
    normal.z=normal.z/vocter;
    return normal;
}
// 计算Cube的6个面的法向量
void computFaceNorm(void)
{
    int i, j;
    double v0[3], v1[3], v2[3];
    wcPt3D normal;
    for(i=0; i<6; i++)
    {
        for(j=0; j<3; j++)
        {
            v0[j] = CubeVert[CubeFace[i][0]][j];
            v1[j] = CubeVert[CubeFace[i][1]][j];
            v2[j] = CubeVert[CubeFace[i][2]][j];
```

```
            }
            normal = computNorm(v0,v1,v2);
            CubeNorm[i][0] = normal.x;
            CubeNorm[i][1] = normal.y;
            CubeNorm[i][2] = normal.z;
        }
        return;
    }
    void mydisplayFcn(void)
    {
        int i,j;
        glClear(GL_COLOR_BUFFER_BIT|GL_DEPTH_BUFFER_BIT); // 设置深度测试
        glColor3f (1.0, 0.0, 0.0);
        glMatrixMode(GL_MODELVIEW);
        computFaceNorm();                          //计算法向量
        glShadeModel(GL_FLAT);                     //设置面绘制方式
        glPolygonMode(GL_FRONT_AND_BACK,GL_FILL); //设置显示模式
        for(i=0;i<6;i++)                           //绘制桌面
        {
            glNormal3dv(CubeNorm[i]);              //指定面法向量
            glBegin(GL_POLYGON);
            for(j=0;j<4;j++)
            {
                glVertex3dv(CubeVert[CubeFace[i][j]]);
            }
          glEnd();
        }
        glFlush();
    }
    void main (int argc, char** argv)
    {
        glutInit(&argc, argv);
        glutInitDisplayMode(GLUT_SINGLE | GLUT_RGB | GLUT_DEPTH);
        glutInitWindowPosition(100,100);
        glutInitWindowSize(winWidth, winHeight);
        glutCreateWindow("立方体Cube光照效果");
        init();
        glutDisplayFunc(mydisplayFcn);
        glutMainLoop();
    }
```

8.6　世界坐标与局部坐标

8.6.1　3D 场景与世界坐标

从上述内容可以看出，在计算机中绘制如图 8-9 所示的 3D 场景时，首先需要建立一个坐标系，用来表示场景中所有物体的相对位置和大小关系，这就是所谓的世界坐标系，记为 $O_{\mathrm{w}}\text{-}x_{\mathrm{w}}y_{\mathrm{w}}z_{\mathrm{w}}$，在该坐标系下描述这些物体位置的坐标就称为世界坐标。

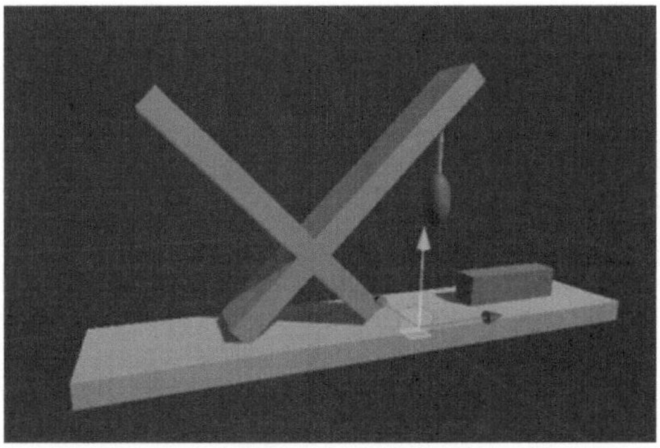

图 8-9　3D 场景

图 8-10 是从另一个视角观测到的图 8-9 中的世界坐标系。计算机图形绘制中通常使用左手系，使观察的深度值为正值。然而，数学物理中通常使用右手系，但原理和算法是一致的，只是将右手法则改变成左手法则，其余不变。

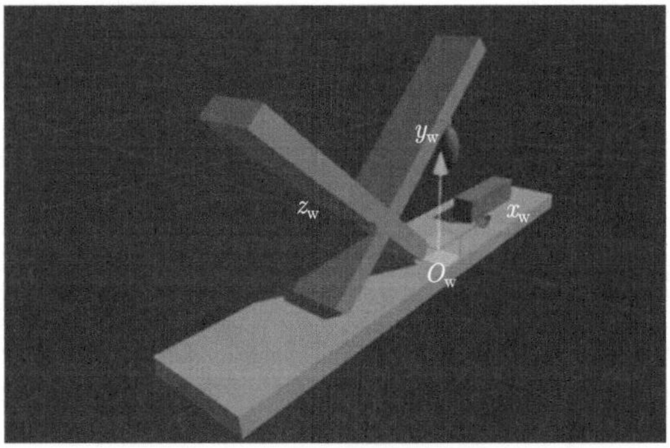

图 8-10　左手世界坐标系

8.6.2　物体的局部坐标

在 3D 场景中，尽管可以确定物体之间的位置及遮挡关系，但是对于各种位置及朝向，物体的表示与操作显得有些困难。我们在搭建场景时总是不断地对场景中的物体进行移动、旋转和缩放，这些操作如果都以世界坐标系为参照，那将是一件非常麻烦的事情。因此，需要建立操作更加方便的局部坐标系，如图 8-11 中的坐标系 O_l-$x_ly_lz_l$ 所示，就是在斜木块的中心建立的左手局部坐标系。在这个坐标系进行上述操作就变得非常直观，也易于交互。

图 8-11　左手局部坐标系

8.6.3　几何变换与局部坐标系

3D 场景中的局部坐标系可以通过两种途径获得，一种是将世界坐标系通过一系列的几何变换获得；另一种是直接指定局部坐标系。以下通过实例演示局部坐标系的变换过程，并以左手坐标系为例。

(1) 在图 8-12 所示的左手世界坐标系 O_w-$x_wy_wz_w$ 中，建立一个边长为 1 个的正方体 (命名为 Cube)，即初始模型。该初始模型的中心在坐标系原点，其局部坐标系 O_l-$x_ly_lz_l$ 与世界坐标系重合，Cube 的一个顶点 P 在两个坐标系下的坐标相同，均为 $P(-0.5,-0.5,-0.5)$。

(2) 将 Cube 绕 x_l 轴旋转 45°，即左手拇指与 x_l 轴箭头同向，沿其余四指方向旋转 45°(反向则为 −45°)，如图 8-13 所示。同时局部坐标系进行相同的旋转，得到新的局部坐标系 O_l-$x_ly_lz_l$。

(3) 在步骤 (2) 获得的局部坐标系中，将 Cube 沿 x_l、y_l、z_l 轴的方向平移 (2,−2,3)，得到新的局部坐标系 O_l-$x_ly_lz_l$，如图 8-14 所示。

(4) 将 Cube 绕 z_l 轴旋转 −30°，得到新的局部坐标系 O_l-$x_ly_lz_l$，如图 8-15 所示。

(5) 将 Cube 在 x_l、y_l、z_l 三个方向上缩放 $(1,2,1)$，得到新的 Cube 模型，此时，局部坐标系不变，如图 8-16 所示。

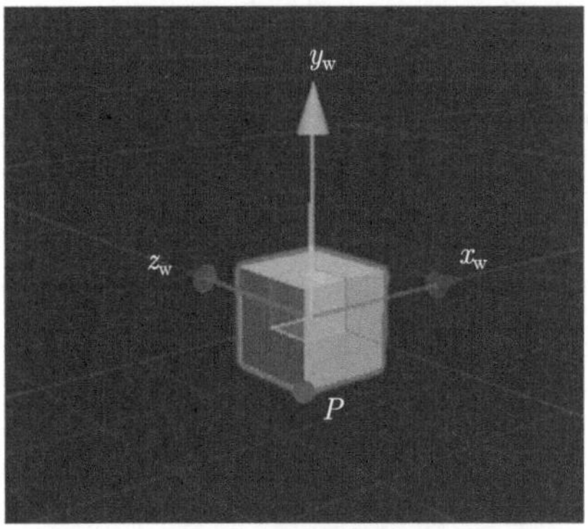

图 8-12　世界坐标系中的初始模型

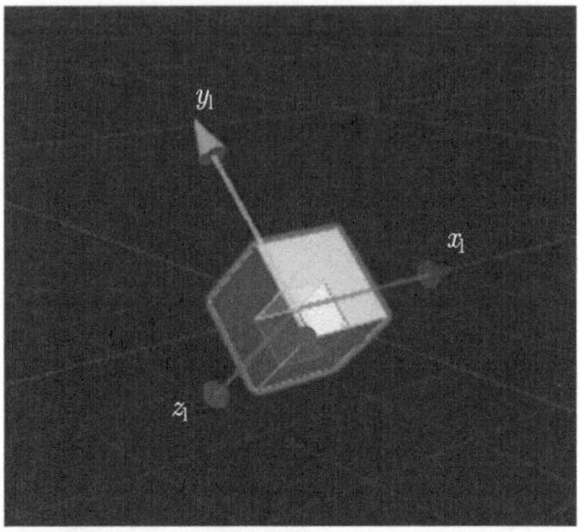

图 8-13　绕 x_l 轴旋转 45° 的局部坐标系

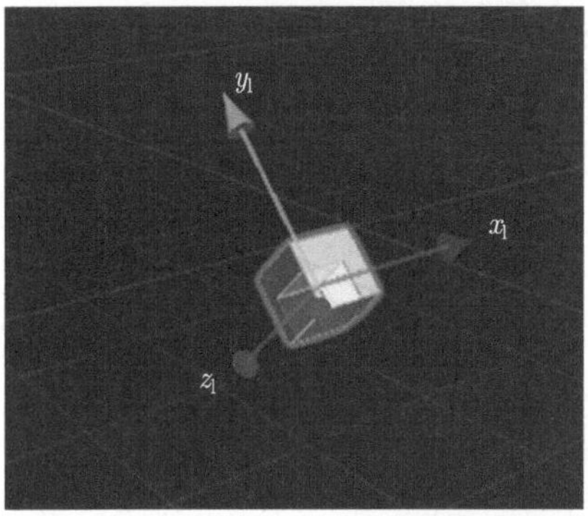

图 8-14　平移 $(2,-2,3)$ 的局部坐标系

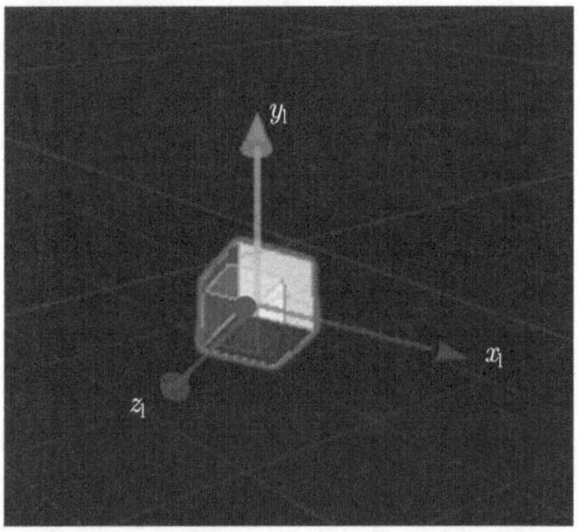

图 8-15　绕 z 轴旋转 $-30°$ 的局部坐标系

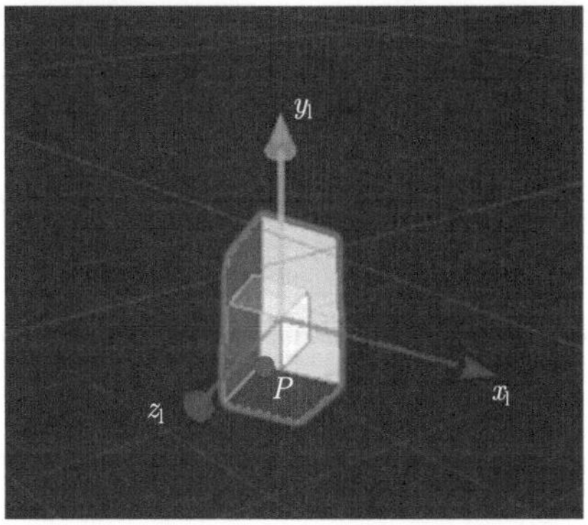

图 8-16　缩放 (1,2,1) 倍的局部坐标系

8.6.4 世界坐标与局部坐标的计算

在上述坐标系的变换过程中，局部坐标系中坐标轴的单位向量和场景中任一顶点 P 的坐标是如何变化的呢？即经过系列变换之后，各轴的单位向量和 P 点

在世界坐标系中对应的值该如何计算？这里我们直接给出计算方法。

(1) $O_{\mathrm{w}}\text{-}x_{\mathrm{w}}y_{\mathrm{w}}z_{\mathrm{w}}$ 与 $O_{\mathrm{l}}\text{-}x_{\mathrm{l}}y_{\mathrm{l}}z_{\mathrm{l}}$ 重合，此时，$P(x_{\mathrm{l}}, y_{\mathrm{l}}, z_{\mathrm{l}}) = (0.5, 0.5, 0.5)$。

(2) 将 Cube 绕 x_{l} 轴旋转 $\theta = 45°$ 后，所得 P 点的齐次坐标旋转变换矩阵为

$$\boldsymbol{R}_x(\alpha) = \begin{bmatrix} 1 & 0 & 0 & 0 \\ 0 & \cos\alpha & -\sin\alpha & 0 \\ 0 & \sin\alpha & \cos\alpha & 0 \\ 0 & 0 & 0 & 1 \end{bmatrix}$$

即 P 点新的世界坐标为

$$\begin{bmatrix} x_{\mathrm{w}} \\ y_{\mathrm{w}} \\ z_{\mathrm{w}} \\ 1 \end{bmatrix} = \boldsymbol{R}_x(\alpha) \begin{bmatrix} x_{\mathrm{l}} \\ y_{\mathrm{l}} \\ z_{\mathrm{l}} \\ 1 \end{bmatrix}$$

该旋转计算可调用 OpenGL 旋转函数：

```
glRotatef(theta, vx, vy, vz);
```

其中，轴旋转角度 theta=45°，(v_x, v_y, v_z)=(1,0,0)。

(3) 平移 $(t_x, t_y, t_z) = (2, -2, 3)$ 之后，得平移变换矩阵为

$$\boldsymbol{T}(t_x, t_y, t_z) = \begin{bmatrix} 1 & 0 & 0 & t_x \\ 0 & 1 & 0 & t_y \\ 0 & 0 & 1 & t_z \\ 0 & 0 & 0 & 1 \end{bmatrix}$$

得 P 点新的世界坐标为

$$\begin{bmatrix} x_{\mathrm{w}} \\ y_{\mathrm{w}} \\ z_{\mathrm{w}} \\ 1 \end{bmatrix} = \boldsymbol{T}(t_x, t_y, t_z)\, \boldsymbol{R}_x(\alpha) \begin{bmatrix} x_{\mathrm{l}} \\ y_{\mathrm{l}} \\ z_{\mathrm{l}} \\ 1 \end{bmatrix}$$

该平移计算可调用 OpenGL 函数：

```
glTranslatef(tx,ty,tz);
```

其中，$(t_x, t_y, t_z) = (2, -2, 3)$。

(4) 将 Cube 绕 z_l 轴旋转 $\gamma = -30°$，得变换矩阵为

$$\boldsymbol{R}_z(\gamma) = \begin{bmatrix} \cos\gamma & -\sin\gamma & 0 & 0 \\ \sin\gamma & \cos\gamma & 0 & 0 \\ 0 & 0 & 1 & 0 \\ 0 & 0 & 0 & 1 \end{bmatrix}$$

得 P 点新的世界坐标为

$$\begin{bmatrix} x_{\mathrm{w}} \\ y_{\mathrm{w}} \\ z_{\mathrm{w}} \\ 1 \end{bmatrix} = \boldsymbol{R}_z(\gamma)\boldsymbol{T}(t_x, t_y, t_z)\,\boldsymbol{R}_x(\alpha)\begin{bmatrix} x_l \\ y_l \\ z_l \\ 1 \end{bmatrix}$$

(5) 将 Cube 缩放 $(s_x, s_y, s_z) = (1, 2, 1)$ 倍，得缩放矩阵为

$$\boldsymbol{S}(s_x, s_y, s_z) = \begin{bmatrix} s_x & 0 & 0 & 0 \\ 0 & s_y & 0 & 0 \\ 0 & 0 & s_z & 0 \\ 0 & 0 & 0 & 1 \end{bmatrix}$$

得 P 点新的世界坐标为

$$\begin{bmatrix} x_{\mathrm{w}} \\ y_{\mathrm{w}} \\ z_{\mathrm{w}} \\ 1 \end{bmatrix} = \boldsymbol{S}(s_x, s_y, s_z)\boldsymbol{R}_z(\gamma)\boldsymbol{T}(t_x, t_y, t_z)\,\boldsymbol{R}_x(\alpha)\begin{bmatrix} x_l \\ y_l \\ z_l \\ 1 \end{bmatrix}$$

该缩放计算可调用 OpenGL 函数：

```
glScalef(sx,sy,sz);
```

其中，$(s_x, s_y, s_z) = (1, 2, 1)$。

以此类推，所做系列变换左乘一个对应矩阵，坐标轴的单位向量分别对应的坐标是 $u\,(x_l, y_l, z_l) = (1, 0, 0)$、$v\,(x_l, y_l, z_l) = (0, 1, 0)$ 和 $n\,(x_l, y_l, z_l) = (0, 0, 1)$。按照上述公式计算即可。

8.7 3D 场景搭建

计算机中的 3D 场景是虚构的，或是由现实中各种物体组成的，如游戏中的太空飞船、废旧工厂的机器、远古森林的动物、虚拟车间的机器人等 3D 物体。为

了描述这些场景，可以对基本 3D 物体进行几何变换构建新的场景物体。以下以构建小方桌 Desk 为例。

8.7.1 单位立方体绘制

图 8-17(a) 是将要绘制的多面体 3D 组合体，将该组合体分解成 1 个桌面、4 个牙条和 4 条腿，见图 8-17(b)。这些部件都由单位立方体 DeskCube 经过几何变换后组合而成。

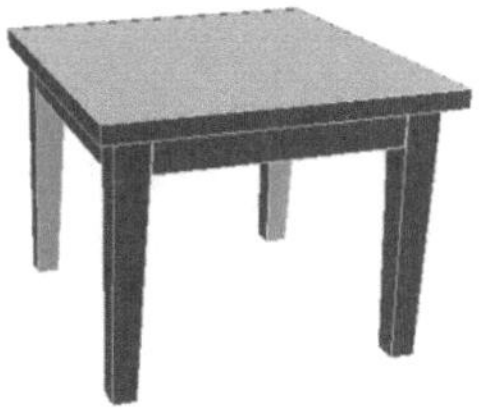

(a) 小方桌透视图

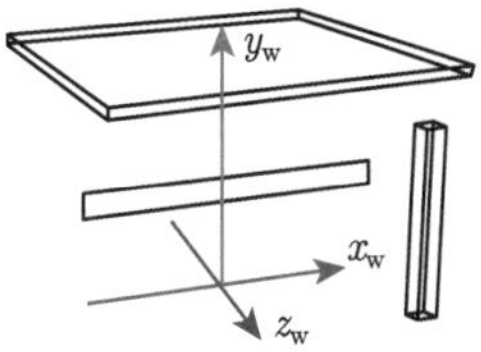

(b) 小方桌结构分解

图 8-17 多面体组合对象

单位立方体定义如下 (见程序 8.2)：

```
// Cube顶点坐标数组
GLdouble CubeVert[8][3]={{0.5,0.5,0.5},{0.5,0.5,-0.5},{-0.5,0.5,-0.5},
   {-0.5,0.5,0.5},{0.5,-0.5,0.5},{0.5,-0.5,-0.5},{-0.5,-0.5,-0.5},
   {-0.5,-0.5,0.5}};
// Cube面索引号数组
GLint CubeFace[6][4]={{0,1,2,3},{7,6,5,4},{0,3,7,4},{4,5,1,0},
   {1,5,6,2},{7,3,2,6}};
// Cube面法向量数组
double CubeNorm[6][3];
// 定义立方体Cube显示列表
regCube = glGenLists(1);
glNewList(regCube, GL_COMPILE);
for(i=0;i<6;i++)
{
    glNormal3dv(CubeNorm[i]);            // 指定面法向量
    glBegin(GL_POLYGON);
    for(j=0;j<4;j++)
    {
          glVertex3dv(CubeVert[CubeFace[i][j]]);
    }
       glEnd();
```

```
}
glEndList();
```

8.7.2 桌面组合体绘制

桌面设计成 100 个单位长、4 个单位厚的长方体，中心离世界坐标系原点 72 个单位。桌面的 3D 线框绘制由如下 OpenGL 程序实现，效果图如图 8-18 所示。

```
#include <GL/glut.h>
#include <stdio.h>
#include <math.h>
//GLint winWidth= 1000, winHeight= 800;
GLdouble CubeVert[8][3]={{0.5,0.5,0.5},{0.5,0.5,-0.5},{-0.5,0.5,-0.5},
  {-0.5,0.5,0.5},{0.5,-0.5,0.5},{0.5,-0.5,-0.5},{-0.5,-0.5,-0.5},
  {-0.5,-0.5,0.5}};                          //顶点坐标
GLint CubeFace[6][4]={{0,1,2,3},{7,6,5,4},{0,3,7,4},{4,5,1,0},{1,5,6,2},
  {7,3,2,6}};                                //面索引号
GLint winWidth= 800, winHeight= 640;
GLfloat x00 = -120.0, y00 = 150.0, z00 = 280.0;
GLfloat xf= 20.0, yf= 50.0, zf= 0.0;
GLfloat Vx= 0.0, Vy= 1.0, Vz= 0.0;
GLfloat xwMin= -40.0, ywMin= -40.0, xwMax= 40.0, ywMax= 40.0;
GLfloat dnear= 60.0, dfar= 400.0;
typedef struct{double x,y,z;}wcPt3D;  // 空间点类型
GLuint regCube;
void init (void)
{
    int i,j;
    glClearColor (1.0,1.0,1.0,0.0);
    glMatrixMode (GL_MODELVIEW);
    gluLookAt (x00,y00,z00,xf,yf,zf,Vx,Vy,Vz);
    glMatrixMode(GL_PROJECTION);
    glFrustum (xwMin,xwMax,ywMin,ywMax,dnear,dfar);
    // 定义立方体Cube显示列表
    regCube = glGenLists(1);
    glNewList(regCube, GL_COMPILE);
    for(i=0;i<6;i++)
    {
            glNormal3dv(CubeNorm[i]);  // 指定面法向量
            glBegin(GL_POLYGON);
            for(j=0;j<4;j++)
            {
```

```
                glVertex3dv(CubeVert[CubeFace[i][j]]);
            }
            glEnd();
        }
        glEndList();
    }
    void mydisplayFcn(void)
    {
        glClear(GL_COLOR_BUFFER_BIT|GL_DEPTH_BUFFER_BIT); //设置深度测试
        glShadeModel(GL_FLAT);                            //设置面绘制方式
        glPolygonMode(GL_FRONT_AND_BACK,GL_LINE);         //设置显示模式
        glMatrixMode(GL_MODELVIEW);
        glColor3f(0.0,0.0,0.0);
        // 桌面显示命令序列
        glPushMatrix();
        glTranslatef(0,72,0);
        glScalef(100,4,100);
        glCallList(regCube);
        glPopMatrix();
        // 4条桌腿显示命令序列
        // 腿0
        glPushMatrix();
        glTranslatef(43,35,43);
        glScalef(6,70,6);
        glCallList(regCube);
        glPopMatrix();
        // 腿1
        glPushMatrix();
        glTranslatef(43,35,-43);
        glScalef(6,70,6);
        glCallList(regCube);
        glPopMatrix();
        // 腿2
        glPushMatrix();
        glTranslatef(-43,35,-43);
        glScalef(6,70,6);
        glCallList(regCube);
        glPopMatrix();
        // 腿3
        glPushMatrix();
```

```
    glTranslatef(-43,35,43);
    glScalef(6,70,6);
    glCallList(regCube);
    glPopMatrix();
    // 4个牙条显示命令序列
    // 牙条0
    glPushMatrix();
    glTranslatef(0,66,43);
    glScalef(80,8,2);
    glCallList(regCube);
    glPopMatrix();
    // 牙条1
    glPushMatrix();
    glTranslatef(0,66,-43);
    glScalef(80,8,2);
    glCallList(regCube);
    glPopMatrix();
    // 牙条2
    glPushMatrix();
    glTranslatef(43,66,0);
    glRotatef(90,0,1,0);
    glScalef(80,8,2);
    glCallList(regCube);
    glPopMatrix();
    // 牙条3
    glPushMatrix();
    glTranslatef(-43,66,0);
    glRotatef(90,0,1,0);
    glScalef(80,8,2);
    glCallList(regCube);
    glPopMatrix();
    glFlush();
}
void main (int argc, char** argv)
{
      glutInit(&argc, argv);
      glutInitDisplayMode(GLUT_SINGLE | GLUT_RGB | GLUT_DEPTH);
      glutInitWindowPosition(100,100);
      glutInitWindowSize(winWidth, winHeight);
      glutCreateWindow("立方体桌面光照效果");
```

```
    init();
    glutDisplayFunc(mydisplayFcn);
    glutMainLoop();
}
```

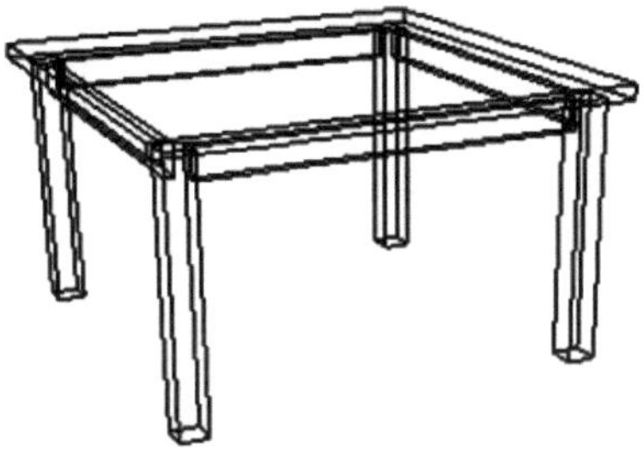

图 8-18　小方桌的线框组合体

8.8 纹理贴图

在真实感图形显示中，相对于光照效果而言，三维物体表面纹理贴图可以更加真实地表达物体表面细节，包括表面材质、花纹、纹路、颜色和细微凹凸及颗粒等属性。这些细节的显示更加真实地再现了场景，还原物体表面细节，甚至与真实物体难辨真伪。这种效果是光照模型难以模拟的，其实现过程通过纹理贴图完成。纹理贴图是一个相当大的主题，并且具有相当程度的复杂性。

纹理贴图是在建立好的几何模型基础上，采用纹理映射方法和图像过滤技术将对象照片合理地贴在已有的几何模型表面上的过程。

8.8.1 映射空间

用于纹理映射的空间有三个，分别是纹理空间、对象空间和像空间。

1) 二维纹理空间

对于二维纹理贴图，首先要有一张贴图的照片，一般为矩形图像。该矩形图像由 RGB 或 RGBA 分量构成的彩色像素阵列像素组成。图 8-19(a) 是 512×384 的彩色图像，即 m=384，n=512，它是像素的数据格式为 RGB 或 RGBA 模式的纹理图案。纹理图案在进行存储时，按二维数组、三维数组存放，即定义一个整型的像素数组：

```
int Texel[m][n][3];  // RGB数据格式
```

或

```
int Texel[m][n][4]; // RGBA数据格式
```

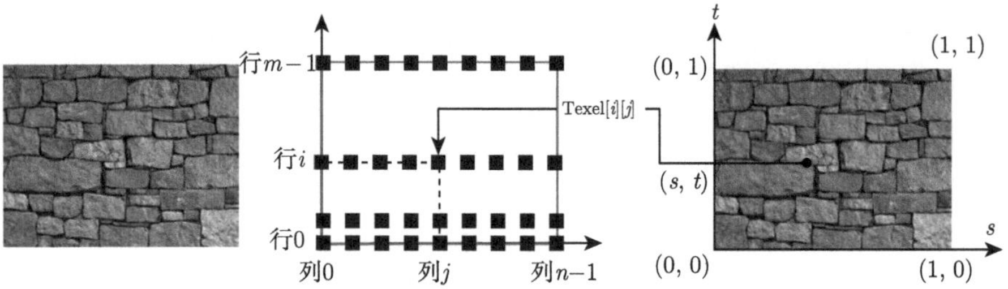

(a) m行 × n列的纹理图案　　(b) 纹理图案的像素排列阵列　　(c) 纹理图案的像素坐标系(纹理空间)

图 8-19　二维纹理空间

存放顺序是从图案的左下角开始，从左至右逐一存放。第一行结束后，从第二行的最左边元素开始向右存放，以此类推，直到 $m-1$ 行结束。存储在数组里的每个元素称为纹理单元或纹素 (纹理像素，Texel)。如图 8-19(b) 中纹理图案的数组所示，纹素坐标是数组的下标，共有 512×384 个纹素。

在纹理映射过程中，几何模型顶点对应的纹素通过纹理坐标来指定，但是这个坐标如果仍然采用纹理图案或数组的下标来表示会出现两个问题：一是坐标计算采用实数；二是当更换纹理时，如改变纹理的宽度和高度，坐标值可能变得无意义，而不得不更新模型顶点的坐标值。因此需要使用与具体图案坐标 (或数组下标) 无关的纹理空间。纹理空间将图案坐标规范化到 [0,1] 的坐标系，分别用 (s,t) 表示列和行，如图 8-19(c) 所示。例如，一幅宽度为 512，高度为 384 的纹理图案，其纹理坐标 (0.5,0.4) 表示的纹素的位置是 (160,155)。

2) 对象空间

所谓对象空间就是三维物体表示的世界坐标空间，如果将三维物体用参数表示，则如式 (8-1) 所示：

$$\begin{cases} x = x(u,v) \\ y = y(u,v) \ , \quad a \leqslant u \leqslant b, \quad c \leqslant v \leqslant d \\ z = z(u,v) \end{cases} \tag{8-1}$$

在对象空间中，三维物体如果使用参数 u 和 v 表示，则 (u,v) 本身就是二维的，与纹理空间一致，很容易实现纹理空间到参数空间的一一映射。如使用式 (8-2) 的线性变换即可完成纹理空间到对象空间的映射 (图 8-20)：

$$\begin{cases} u = a_1 s + b_1 t + c_1 \\ v = a_2 s + b_2 t + c_2 \end{cases} \tag{8-2}$$

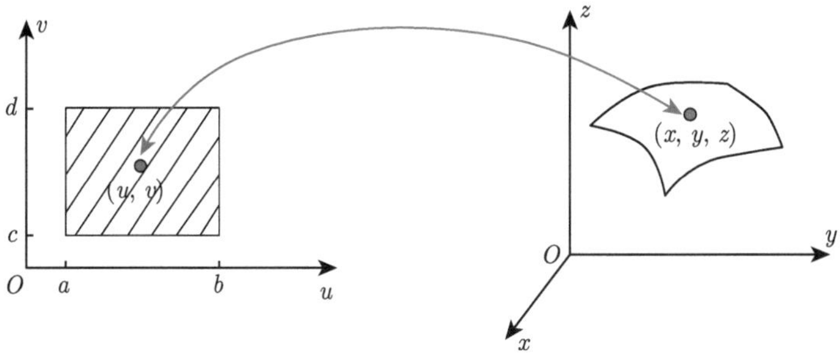

图 8-20 对象空间中物体表面上点的参数表示

8.8.2 纹理映射

纹理映射有两种方式：一是将纹理映射到对象表面，再进行观察–投影变换到像空间，称为纹理扫描，即建立纹理空间到对象空间的映射关系；二是从像空间开始，将像素区域映射到对象表面区域，再将该表面区域映射到纹理空间区域，称为像素扫描。图 8-21 说明了扫描次序和变换序列。

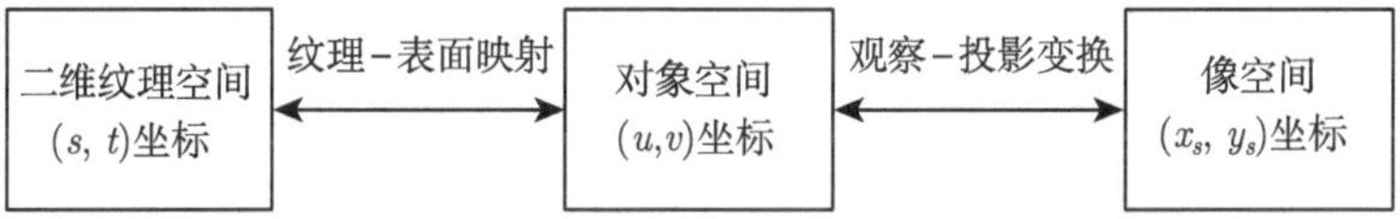

图 8-21 二维纹理空间、对象空间和像空间的坐标变换序列

从纹理空间到像空间映射的缺点在于纹理片与计算出来的像素区域边界不能完全匹配。因此，纹理映射通常采用的是从像空间到纹理空间的映射顺序。这种方法避免了像素的分割计算，也容易实现碎片的滤波处理 (反走样)，如图 8-22 所示。可见像素表示的正方形显示区域投影到该像素内可见的对象表面上的区域 $\mathrm{d}S$，然后将 $\mathrm{d}S$ 映射到纹理空间的近似多边形 $\mathrm{d}A$，利用近似估算或加权平均求该区域的颜色值及亮度值，代入光照模型计算对应像素的亮度。下面我们以一个实例说明纹理映射过程。

例 8.1 将图 8-19 的纹理图案贴到四分之一的圆柱面上，其步骤如下所示。

(1) 圆柱表面参数表示如图 8-23 所示。

(2) 扫描屏幕像素点 (对每个点做屏幕的 9 点网格像素区域)。将该区域逆投影至曲面，形成曲边四边形的 9 点网格，并计算 9 点的 (x, y, z) 坐标。

$$\begin{cases} x = r\cos u \\ y = r\sin u \\ z = v \end{cases}, \quad 0 \leqslant u \leqslant \frac{\pi}{2}, \quad 0 \leqslant v \leqslant 1 \tag{8-3}$$

(3) 利用式 (8-3) 将 9 点坐标 (x, y, z) 转换成 9 点的参数坐标 (u, v)，即

$$u = \arctan(y/x), \quad v = z$$

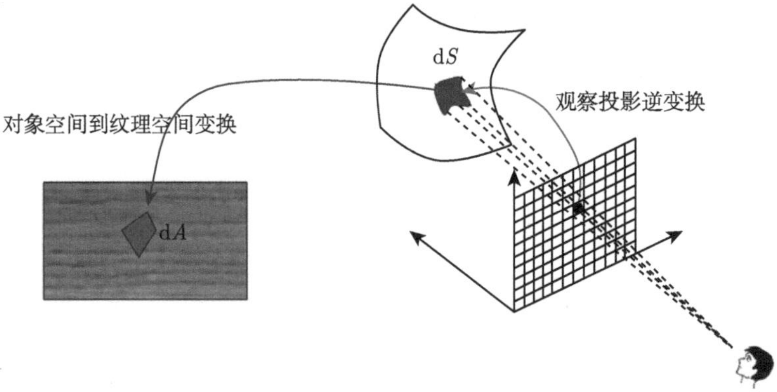

图 8-22　像空间至纹理空间的纹理映射

(4) 将 9 点参数坐标 (u, v) 映射成纹理空间的 9 点纹理坐标 (s, t)，即

$$s = 2u/\pi, \quad t = v$$

(5) 对该 9 点纹理坐标进行加权平均，所得颜色值作为步骤 (2) 中扫描点的像素值。

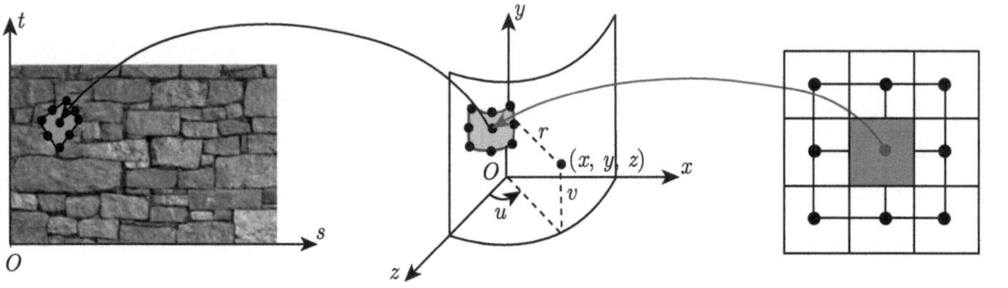

图 8-23　圆柱纹理映射过程

8.8.3　纹理过滤

当纹理图案的分辨率小于碎片的分辨率，也就是纹理图片的像素点阵小于被贴对象光栅化后的点阵 (碎片阵列) 时，可能出现多个碎片映射到同一纹素的情况，其贴图效果等同于将纹理图案进行放大，以适应贴图面积的需要。由于计算的纹理坐标不一定刚好与纹素重合，需要对该纹理坐标近似估值计算其颜色值，即纹理过滤。常用的纹理过滤有最近点采样过滤和双线性插值过滤两种方法。图 8-24 给出纹理过滤的最近点采样过滤方法及效果，碎片颜色值取最邻近纹素的像素值。

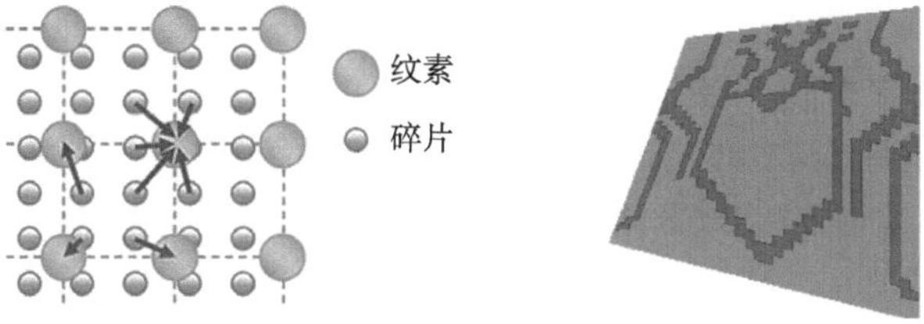

图 8-24　最近点采样过滤方法及效果

图 8-25 给出双线性插值过滤方法及效果，取碎片邻近四个纹素的双线性插值为该碎片的颜色值。从实验结果看出，使用最近点采样过滤方法，贴图的边沿锯齿明显，而双线性插值过滤方法正好相反，边沿光滑，当然运算开销增大。

图 8-25　双线性插值过滤方法及效果

如果纹理图片的分辨率比碎片分辨率大，那么就需要进行纹理缩小。纹理缩小也可以使用最近点采样或者双线性插值方法。但是，这种采样的方式因采样率较低，通常被称为“伪像”，在透视投影中，远处的物体会因为采样率非常低而失真严重。有一个更好的方法来处理纹理缩小，那就是微缩地图 (Mip-map) 技术，它创建了一系列低分辨率版本的纹理图片，第 $k+1$ 层是由第 k 层的 2×2 的像素正方形的滤波卷积得到，如图 8-26(a) 所示。

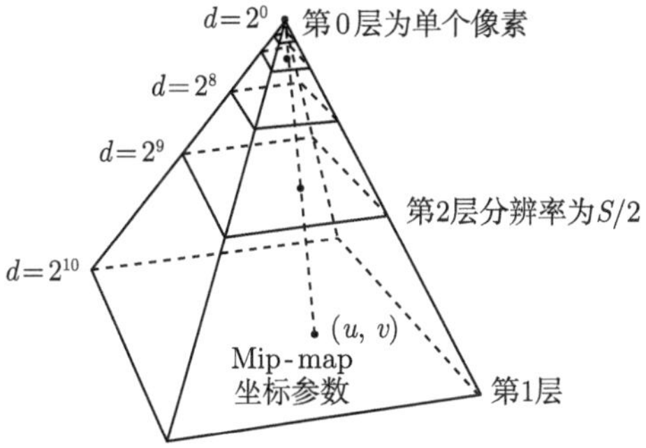

(a) Mip-map 纹理金字塔算法

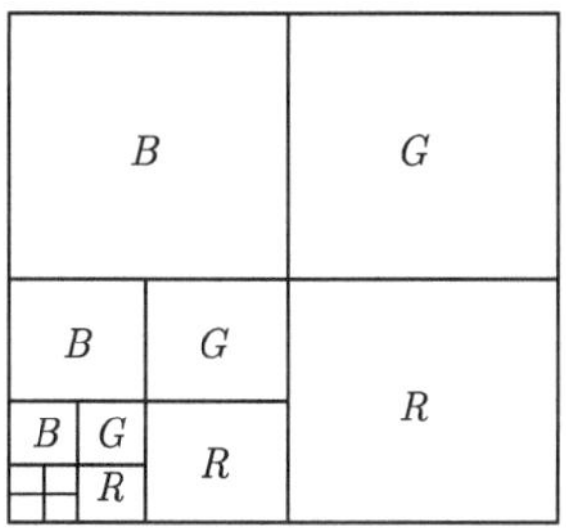

(b) 金字塔算法的分级存储方式

图 8-26　纹理金字塔算法

Mip-map 技术算法思想是以适当大小的正方形来近似表达每一像素在纹理平面上的映射区域，该区域的大小必须是 2 的整数次方的纹理图案。预先将纹理图片表达为具有不同分辨率级别的纹理数组，并将其作为纹理查找表，其中，低一级分辨率的图像由高一级分辨率图像取平均值得到。例如，低一级图像每条边的分辨率取高一级图像边的分辨率的二分之一，而同一级分辨率的纹理数组则由红、绿、蓝三个分量的纹理数组构成，如图 8-26(b) 所示。假设原始图片分辨率为 64 像素 ×32 像素，可创建低分辨率版本为 32 像素 ×16 像素，16 像素 ×8 像素，8 像素 ×4 像素，4 像素 ×2 像素，2 像素 ×1 像素和 1 像素 ×1 像素。最高的分辨率记为等级 0，第二高是等级 1，以此类推。这样便可以在这些不同分辨率版本中选择最合适的一张，或者使用其中两张进行线性插值得到与实际纹理对象分辨率相当的纹理缩小图案。

8.8.4 纹理贴图

下面我们通过实例讨论纹理贴图主题，利用 OpenGL 库函数实现纹理贴图的步骤如下。

(1) 创建一个纹理对象，并为这一纹理对象装载图像资源。

(2) 指定纹理过滤 (放大或缩小) 方式。

(3) 说明纹理应用模式 (取代或调制当前颜色)。

(4) 激活已创建的纹理对象作为当前纹理映射 (激活或取消纹理映射)。

(5) 指定纹理坐标 ([0,1]) 和对应的图元坐标并绘制场景。

下面我们以棋盘纹理 (见图 8-27) 为例，说明纹理贴图的一般步骤。

(a) 正面矩形纹理　(b) 空间斜面矩形纹理　(c) 取图 (a) 中的三角形顶点为纹理坐标

图 8-27　棋盘纹理贴图

```
#include <GL/glut.h>
// 创建棋盘纹理，定义64×64纹理数组，必须采用RGBA模式
GLubyte checkImage[64][64][4];
void makeCheckImage(void)
{
    int i,j,c;
    for(i=0; i<64; i++){
```

```
        for(j=0; j<64; j++){
            c=((((i&0x8)==0) ^ ((j&0x8))==0))*255;
            checkImage[i][j][0]=(GLubyte)c;
            checkImage[i][j][1]=(GLubyte)c;
            checkImage[i][j][2]=(GLubyte)c;
            checkImage[i][j][3]=(GLubyte)255;
        }
    }
}
// 观察及透视变换参数设定
GLint winWidth = 1000, winHeight = 1000;
GLfloat xv=50.0, yv=50.0, zv=300.0;             //观察原点
GLfloat xref=50.0, yref=50.0, zref=0.0;         //观察参考点
GLfloat vx=0.0, vy=1.0, vz=0.0;                 //观察向上向量
GLfloat theta=90;                               //视锥视角
GLfloat aspect=1.0;                             //观察窗口纵横比
GLfloat dnear=200.0, dfar=700.0;                //近平面、远平面
GLuint texName[1];                              //定义只有一个纹理的命名数组
// 初始化纹理
void init(void)
{
    glClearColor(1.0, 1.0, 1.0, 0.0);
    glMatrixMode(GL_PROJECTION);
    glLoadIdentity();
    gluPerspective(theta,aspect,dnear,dfar);        //设置投影参数
    glMatrixMode(GL_MODELVIEW);
    glLoadIdentity();
    gluLookAt(xv,yv,zv,xref,yref,zref,vx,vy,vz);    //设置相机参数
    makeCheckImage();    //生成棋盘纹理图案，并存于数组中
    glPixelStorei(GL_UNPACK_ALIGNMENT,1); //图案存储压缩模式，1为非压缩
    //为纹理图案命名，此处命名1个纹理，存放在texName[1]中
    glGenTextures(1,texName);
    //创建一个已命名的二维纹理指定纹理，即为前面创建的纹理对象装载或填充位图资
    //源，形成可调用纹理对象
    glBindTexture(GL_TEXTURE_2D,texName[1]);
    glTexImage2D(GL_TEXTURE_2D, 0, GL_RGBA, 64, 64, 0, GL_RGBA,\
        GL_UNSIGNED_BYTE, checkImage);
    //指定纹理过滤方式
    glTexParameteri(GL_TEXTURE_2D,GL_TEXTURE_MAG_FILTER,GL_NEAREST);
    glTexParameteri(GL_TEXTURE_2D,GL_TEXTURE_MIN_FILTER,GL_NEAREST);
```

```
    //纹理映射选项，纹理颜色与当前颜色的混合方式
    glTexEnvf(GL_TEXTURE_ENV,GL_TEXTURE_ENV_MODE,GL_REPLACE);
    glEnable(GL_DEPTH_TEST);            // 开启深度缓存检测
    glEnable(GL_TEXTURE_2D);            // 激活纹理映射
}
// 纹理绘制
void disply(void)
{
    glClear(GL_COLOR_BUFFER_BIT | GL_DEPTH_BUFFER_BIT);
    glScalef(1.5,1.5,1.5);
    // 激活已创建并命名的纹理对象为当前纹理映射
    glBindTexture(GL_TEXTURE_2D,texName[1]);
    // 绘制正面矩形
    glPushMatrix();
    glTranslatef(-100,0.0,0.0);
    glBegin(GL_QUADS);
                // 指定纹理坐标                 指定顶点坐标
        glTexCoord2f(0.0,0.0);      glVertex3f(0.0,0.0,0.0);
        glTexCoord2f(1.0,0.0);      glVertex3f(100.0,0.0,0.0);
        glTexCoord2f(1.0,1.0);      glVertex3f(100.0,100.0,0.0);
        glTexCoord2f(0.0,1.0);      glVertex3f(0.0,100.0,0.0);
    glEnd();
    glPopMatrix();
    // 绘制空间斜面矩形
    glPushMatrix();
    glTranslatef(30,0.0,0.0);
    glBegin(GL_QUADS);
                // 指定纹理坐标                 指定顶点坐标
        glTexCoord2f(0.0,0.0);      glVertex3f(0.0,0.0,0.0);
        glTexCoord2f(1.0,0.0);      glVertex3f(100.0,0.0,-100.0);
        glTexCoord2f(1.0,1.0);      glVertex3f(100.0,100.0,-100.0);
        glTexCoord2f(0.0,1.0);      glVertex3f(0.0,100.0,0.0);
    glEnd();
    glPopMatrix();
    // 绘制三角形
    glPushMatrix();
    glTranslatef(120,0.0,0.0);
    glBegin(GL_TRIANGLES);
                // 指定纹理坐标                 指定顶点坐标
        glTexCoord2f(0.5,0.0);      glVertex3f(0.0,0.0,0.0);
```

```
            glTexCoord2f(1.0,0.5);      glVertex3f(100.0,0.0,0.0);
            glTexCoord2f(0.5,1.0);      glVertex3f(100.0,100.0,0.0);
        glEnd();
        glPopMatrix();
        glFlush();
        glDisable(GL_TEXTURE_2D);
        glDisable(GL_DEPTH_TEST);
    }
```

纹理载入，即将位图转换成纹理对象，需要以下三个步骤。

(1) 由于在实际应用中经常会使用多个纹理图案，OpenGL 需要对这些纹理定义一个内部无符号整型编号 (即 ID)，而外部则用数组变量标识。定义的 6 个纹理命名的数组如下：

```
Static GLuint texNameArray[6];
glGenTextures(6, texNameArray);
```

(2) 调用函数 glBindTexture (GLenum target, GLuint texture) 实现创建或激活一个已命名的纹理。该函数有两个参数，第一个是要绑定的纹理对象的类型；第二个是要绑定的纹理对象的名称。参数 target 表示纹理被绑定的目标，可设置为 GL_TEXTURE_1D、GL_TEXTURE_2D、GL_TEXTURE_3D 或 GL_TEXTURE_CUBE_MAP；参数 texture 表示我们想要绑定的新纹理对象的名称，即可将纹理名称绑定为当前活动纹理目标。当一个纹理与目标被绑定时，该目标之前的绑定关系将自动被解除。这个函数共有三个功能：如果这个纹理命名是第一次使用，这个函数就会创建一个新的纹理对象，并与这个命名绑定，然后使这个纹理对象成为当前活动纹理对象；如果这个纹理命名已经绑定过了，那么直接让这个纹理成为当前的活动纹理对象；如果纹理目标值为 0，则 OpenGL 默认使用当前纹理。

(3) 在定义纹理对象后，接下来就是调用函数 glTexImage2D() 为二维纹理对象填充位图资源，函数 glTexImage2D(GLenum target, GLint level, GLint component, GLsize width, GLsize height, GLint border, GLenum format, GLenum type, const GLvoid *texel) 共有九个参数，其含义分别如下。

target 为纹理目标，取 GL_TEXTURE_2D 或 GL_PROXY_TEXTURE_2D。

level 为多分辨率存储模式取值 (如 Mip-map 模式)，取 0 表示纹理图像只有一种分辨率存储模式。

component 为纹理单元的颜色分量模式，取 GL_RGBA 等。实际中只用了 RGB 分量，由于存储边界对齐的缘故，通常采用 RGBA 四字节模式，效率更高。

width 和 height 分别为纹理图像的宽度和高度，都是 2^m+2b，b 为边界值，m 为正整数。

border 为纹理边界，为 0(无边界) 或 1(有边界)。

format 为外部纹理图像的数据格式或类型，取 GL_RGBA 等。

type 为纹理数据类型，取 GL_UNSIGNED_BYTE 等。

texel 为纹理数组名。

在完成纹理命名、纹理绑定和纹理装载后就可以进行纹理贴图了。在纹理贴图过程中，还应该指定纹理过滤方式、纹理映射选项和纹理坐标。使用两个同名的函数取不同的参数实现纹理的放大与缩小。如下的两个函数是以最近采样点 (GL_NEAREST) 或双线性插值 (GL_LINEAR) 获取的放大或缩小后的像素颜色。

```
glTexParameteri(GL_TEXTURE_2D,GL_TEXTURE_MAG_FILTER,GL_NEAREST);
glTexParameteri(GL_TEXTURE_2D,GL_TEXTURE_MIN_FILTER,GL_LINEAR);
```

纹理映射选项,主要是指定纹理元素映射到物体表面时,其颜色值可以与当前对象颜色混合,或取代当前对象颜色。程序中使用下列函数和参数 GL_REPLACE 实现用纹理颜色、亮度、光强度或 alpha 取代纹理对象上的对应值。

```
glTexEnvf(GL_TEXTURE_ENV,GL_TEXTURE_ENV_MODE,GL_REPLACE);
```

如果使用 GL_MODULATE 参数，则用纹理颜色调制当前颜色。具体调制结果依赖纹理元素格式，GL_MODULATE 参数是 OpenGL 的默认方式。上述函数还可用于颜色的混合功能。

纹理坐标的指定则用 glTexCoord2*(s,t) 函数实现。纹理坐标的指定与图元一一对应，其坐标可以是 [0,1] 内的任意值。

8.8.5 纹理图片载入

前例通过程序生成棋盘 RGB 纹理图案说明了纹理贴图的基本流程。在实际应用中，纹理图片常常来源于照相设备获取的位图文件。下面介绍两种纹理图片载入过程。

(1) OpenGL 辅助库函数载入纹理图片。

OpenGL 辅助库的头文件 glaux.h 中包含一个数据结构：

```
typedef struct _AUX_RGBImageRec {
   GLint sizeX, sizeY;                  // 图像的宽度和高度
   unsigned char *data;                 // 图像数据指针
} AUX_RGBImageRec;
```

AUX_RGBImageRec 类的指针函数 auxDIBImageLoad(chFileName) 实现纹理图片载入。为此，利用该函数编写一个纹理图片载入的一般程序，如下所示，为了便于理解，数据尽量简化，以边长为 100 个单位的立方体为几何模型，程序结构与前例相同。

```
#define GLUT_DISABLE_ATEXIT_HACK
#define GLAUX_DISABLE_ATEXIT_HACK
#include <GL\glut.h>
#include <GL\glaux.h>
#pragma comment(lib,"glaux.lib")//关键字lib是指将glaux.lib链接到目标文件中
#include"math.h"
// 桌面顶点坐标
double surfVert[8][3]={{50.0,100.0,50.0},{50.0,100.0,-50.0},
   {-50.0,100.0,-50.0},{-50.0,100.0,50.0},{50.0,0.0,50.0},
   {50.0,0.0,-50.0},{-50.0,0.0,-50.0},{-50.0,0.0,50.0}};
    // 桌面面号数据，绕外法向量逆时针
int surfFace[6][4]={{0,1,2,3},{7,6,5,4},{0,3,7,4},{4,5,1,0},
   {1,5,6,2},{7,3,2,6}};
    // 桌面法向量
    double surfNorm[6][3];
    // 定义空间点，或向量结构
    typedef struct{
           double x,y,z;
    }wcPt3D;
wcPt3D computNorm(double a[], double b[], double c[])
{
    wcPt3D normal;
    double vocter;
    double x1,y1,z1,x2,y2,z2;
    x1=b[0]-a[0]; y1=b[1]-a[1]; z1=b[2]-a[2];
    x2=c[0]-b[0]; y2=c[1]-b[1]; z2=c[2]-b[2];
    normal.x=y1*z2-y2*z1;
    normal.y=x2*z1-x1*z2;
    normal.z=x1*y2-x2*y1;
    vocter=sqrt(normal.x*normal.x+normal.y*normal.y+normal.z*normal.z);
    normal.x=normal.x/vocter;
    normal.y=normal.y/vocter;
    normal.z=normal.z/vocter;
    return normal;
}
// 计算面法向量
```

```
void computFaceNorm()
{
    int i, j;
    double a[3], b[3], c[3];
    wcPt3D normal;
    // 计算立方体面法向量
    for(i=0; i<6; i++)  {
        for(j=0; j<3; j++)  {
            a[j] = surfVert[surfFace[i][0]][j];
            b[j] = surfVert[surfFace[i][1]][j];
            c[j] = surfVert[surfFace[i][2]][j];
        }
        normal = computNorm(a, b, c);
        surfNorm[i][0] = normal.x;
        surfNorm[i][1] = normal.y;
        surfNorm[i][2] = normal.z;
    }
    return;
}
GLint winWidth= 800, winHeight= 700;
GLuint g_texture[1];
int LoadGLTextures(GLuint &unTexture,const char *chFileName)
{
    AUX_RGBImageRec* TextureImage;
    TextureImage = auxDIBImageLoad(chFileName);
    glGenTextures(1,&unTexture);
    // 创建一个纹理命名，并存放在unTexture的变量中
    glBindTexture(GL_TEXTURE_2D,unTexture);
    // 创建一个已命名的纹理对象，置为unTexture
    // 指定纹理，即为前面创建的纹理对象装载或填充位图资源，
    // 形成可调用纹理对象，获得图像数据指针
    glTexImage2D(GL_TEXTURE_2D,0,3,TextureImage->sizeX,TextureImage->\
      sizeY,0, GL_RGB,GL_UNSIGNED_BYTE,TextureImage->data);
    // 指定纹理过滤方式
    glTexParameteri(GL_TEXTURE_2D,GL_TEXTURE_MAG_FILTER,GL_NEAREST);
    glTexParameteri(GL_TEXTURE_2D,GL_TEXTURE_MIN_FILTER,GL_NEAREST);
    // 纹理映射选项，纹理颜色与当前颜色的混合方式
    glTexEnvf(GL_TEXTURE_ENV,GL_TEXTURE_ENV_MODE,GL_REPLACE);
    // 释放图像空间
    if(TextureImage){
```

```
            if(TextureImage->data){
                free(TextureImage->data);
            }
            free(TextureImage);
    }
    return 1;
}
// 初始化相机、视锥、灯光、材质和开启纹理、光照和深度检测等
// 光照设置函数
void SetLight(void)
{
    GLfloat light0_position[]={100.0,150.0,150.0,1.0};
    glLightfv(GL_LIGHT0,GL_POSITION,light0_position);
    GLfloat light0_ambient[]={0.5,0.5,0.5,1.0};
    GLfloat light0_diffuse[]={0.5,0.5,0.0,1.0};
    GLfloat light0_specular[]={0.5,0.5,0.0,1.0};
    glLightfv(GL_LIGHT0,GL_AMBIENT,light0_ambient);
    glLightfv(GL_LIGHT0,GL_DIFFUSE,light0_diffuse);
    glLightfv(GL_LIGHT0,GL_SPECULAR,light0_specular);
    // 设置材质
    GLfloat mat_ambient[]={0.5,0.5,0.0,1.0};
    GLfloat mat_diffuse[]={0.5,0.5,0.0,1.0};
    GLfloat mat_specular[]={0.5,0.5,0.0,1.0};
    glMaterialfv(GL_FRONT,GL_AMBIENT,mat_ambient);
    glMaterialfv(GL_FRONT,GL_DIFFUSE,mat_diffuse);
    glMaterialfv(GL_FRONT,GL_SPECULAR,mat_specular);
    GLfloat mat_shininess[]={64.0};
    glMaterialfv(GL_FRONT,GL_SHININESS,mat_shininess);
}
void init (void)
{
    glClearColor (1.0,1.0,1.0,1.0);
    glMatrixMode (GL_MODELVIEW);
    gluLookAt (150.0, 170.0, 300.0,0.0,50.0,0.0,0,1,0);
    glMatrixMode(GL_PROJECTION);
    glFrustum (-40.0,40.0, -40.0,40.0,60.0,400.0);
    SetLight();                 // 调用光照设置函数
    glEnable(GL_LIGHTING);      // 开启光照
    glEnable(GL_LIGHT0);        // 开启0号灯光照
    glEnable(GL_DEPTH_TEST);    // 设置Z缓存检测
```

```
    glEnable(GL_TEXTURE_2D);    // 激活纹理映射
}
// 绘制图形
void displayDesk(void)
{
    int i;
    glClear(GL_COLOR_BUFFER_BIT|GL_DEPTH_BUFFER_BIT);
    // 加载并设置纹理对象
    LoadGLTextures(g_texture[0],"1.bmp");
    // 激活已创建并命名的纹理对象为当前活动纹理
    glBindTexture(GL_TEXTURE_2D,g_texture[0]);
    // 计算法向量
    computFaceNorm();
    // 绘制桌面
    glShadeModel(GL_FLAT);
    glPolygonMode(GL_FRONT_AND_BACK,GL_FILL);
    glMatrixMode(GL_MODELVIEW);
    glPushMatrix();
    glRotatef(60.0,0.0,1.0,0.0);
    glScalef(1.0,1.0,1.0);
    glColor3f (0.0, 0.0, 0.0);
    for(i=0;i<6;i++)     {
    glNormal3dv(surfNorm[i]);
    glBegin(GL_QUADS);
    // 指定纹理坐标
    glTexCoord2f(0.0,0.0);
    glVertex3d(surfVert[surfFace[i][0]][0],surfVert[surfFace[i][0]][1],\
      surfVert[surfFace[i][0]][2]);
    glTexCoord2f(0.0,1.0);
    glVertex3d(surfVert[surfFace[i][1]][0],surfVert[surfFace[i][1]][1],\
      surfVert[surfFace[i][1]][2]);
    glTexCoord2f(1.0,1.0);
    glVertex3d(surfVert[surfFace[i][2]][0],surfVert[surfFace[i][2]][1],\
      surfVert[surfFace[i][2]][2]);
    glTexCoord2f(1.0,0.0);
    glVertex3d(surfVert[surfFace[i][3]][0],surfVert[surfFace[i][3]][1],\
      surfVert[surfFace[i][3]][2]);
    glEnd();
    }
    glPopMatrix();
```

```
    glDeleteTextures(1,g_texture);
    glDisable(GL_TEXTURE_2D);
    glDisable(GL_DEPTH_TEST);
    glFlush();
}
```

(2) Win32 API 函数载入纹理图片。

纹理载入函数 LoadGLTextures() 中的 auxDIBImageLoad 有时运行不够稳定，因此，直接调用 Win32 API 的 LoadImage() 函数来实现纹理载入。首先，加上头文件 #include <GL\glext.h>。这是因为 LoadImage() 中有 GL_BGR_EXT 参数，该参数说明 BMP 格式是按 blue、green、red 的顺序存储图像数据的，这与 OpenGL 中正好相反。GL_BGR_EXT 就是完成二者之间转换的。函数定义如下：

```
GLuint texid;
BOOL LoadTexture(LPTSTR szFileName, GLuint &texid)
{
    HBITMAP hBMP;                //位图句柄
    BITMAP BMP;                  //位图结构
    glGenTextures(1, &texid); //创建一个纹理命名，存放在texid的变量中
    hBMP=(HBITMAP)LoadImage(GetModuleHandle(NULL), szFileName,\
       IMAGE_BITMAP, 0, 0, LR_CREATEDIBSECTION | LR_LOADFROMFILE );
    if (!hBMP)                 //位图装载是否成功
    return FALSE;              //如果不成功则结束该函数调用
    GetObject(hBMP, sizeof(BMP), &BMP);
    //获得位图对象数据， hBMP:位图句柄
    //sizeof(BMP): 位图存储空间大小， &BMP:位图结构指针
    glPixelStorei(GL_UNPACK_ALIGNMENT, 4);
    //位图压缩模式，以4字节边界对齐
    //指定纹理，即为前面创建的纹理对象装载或填充位图资源，形成可调用纹理对象，
    //获得图像数据指针
    glBindTexture(GL_TEXTURE_2D, texid); //创建一个已命名的纹理对象ID
    // 双线性最小过滤
    glTexParameteri(GL_TEXTURE_2D, GL_TEXTURE_MIN_FILTER, GL_LINEAR);
    // 双线性最大过滤
    glTexParameteri(GL_TEXTURE_2D, GL_TEXTURE_MAG_FILTER, GL_LINEAR);
    glTexImage2D(GL_TEXTURE_2D, 0, 3, BMP.bmWidth, BMP.bmHeight, 0,\
        GL_BGR_EXT, GL_UNSIGNED_BYTE, BMP.bmBits);
    // 纹理映射选项，纹理颜色与当前颜色的混合方式
    glTexEnvf(GL_TEXTURE_ENV,GL_TEXTURE_ENV_MODE,GL_REPLACE);
    DeleteObject(hBMP);    // 释放图像空间
```

```
    return TRUE;
}
```

图 8-28 是上述程序的运行结果，其中，图 8-28(a) 是立方体光照模型；图 8-28(b) 是最近点采样方式和纹理颜色替代 (GL_REPLACE) 方式；图 8-28(c) 是双线性采样和纹理颜色混合 (GL_MODULATE) 方式。

(a) 立方体光照模型

(b) 最近点采样和纹理颜色替代方式

(c) 双线性采样和纹理颜色混合方式

图 8-28　纹理图片载入实例

8.8.6　纹理坐标分配

当我们进行纹理贴图时，必须要指定对应图元顶点的纹理坐标。函数 glTexCoord{1234}{sifd} 在指定坐标时，其坐标的取值范围可在 [0,1] 之内，也可在 [0,1] 之外，可以具体分配对应关系。

1) 部分纹理

部分纹理是在指定纹理坐标时，纹理坐标的取值范围为 [0,1]，例如，最大纹理坐标为 (0.5,0.5)，如图 8-29 所示。

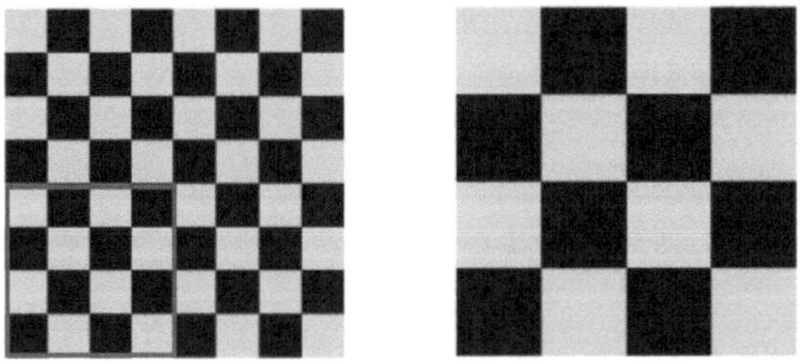

图 8-29　部分纹理 (坐标范围为 [0.5,0.5])

```
glPushMatrix();
glBegin(GL_QUADS);
    // 指定纹理坐标                          指定顶点坐标
  glTexCoord2f(0.0,0.0);        glVertex3f(100.0,100.0,0.0);
  glTexCoord2f(0.0,0.5);        glVertex3f(100.0,200.0,0.0);
```

```
    glTexCoord2f(0.5,0.5);        glVertex3f(200.0,200.0,0.0);
    glTexCoord2f(0.5,0.0);        glVertex3f(200.0,100.0,0.0);
  glEnd();
  glPopMatrix();
```

2) 纹理重复与截取

与部分纹理恰好相反，重复纹理是纹理坐标取值超出 [0,1]，纹理被复制到图元的其他部分。在进行纹理重复时，纹理坐标的整数部分被忽略，复制的纹理将平铺在对象表面上，如图 8-30 所示。

```
glTexParameteri(GL_TEXTURE_2D,GL_TEXTURE_WRAP_S,GL_CLAMP);
// GL_REPLACE
glTexParameteri(GL_TEXTURE_2D,GL_TEXTURE_WRAP_T,GL_REPLACE);
// GL_CLAMP
glPushMatrix();
    glBegin(GL_QUADS);
    // 指定纹理坐标                      指定顶点坐标
    glTexCoord2f(0.0,0.0);       glVertex3f(0.0,0.0,0.0);
    glTexCoord2f(0.0,4.0);       glVertex3f(0.0,200.0,0.0);
    glTexCoord2f(4.0,4.0);       glVertex3f(200.0,200.0,0.0);
    glTexCoord2f(4.0,0.0);       glVertex3f(200.0,0.0,0.0);
glEnd();
glPopMatrix();
```

程序中参数 GL_TEXTURE_WRAP_S 和 GL_TEXTURE_WRAP_T 是纹理环绕，当纹理空间坐标超出 [0,1] 时，要求纹理在 S 和 T 方向上进行纹理空间补充或扩展。

(a) 纹理原图[0,1]

(b) 坐标在[0,1]之外，取GL_REPLACE模式

(c) 坐标在[0,1]之外，取GL_CLAMP模式

图 8-30 纹理重复与截取

8.8.7 纹理坐标自动生成

纹理坐标可分配指定，也可自动计算生成。纹理坐标的自动生成可以实现曲面上纹理分层显示效果，或曲面轮廓线 (如等高线) 绘制效果，一维纹理坐标的自

动生成如图 8-31 所示。纹理坐标的自动生成有一维纹理、二维纹理和三维纹理三种。

(a) 一维纹理坐标自动生成原理　(b) 一维纹理的GL_OBJECT_LINEAR模式，旋转物体纹理随之转动　(c) 一维纹理的GL_EYE_LINEAR模式，物体转动纹理不动

图 8-31　一维纹理坐标的自动生成

一维纹理坐标的自动生成原理如图 8-31(a) 所示，其纹理坐标计算使用式 (8-4) 或式 (8-5)：

$$一维纹理坐标 = p_1x_{\mathrm{w}} + p_2y_{\mathrm{w}} + p_3z_{\mathrm{w}} + p_4h \tag{8-4}$$

$$一维纹理坐标 = p_1x_{\mathrm{e}} + p_2y_{\mathrm{e}} + p_3z_{\mathrm{e}} + p_4h \tag{8-5}$$

其中，(p_1,p_2,p_3,p_4) 是图 8-31(a) 中的平面系数，该系数决定纹理朝向，如图 8-31(b) 和图 8-31(c) 所示，平面系数取 $(p_1,p_2,p_3,p_4) = (1.0,1.0,1.0,0.0)$；$(x_{\mathrm{w}},y_{\mathrm{w}},z_{\mathrm{w}},h)$ 为物体表面在世界坐标系下的齐次坐标；$(x_{\mathrm{e}},y_{\mathrm{e}},z_{\mathrm{e}},h)$ 为物体表面在观察坐标系下的齐次坐标。如果对平面方程的系数 (p_1,p_2,p_3,p_4) 进行规范化，如 $(p_1,p_2,p_3,p_4) = (1.0,0.0,0.0,0.0)$，则一维纹理坐标值就是点 $(x_{\mathrm{w}},y_{\mathrm{w}},z_{\mathrm{w}},h)$ 到平面 $x=0$ 的有向距离。因此，与给定平面有向距离相等的点在一维纹理坐标上有相同的值，其效果就是在表面形成多条轮廓线。两条轮廓线之间的颜色由给定的一维纹理颜色映射完成，如图 8-31(a) 所示，红绿纹理映射到曲面上。

从纹理计算公式可以得到，由式 (8-4) 计算的纹理坐标使用的是世界坐标，因此，纹理的轮廓线跟随物体的转动而移动，也就是纹理固定在对象表面，在 OpenGL 中使用 GL_OBJECT_LINEAR 模式生成，如图 8-31(b) 所示。而由式 (8-5) 计算的纹理坐标使用的是观察坐标，此时的纹理轮廓线跟随视点的转动而移动，也就是纹理固定在视觉点上，其效果是固定视点，物体转动，而轮廓线不动，在 OpenGL 中使用 GL_EYE_LINEAR 模式生成，如图 8-31(c) 所示。第三种纹理计算模式是球面映射，在 OpenGL 中使用 GL_SPHERE_MAP 模式，在此未列出。图 8-31 的程序如下 (为了简化程序，便于理解，我们使用默认的光照设置)：

```
#include "windows.h"
#include <GL/glut.h>
#define LineTexWidth 32                  // 定义32个像素长度的一维纹理数组
GLubyte LineTex[3*LineTexWidth];         // 以RGB模式存储
void makeLineTex(void)                   // 生成纹理函数
{
   int i;
   for (i = 0; i < LineTexWidth; i++) {
          LineTex[3*i] = ((i<=4)?255:0);
          LineTex[3*i+1] =((i>4)?255:0);
          LineTex[3*i+2] =255;
   }
}
// 设置自动计算纹理的平面系数，即平面方程x+y+z=0
GLfloat zPlane[] = {1.0,1.0,1.0,0.0};
// 在下面的初始化函数中，程序结构与前面的纹理程序基本一致，不同的是启动了
// 纹理坐标自动计算功能和生成方法，自动纹理一旦有效，有关纹理坐标指定函数
// glTexCoord将会失效。
void init(void)
{
    glClearColor (1.0, 1.0, 1.0, 1.0);
    makeLineTex();
    glPixelStorei(GL_UNPACK_ALIGNMENT, 1);
    glTexEnvf(GL_TEXTURE_ENV, GL_TEXTURE_ENV_MODE, GL_MODULATE);
    glTexParameterf(GL_TEXTURE_1D, GL_TEXTURE_WRAP_S, GL_REPEAT);
    glTexParameterf(GL_TEXTURE_1D, GL_TEXTURE_MAG_FILTER, GL_LINEAR);
    glTexParameterf(GL_TEXTURE_1D, GL_TEXTURE_MIN_FILTER, GL_LINEAR);
    glTexImage1D(GL_TEXTURE_1D, 0, 3, LineTexWidth, 0, GL_RGB,\
       GL_UNSIGNED_BYTE, LineTex);
    glTexGeni(GL_S, GL_TEXTURE_GEN_MODE, GL_EYE_LINEAR);
    // 在S方向计算纹理的方法
    glTexGenfv(GL_S, GL_OBJECT_PLANE, zPlane);
    // 设置S方向纹理平面参数
    glEnable(GL_TEXTURE_GEN_S);
    // 启动S方向一维纹理自动生成
    glEnable(GL_DEPTH_TEST);
    glEnable(GL_TEXTURE_1D);
```

```
    glEnable(GL_LIGHTING);
    glEnable(GL_LIGHT0);
    glEnable(GL_NORMALIZE);
    glMaterialf (GL_FRONT, GL_SHININESS, 64.0);
 }
 void display(void)      // 绘制函数
 {
    glClear(GL_COLOR_BUFFER_BIT | GL_DEPTH_BUFFER_BIT);
    glPushMatrix();
    glRotatef(25.0, 1.0, 0.0, 0.0);
    glRotatef(-20.0, 0.0, 0.0,1.0);   // 物体旋转调整函数
    glutSolidTeapot(1.5);
    glPopMatrix();
    glFlush();
 }
 void Reshape(GLint newWidth, GLint newHeight)
 {
    float d=3.5;
    glViewport(0, 0, newWidth, newHeight);
    glMatrixMode(GL_PROJECTION);
    glLoadIdentity();
    glOrtho(-d, d, -d*(GLfloat)newHeight/(GLfloat)newWidth,\
            d*(GLfloat)newHeight/(GLfloat)newWidth,-d,d);
    glMatrixMode(GL_MODELVIEW);
    glLoadIdentity();
 }
void main(void)
{
    glutInitDisplayMode (GLUT_SINGLE | GLUT_RGBA);
    glutInitWindowPosition (100, 100);
    glutInitWindowSize (600, 500);
    glutCreateWindow ("线性纹理坐标的自动生成");
    init();
    glutDisplayFunc (display);
    glutReshapeFunc (Reshape);
    glutMainLoop();
}
```

为了便于进行纹理坐标自动生成的实验，此处给出程序的所有函数。读者可以照此理解二维纹理坐标的自动生成。二维纹理坐标的自动生成与一维非常类似。

不同的是纹理图片是通过读取文件获得，自动计算需要在 S 和 T 两个方向进行。因此，计算方法和平面参数需要分别设置如下。

```
//计算方法取 GL_OBJECT_LINEAR 、GL_EYE_LINEAR和GL_SPHERE_MAP之一。
glTexGeni(GL_S, GL_TEXTURE_GEN_MODE, GL_OBJECT_LINEAR);
glTexGeni(GL_T, GL_TEXTURE_GEN_MODE, GL_OBJECT_LINEAR);
glTexGenfv(GL_S, GL_OBJECT_PLANE, zPlane);
glTexGenfv(GL_T, GL_OBJECT_PLANE, zPlane);
glEnable(GL_TEXTURE_GEN_S);
glEnable(GL_TEXTURE_GEN_T);
```

图 8-32 是二维纹理坐标自动生成的实例。当计算模式为 GL_SPHERE_MAP 时，就是通常使用的球面映射。

(a) 纹理坐标显示分配 (非自动生成)　(b) 在 S 和 T 方向自动生成，取GL_OBJECT_LINEAR 模式，平面{0.0, 1.0, 0.0, 0.0}　(c) 取GL_EYE_LINEAR 模式，平面{0.0, 0.0, 1.0, 0.0}　(d) 取GL_SPHERE_MAP 模式，平面{0.0, 0.0, 1.0, 0.0}

图 8-32　二维纹理坐标的自动生成

8.8.8　镜面反射

镜面反射在实际生活场景中经常出现，如照镜子、水中倒影、光滑表面的物体反射等。对于这些效果我们可以利 OpenGL 的模板缓存技术实现。

1) 模板缓存

在光栅扫描显示系统中，屏幕是由像素矩形阵列组成的。每帧图像由矩形阵列像素构成，这些像素在屏幕上以一个小方格的颜色显示。对三维图形绘制而言，最终结果也是以图像的形式显示在屏幕上。然而，在得到最终图像 (渲染) 之前，需要对光栅化后的片元 (3D 像素) 进行系列测试，以最终确定哪些片元可以在屏幕上显示出来。这些片元的各种属性将会存在不同的帧缓存 (或显存) 内，帧缓存的结构与屏幕像素位置一一对应，是屏幕像素的一个映射，同样具有位平面等属性。

在 OpenGL 渲染流水线上，几何数据和纹理数据被多次转换、多次测试，最后以二维像素的形式显示在屏幕上。帧缓存 (frame buffer) 包括颜色缓存 (color buffer)、深度缓存 (depth buffer)、模板缓存 (stencil buffer) 和累积缓存 (accumulation buffer)。其中，颜色缓存存储图形颜色值或颜色码；深度缓存用来存储每个像素的深度值，也称为 Z 缓存；模板缓存可以将图形绘制限制在屏幕特定的部分中进行；累积缓存包含 RGBA 颜色数据，通常用于将一系列多层图像累加成一幅合成图像。

模板缓存记录了帧缓存中每个像素点的模板值，利用这些模板值可以判断绘图是否在该处得到域限制。就好像我们用卡纸模板来简化和加快喷涂标语或图案一样，如图 8-33 所示，灰色矩形中大写的 T 部分允许绘图，其他部分限制绘图。例如，可以通过模板缓存来绘制透过汽车挡风玻璃观看车外景物的画面。首先，将挡风玻璃的形状存储到模板缓存中，然后再绘制整个场景。这样，模板缓存挡住了通过挡风玻璃看见的事物，而车内的仪表及其他物品只需绘制一次。因此，随着汽车的移动，只有外面的场景在不断地更改。

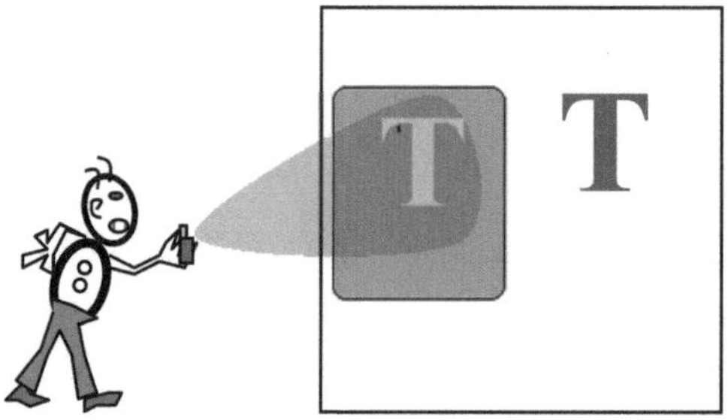

图 8-33　卡纸模板喷涂效果

在 OpenGL 中，模板缓存除了使用 glEnable()/glDisable() 来及时打开和关闭模板测试功能外，在 OpenCL 设置过程中必须先设置模板缓存区。在以 VC.NET 为基础的 OpenGL 平台中，需要在设置像素格式时在 PIXELFORMATDE-SCRIPTOR 结构中指定模板缓存，同时指定模板缓存的位平面数量。如果使用 GLUT，则在初始化显示模式时使用如下函数：

```
glutInitDisplayMode( GLUT_RGB|GLUT_DOUBLE|GLUT_STENCIL);
```

它设置了带模板缓存的双缓存 RCB 颜色缓存区，其中，GLUT_ STENCIL 为模板缓存。有关模板缓存的使用通过例 8.2 具体说明。

例 8.2　在黑色背景的矩形窗口上指定两个小的矩形 (见图 8-34(b) 中的白色区域) 为绘制模板，螺旋线被限制在该模板区域内测试，若通过，则被绘制；否则被丢弃。程序如下，效果如图 8-34 所示。

```
#include <GL/glut.h>
#include <math.h>
void init(void)
{
```

```
    glClearColor (0.0, 0.0, 0.0, 0.0);
    glMatrixMode (GL_PROJECTION);
    glLoadIdentity ();
    gluOrtho2D (-300.0, 300, -300.0, 300);
}
void RenderScenc(void)
{
    double r=0.1;
    double Angle;
    glEnable(GL_STENCIL_TEST); // 打开模板测试
    glClearStencil(0.0);        // 指定将要写入模板缓存的值
    glClear(GL_COLOR_BUFFER_BIT | GL_STENCIL_BUFFER_BIT);
    // 用指定的值清除模板缓存
    glColorMask(GL_FALSE, GL_FALSE, GL_FALSE, GL_FALSE);
    // 关闭R,G,B,A通道，只需模板值
    glDepthMask(GL_FALSE); // 关闭深度缓存
    glStencilMask(0xFF);  // 开启模板写入模式
    glStencilFunc(GL_ALWAYS, 1, 0xFF);
    // 模板测试总是通过，设置模板测试的参考值为1
    glStencilOp(GL_KEEP, GL_KEEP, GL_REPLACE);
    // 用glStencilFunc指定的参考值替换模板值
    // 绘制模板
    glRectf(0,0,300,300);
    glRectf(-300,-300,0,0);
    // 绘制场景，下列绘制的片元中，在不等于1的位保持背景色，即只在等于1的位
    // 绘制图形
    glColorMask(GL_TRUE, GL_TRUE, GL_TRUE, GL_TRUE); // 开启R,G,B,A通道
    glDepthMask(GL_TRUE);                 // 开启深度缓存
    glStencilMask(0x00);                  // 禁止写入模板缓存
    glStencilFunc(GL_EQUAL, 1, 0xFF); // 只在等于1的位绘制图形
    glLineWidth(3.0);
    glColor3f(1.0,1.0,0.0);
    glBegin(GL_LINE_STRIP);
    for(Angle=0; Angle<30.0; Angle +=0.1)
    {
        glVertex2d(r*cos(Angle), r*sin(Angle));
        r +=1.0;
    }
    glEnd();
    glDisable(GL_STENCIL_TEST);
```

```
    glFlush();
}
void main (int argc, char** argv)
{
    glutInit (&argc, argv);
    glutInitDisplayMode (GLUT_SINGLE | GLUT_RGB | GLUT_STENCIL);
    glutInitWindowPosition (100, 100);
    glutInitWindowSize (300, 300);
    glutCreateWindow ("Stencil Buffer Test Example");
    init();
    glutDisplayFunc(RenderScenc);
    glutMainLoop();
}
```

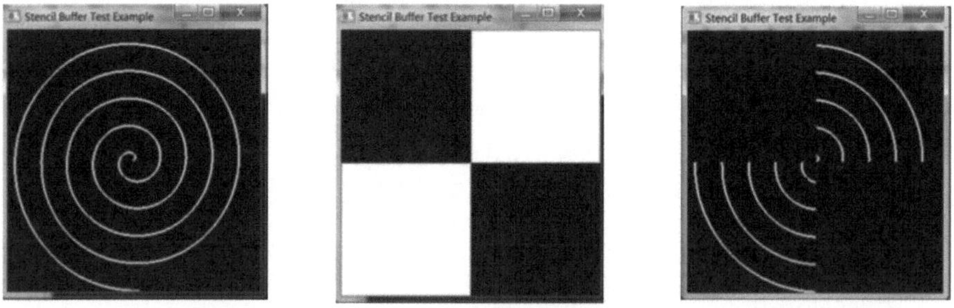

(a) 以黑色背景绘制螺旋线　(b) 设置两个白色矩形为绘制模板　(c) 模板绘制结果

图 8-34　模板缓存绘制原理

2) 镜面反射实例

例 8.3　在一个棋盘图案的地板上绘制一个有纹理烟灰缸的反射效果，如图 8-35 所示。程序结构如下：

图 8-35　利用模板测试绘制镜面反射物体

```
#include <GL/glut.h>
#include"math.h"
#define PI 3.1415926
// 设置投影、视图、相机参数;
// 设置烟灰缸纹理图案位图阵列数组 GLubyte fly[], 并初始化数据;
// 将其位图fly[]转换为RGBA模式void makeFly(void);
// 设置地板棋盘纹理图案及颜色函数static GLubyte checkImage[32][32][4];
void init (void) // 初始化
{
    // 投影、视图、相机
    // 生成二个纹理图案
    // makeCheckFly();
    // makeCheckImage();
    // 设置光照
    // 设置纹理函数及纹理坐标
    glEnable(GL_TEXTURE_2D);
    glEnable(GL_LIGHTING);
    glEnable(GL_LIGHT0);
    glEnable(GL_DEPTH_TEST);
}
void displayFcn (void)
{
    glClearStencil(0.0); // 清空模板缓存
    // 设置模板缓存
    glClear(GL_COLOR_BUFFER_BIT|GL_DEPTH_BUFFER_BIT|GL_STENCIL_BUFFER_BIT);
    glMatrixMode (GL_MODELVIEW);
    // 绘制镜面反射物体
    // 关闭颜色缓存和深度缓存
    glColorMask(GL_FALSE,GL_FALSE,GL_FALSE,GL_FALSE);
    glDepthMask(GL_FALSE);
    // 开启模板测试
    glEnable(GL_STENCIL_TEST);
    // 将1写入模板缓存
    glStencilFunc(GL_ALWAYS, 1, 0XFFFFFFFF);
    glStencilOp(GL_REPLACE,GL_REPLACE,GL_REPLACE);
    // 绘制地板
    // 开启颜色缓存和深度缓存
    glColorMask(GL_TRUE,GL_TRUE,GL_TRUE,GL_TRUE);
    glDepthMask(GL_TRUE);
    // 仅写入模板缓存值为1的像素
```

```
    glStencilFunc(GL_EQUAL, 1, OXFFFFFFFF);
    glStencilOp(GL_KEEP,GL_KEEP,GL_KEEP);
    // 绘制Y轴方向上的反射物体
    // 开启混合
    glEnable(GL_BLEND);
    glBlendFunc(GL_SRC_ALPHA,GL_ONE_MINUS_SRC_ALPHA);
    // 将地板和反射模型进行混合
    // 再次绘制地板
    // 关闭模板测试，关闭混合
    glDisable(GL_STENCIL_TEST);
    glDisable(GL_BLEND);
    // 重绘反射物体纹理
    glDisable(GL_TEXTURE_2D);
    glFlush ();
}
```

本 章 小 结

在 3D 物体绘制中，坐标系和面绘制算法是难点，本章通过大量实例形象地说明了建模坐标、相机坐标和世界坐标的建立及应用。对于面绘制的难点，首先通过立方体的 3D 绘制实例直观理解从数据采集和投影变换实现线框绘制。其次在线框绘制的基础上，逐步实现光照及真实感纹理贴图。在熟悉上述 3D 绘制流程的基础上进一步学习一些有关图形绘制的特效，以达到对真实感图形的应用感受和体验。

以下教材可供参考：文献 [23] 是计算机图形学的经典教材；基于 OpenGL 的编程一定首选文献 [24] 和文献 [25]；文献 [26] 也可供参考，本章及后续的案例代码采用类似的风格。

第 9 章　Unity 的安装与准备

Unity 也被称为 Unity 3D，是近年来非常流行的一款游戏开发引擎，是集成了图像、音频物理引擎、人机交互及网络等技术的游戏构建平台，同时支持 2D、3D 游戏开发。Unity 游戏开发过程中不仅需要模型创建或导入，而且需要 Unity 商店资源和脚本编写环境。因此，Unity 的使用需要安装、注册和模块添加等操作。

9.1　Unity 的准备

Unity 游戏开发环境需要安装 Unity 和脚本编译器，这里以 VS2019 的安装为例，安装顺序有两种建议。如果预先已经安装 VS2019，在安装 Unity 时，可另外建立安装目录。如果没有 VS2019，建议先安装 Unity，再安装 VS2019。下面只介绍 Unity 的安装，安装 VS2019 时需要勾选游戏选项 (2) 中的“使用 Unity 的游戏开发”功能。

(1) 百度搜索“Unity”，单击“Unity 实时内容开发平台 ……”，如图 9-1 所示。

图 9-1　百度搜索“Unity”界面

(2) 进入 Unity 官网下载页面，单击“下载 Unity”，如图 9-2 所示。

(3) 进入 UnityHub 下载页面，单击“下载 UnityHub”，如图 9-3 所示。

(4) 进入注册页面，手机微信下载 Unity Connect 应用程序，注册 Unity 账号后进入下载页面，单击“Hub 下载”，如图 9-4 所示。

图 9-2　Unity 官网下载页面

图 9-3　UnityHub 下载页面

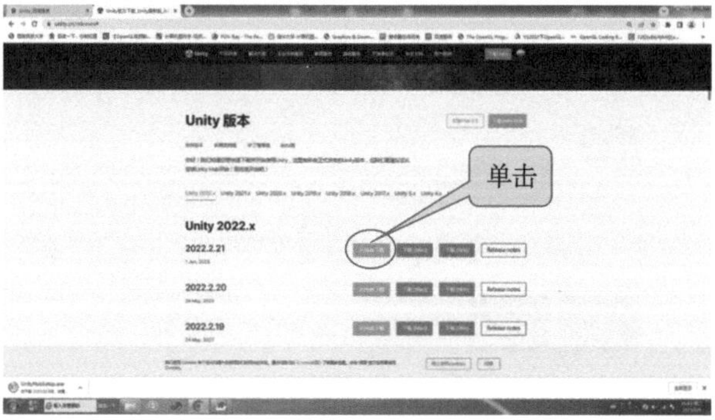

图 9-4　UnityHub 版本选择下载页面

(5) 进入 Hub 下载页面，单击“Windows 下载”，运行 UnityHubSetup.exe，同意协议，选择安装路径，单击“安装”，如图 9-5 所示。

(6) 进入 Install Unity Editor 界面，选择路径，单击 Install Unity Editor，如图 9-6 所示。

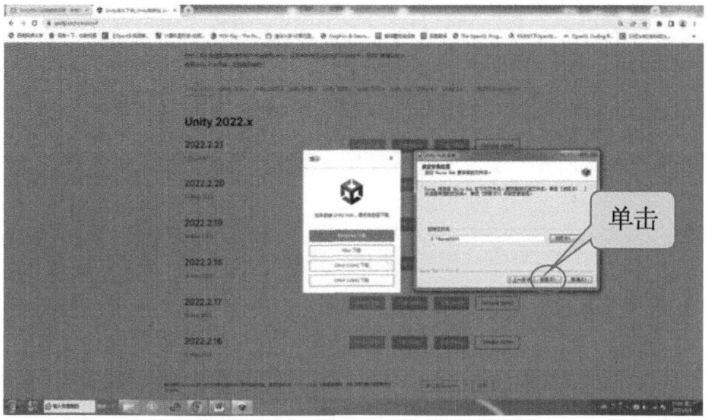

图 9-5　UnityHub 安装页面

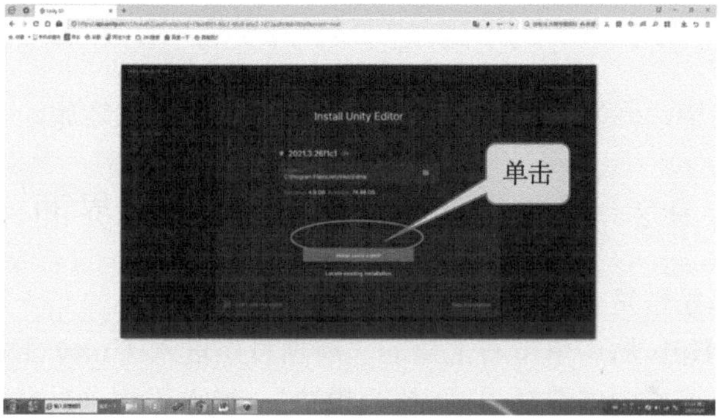

图 9-6　Unity Editor 安装页面

(7) 进入 Unity Editor 下载页面，选择要下载的 Editor 版本，单击 Install Editor，如图 9-7 所示。

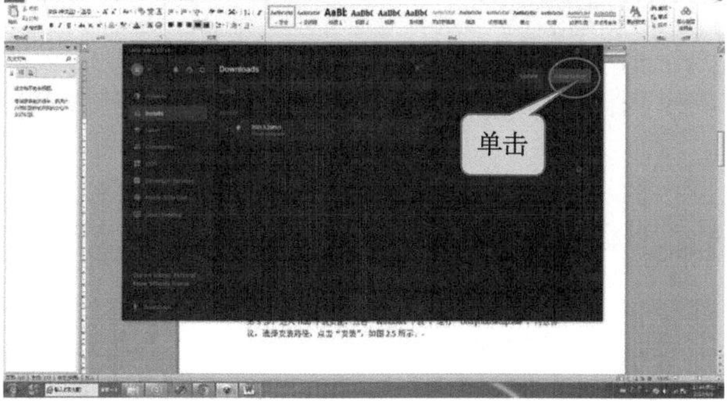

图 9-7　Unity Editor 下载页面

(8) 在 Unity 中关联脚本编译器 VS2019，如图 9-8 所示。在 UnityHub 中新

建或启动一个 Unity 项目，如 MyTestProject，依次单击 Editor→Preferences→External Tools→External Script Editor，在下拉菜单中选中 VS2019 即可。

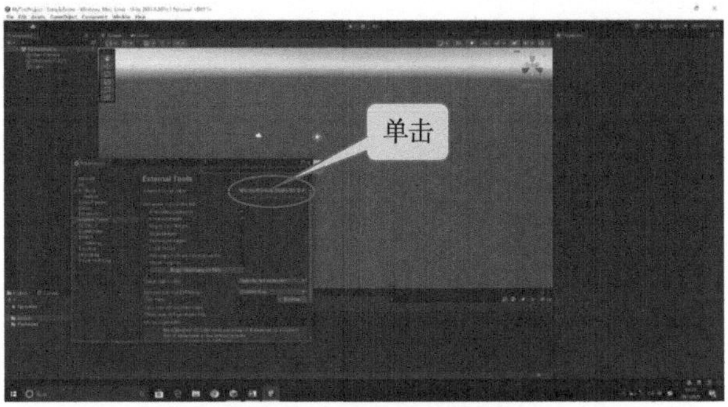

图 9-8 关联脚本编译器

现在安装完毕，开发环境准就绪，可以开始游戏开发之旅。

9.2 Unity 工程的创建与操作界面

1) Unity 工程创建

启动 UnityHub 后，单击右上角的“新项目”进入 Unity 工程创建界面，如图 9-9 所示。在该界面中选择“3D 核心模块”，输入工程项目名称，改写存放路径，单击右下角的“创建项目”进入 Unity 项目操作界面，如图 9-10 所示。

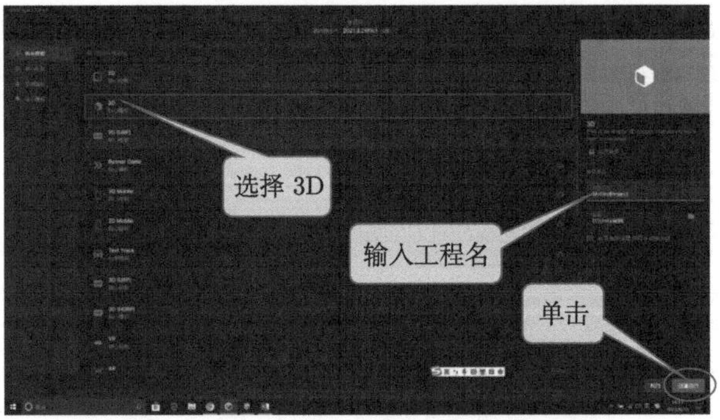

图 9-9 UnityHub 创建 Unity 工程界面

2) Unity 操作界面

(1) 菜单栏——集成 Unity 开发环境的所有功能，默认显示七个菜单，包括 File(文件)、Edit(编辑)、GameObject(对象)、Component(组件)、Window(窗口)、Help(帮助) 等。

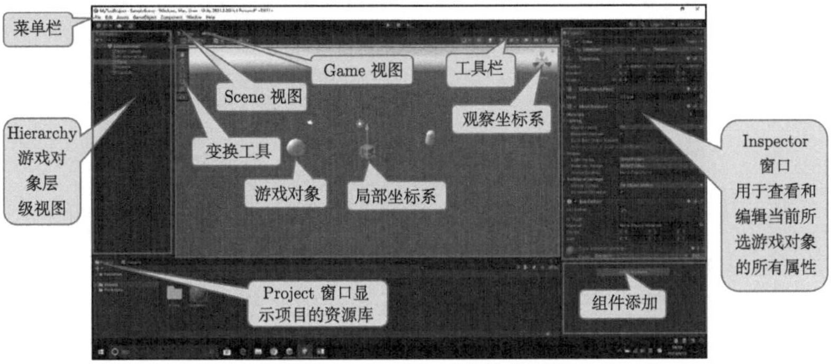

图 9-10 Unity 操作界面

(2) 工具栏——提供最基本的操作功能。主要包括 Scene(场景) 视图的基本变换工具、Game(游戏观看) 视图的播放和步进控制工具、场景设置切换工具、Unity 界面窗口布局工具 (允许用户自定义布局)。

(3) Hierarchy(游戏对象层级) 视图——显示该 Scene 下游戏对象的树型结构，并可以在该视图中对游戏对象在树型结构上进行各种操作，包括添加、删除、移动等。

(4) Project(项目资源库) 视图——显示创建的项目 (包括多个 Scene) 的文件、脚本、贴图、场景、预制体、材质、动画、声音等资源文件。

(5) Inspector(检视) 窗口——查看和编辑当前所选游戏对象的所有属性。由于不同类型的游戏对象具有不同的属性集，因此在每次选择不同游戏对象时，Inspector 窗口的布局和内容也会变化。

(6) Scene(场景) 视图——是 Unity 最常用的视图，用于构造游戏场景，包括游戏对象、光照、摄影机等，也可理解为我们设计的游戏是由多个场景连续播放而成的，或场景就是游戏的分镜头。场景视图是构造场景者观察的视图，正如拍电影时导演观察到的视图。

(7) Game(游戏观看) 视图——Game 视图是用户观看的视图，正如拍电影时摄影机观察到的视图，类似场景对象最终渲染的游戏外观效果。

本章小结

本章简要介绍了 Unity 的下载、安装与注册。对 Unity 操作界面常用的功能模块进行了基本的解读，使读者对 Unity 的功能特性有了一个初步的感性认识，其余功能在使用时逐步引入。

对游戏设计的入门了解及如何进行游戏引擎设计，可参考文献 [27] 及其他类似教材。对 Unity 的了解可参考 Unity 官网 [28] 及 Unity 中文课堂 [29]，Unity 入门教程及如何利用 Unity 进行游戏开发，可参考文献 [30]~ 文献 [33]。

第 10 章　应用案例"不倒翁"

本章学习 Unity 场景搭建、材质设置、键盘输入、物体对象的复制与调整、Game 视图调整、物理引擎及简单脚本编写等功能，初步掌握 3D 动画制作流程。

10.1　Unity 场景搭建

Unity 游戏开发环境提供简单的 3D 模型场景搭建；更复杂的场景搭建则需要专门的建模系统，如 3DMAX、Maya 等。下面以不倒翁为例，3D 对象创建界面如图 10-1 所示。

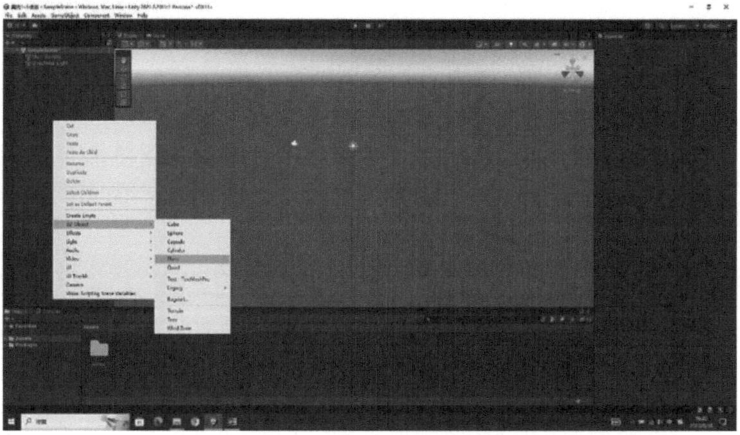

图 10-1　3D 对象创建界面

10.1.1　创建地板

鼠标移动至 Hierarchy 视图，右击空白处，弹出对象创建菜单，如图 10-1 所示。

(1) 选择 3D Object→Plane 后，在 Scene 视图中就创建了一个有长、宽、高的白色地板，如图 10-2 所示。

(2) 将默认的地板名 Plane 改为 Ground。改名可以在 Hierarchy 视图或 Inspector 窗口中修改，见图 10-2 的圆圈处。

(3) 在 Hierarchy 视图中选中地板 Ground，在 Inspector 窗口 Transform 组件的 Scale 中，调整 x 为 2，z 为 2，其余各值不变。

(4) 在 Scene 视图中，移动“手形”鼠标或右击后出现的“眼形”鼠标，以此调整 Scene 视图中对场景的观察方向，如图 10-2 所示。

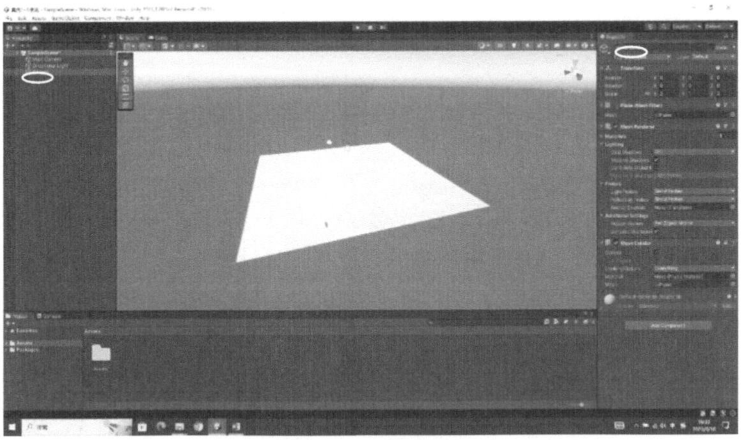

图 10-2　3D 地板创建

10.1.2　创建墙壁

(1) 对象创建。右击空白处，弹出对象创建菜单，选择 3D Object→Cube 后，在 Scene 视图中就创建了一个有长、宽、高的单位立方体，名为 Cube，如图 10-3 所示。

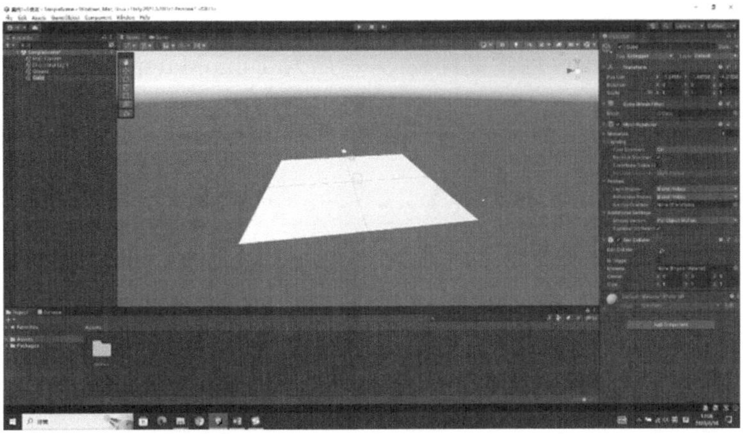

图 10-3　立方体的创建

(2) 形状调整。调整 3D 对象的形状有两种方式。第一种是利用 Scene 视图中的几何变换工具，选择被调整对象 → 单击变换工具按钮 → 单击对象的局部坐标轴或旋转方向，移动鼠标获得形状调整。由于这种调整是通过移动鼠标进行的，很难精确到位。下面采用第二种数值调整法：选中 Cube 对象，将 Transform 组件中 Position 的 (x, y, z) 全部置 0，将 Rotation 的 (x, y, z) 全部置 0，将 Scale 中的 (x, y, z) 置 (20,1,1)，如图 10-4 所示。

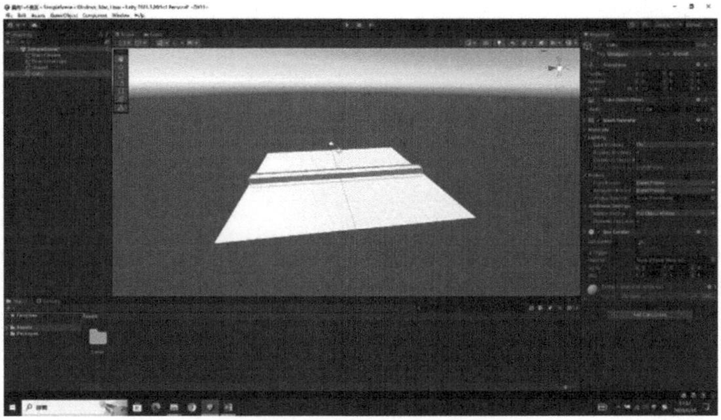

图 10-4　立方体的形状调整

10.2　材质球设置

在一个游戏场景中，各种对象具有不同的颜色或材质。Unity 是通过材质球与对象的关联来实现对象的材质与颜色设置。

(1) 在 Project 视图的 Assets 资源库视图中，右击空白处，弹出目录创建菜单。选择 Create→Folder，创建文件夹，并命名为 TumbMaterials，如图 10-5 所示。

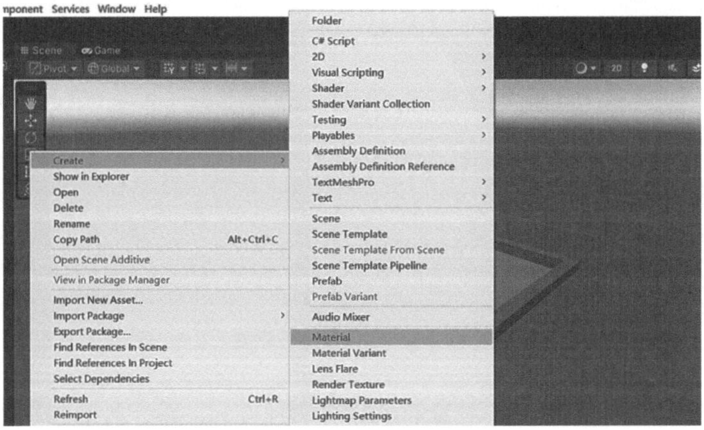

图 10-5　创建 Unity 资源文件夹

(2) 在文件夹 TumbMaterials 中，单击 Create→Material 创建材质球，命名为 GroundMat，如图 10-6 所示。

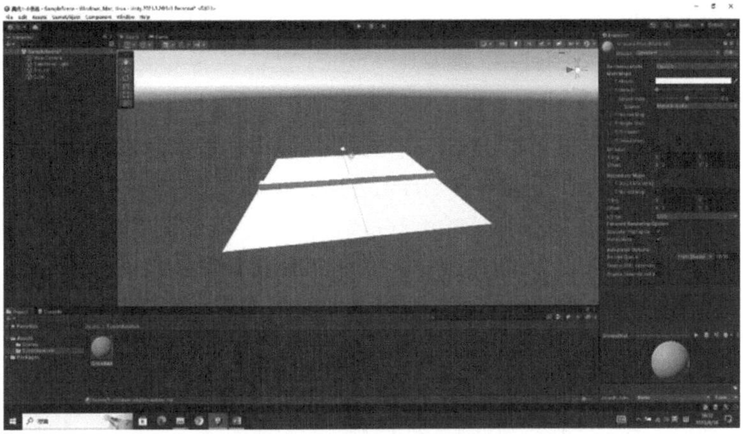

图 10-6　创建 Unity 材质球

(3) 调整颜色。单击材质球，在 Inspectord 窗口的 Main Maps 中，单击颜色栏，如图 10-7 所示。先单击彩色环内的位置确定颜色类型，再单击正方形位置确定颜色深浅。

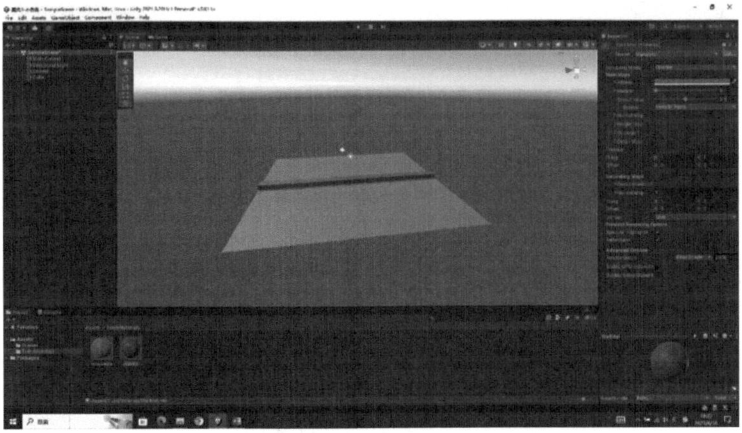

图 10-7　材质球颜色调整与对象关联

(4) 材质球与对象关联。将 TumbMaterials 中的材质球拖动到 Scene 视图中关联的对象处即可。

(5) 用上述相同的方法创建另一个材质球，命名为 WallMat，并调整颜色，关联到长方体 Cube，如图 10-7 所示。

10.3　复制与调整

(1) 选中 Cube，将 Transform 组件中 Position 的 (x, y, z) 设置为 (0,0.5,9.5)。

(2) 选中 Cube，按 Ctrl+D 键复制 Cube，默认名为 Cube(1)。选中 Cube(1)，将 Transform 组件中 Position 的 (x, y, z) 设置为 (0,0.5,−9.5)。

(3) 选中 Cube(1)，按 Ctrl+D 键复制 Cube(1)，默认名为 Cube(2)。选中 Cube(2)，将 Transform 组件中 Position 的 (x, y, z) 设置为 (9.5,0.5,0)，Rotation 的 (x, y, z) 设置为 (0,90.0)。

(4) 选中 Cube(2)，按 Ctrl+D 键复制 Cube(2)，默认名为 Cube(3)。选中 Cube(3)，将 Transform 组件中 Position 的 (x, y, z) 设置为 (−9.5,0.5,0)，其余不变。上述操作结果如图 10-8 所示。

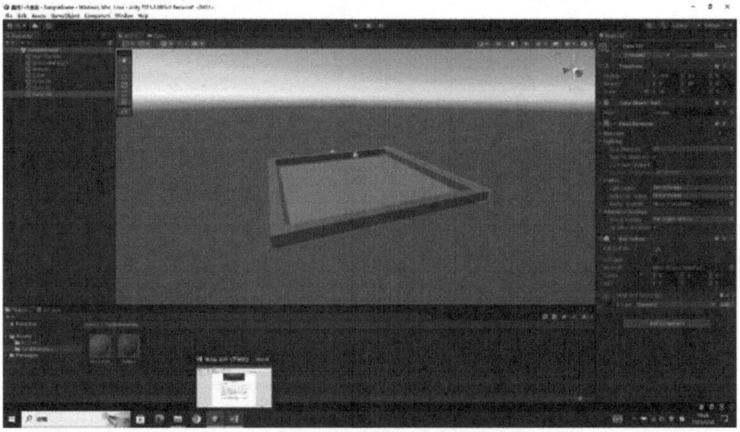

图 10-8　对象的复制与调整

(5) 创建一个空游戏对象。在 Hierarchy 视图中，右击空白处，弹出对象创建菜单，选择 3D Object→Create Empty 后，创建一个名为 Wall 的空物体。将 Cube~Cube(3) 四个对象拖动至 Wall 下面，形成对象层级关系。

10.4　创建“不倒翁”

(1) 仿照上述 3D Object 的创建方法，创建一个空物体，设置 Position 为 (0,0,0)，命名为 Tumbler。

(2) 在 Tumbler 下面创建一个球体 (Sphere)，设置 Position 为 (0,0.75,0)，Scale 为 (1.5,1.5,1.5)，命名为 Foot，作为不倒翁的底座部分，并创建材质球 FootMat。

(3) 在 Foot 下一级创建一个胶囊体 (Capsule)，设置 Position 为 (0,0.5,0)，Scale 为 (0.75,0.75,0.75)，命名为 Body，作为不倒翁的身体部分，并创建材质球 BodyMat。

(4) 在 Body 下一级创建一个立方体 (Cube)，设置 Position 为 (0,0.45,−0.4)，Scale 为 (0.5,0.5,0.5)，命名为 Face，作为不倒翁的脸部分，并创建材质球 FaceMat。至此，不倒翁制作完毕。

10.5　调整 Game 视图

单击 Hierarchy 视图下场景 SampleScene 中的 MainCamera 菜单，进入相机视图场景，如图 10-9 所示。图的右下角是 Game 视图窗口，白线锥体为相机坐标系构成的观察视锥。利用 Scene 视图工具调整相机及锥体，获得需要的 Game 视图。

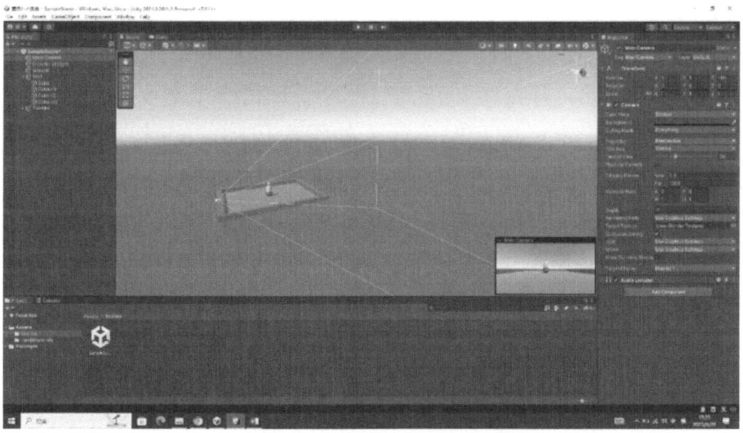

图 10-9　不倒翁相机视图场景

10.6　刚体与碰撞

Unity 系统提供了一个物理引擎系统，用于在游戏中进行真实的物理效果模拟，如重力、摩擦力、碰撞等效果，重力和碰撞是最常用两个物理组件。

1) Collider 组件

在 Unity 物理系统中，Collider(碰撞器) 用于定义游戏对象的物理边界，模拟刚体是否彼此穿过，或检测是否有接触的效果，它要与刚体一起添加到游戏对象上才能触发碰撞。物理边界的形状有 Box Collider(盒子碰撞器)、Sphere Collider(球体碰撞器)、Capsule Collider(胶囊体碰撞器) 等六种碰撞器。添加方法如下。

(1) 选中 Tumbler 对象，单击 Inspector 窗口的 Add Component 按钮，查找 Collider，在组件菜单中，双击 Capsule Collider 即可。

(2) 若勾选 Editor Collider，可对碰撞器的边界大小进行调整。

(3) 若勾选 Is Trigger，则当其与其他物体发生接触时，碰撞器被物理引擎忽略，仅检测碰撞事件是否存在，不会发生实际的物理碰撞反应。此时的碰撞器成为触发器，用于检测物体是否经过空间中的某个区域，但是又不想让碰撞发生。

2) Rigidbody 组件

3D Rigidbody(刚体) 组件的作用是使物体能够受力并施力。任何游戏对象只有添加了 Rigidbody 组件后才会受到重力的影响，我们可以通过脚本为游戏对象添加作用力，模拟重力效果和受力运动。添加步骤如下。

(1) 添加重力：选中 Tumbler 对象，单击 Inspector 窗口的 Add Component 按钮，查找 Rigidbody，双击即可添加。在属性中，勾选 Use Gravity，游戏对象会受到重力的影响，进行自由落体运动。

(2) 自定义组件 (脚本)：由于物体受力形式多样，需要自定义一段程序 (脚本) 来控制物体的受力，如通过键盘输入施加物体某一方向的力。这种游戏对象的行为属于非标准运动，开发者以脚本 (程序) 形式给予定义。因此，脚本可以理解为附加在对象上用于定义游戏对象行为的指令代码，同时，必须将其绑定在该游戏对象上才能开始它的生命周期。添加步骤如下：在 Assets 目录下新建一个文件夹 Scripts，在 Scripts 目录下面右击弹出创建菜单，双击 C# Script，创建脚本文件，命名为 TumbScript。双击脚本文件名 TumbScript 进入 VS 编辑环境。如图 10-10 所示，可以看出程序框架已经给出，只需在相应位置填写代码。

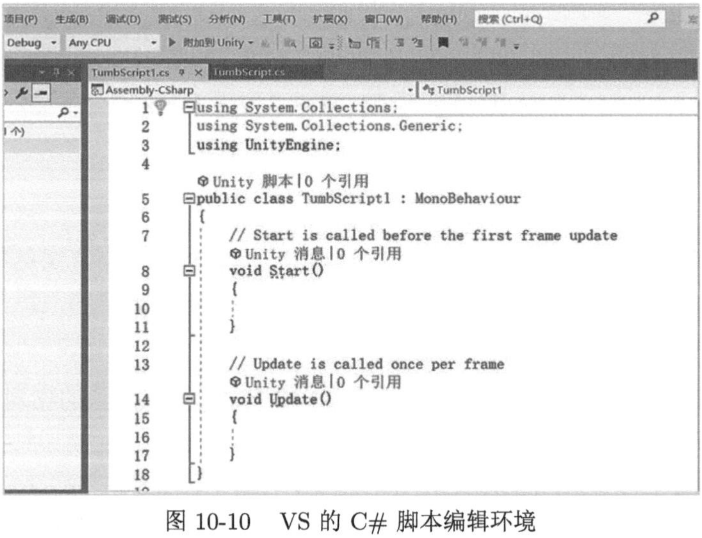

图 10-10　VS 的 C# 脚本编辑环境

(3) 脚本编写：在 VS 环境中编写如下 C# 代码，完成后将脚本文件绑定到 Tumbler 对象上。步骤如下：编写下列代码 → 回到 Unity 界面 → 单击 Tumbler→ 将文件 TumbScript 拖动到 Add Component 区域即可。

程序代码如下，运行效果如图 10-11 所示。

```
using System.Collections;
using System.Collections.Generic;
using UnityEngine;
public class TumbScript : MonoBehaviour
{
    Rigidbody rigid;          // 定义一个刚体变量
    public float Speed = 1; // 控制力的大小
    // Start is called before the first frame update
    void Start()              // 用于游戏的初始化，在Update()方法之前调用
    {
        // 获取该脚本绑定的刚体组件
        rigid = GetComponent<Rigidbody>();
        // 将不倒翁的质心下移使其始终不倒
        rigid.centerOfMass = new Vector3(0, 0, 0);
    }
    // Update is called once per frame
    void Update()
    // 用于更新游戏场景和状态，每帧调用一次，与显示器的刷新频率一致
    {
    // 定义键盘输入偏移量(x,y,z)，"Horizontal"为键盘左右方向键，"Vertical"
    // 为上下方向键
        Vector3 input = new Vector3(Input.GetAxis("Horizontal"), 0,\
           Input.GetAxis("Vertical"));
        // 选择不倒翁受力点的局部坐标
        Vector3 localPos = new Vector3(0, 1, 0);
        // 计算不倒翁受力点的世界坐标
        Vector3 worldPos = transform.localToWorldMatrix * localPos;
        // 在input方向上施加大小Speed倍的力，位置在世界坐标系的worldPos
        rigid.AddForceAtPosition(input * Speed, worldPos);
    }
}
```

图 10-11　按下方向键后运行效果

本章小结

通过本案例的实践，我们可以了解 Unity 游戏开发环境和各种窗口，基本实现 3D 场景搭建，理解游戏对象属性表达的组件，如刚体及碰撞器等，了解自定义游戏对象行为的脚本编写等功能。

第 11 章　应用案例“贪吃蛇”

本章通过“贪吃蛇”游戏的自主设计，掌握游戏开发必要的功能模块。包括游戏对象制作、游戏场景设计、脚本编写、预制体的制作与使用、Unity 的物理引擎、游戏对象的消失、UI 界面等游戏功能。

11.1　制作 3D 蛇

我们利用 Unity 物理系统的锁链组件，将蛇模拟成数个胶囊体连接而成的结构。

11.1.1　制作蛇头部

(1) 创建空物体，命名为 Snake。

(2) 在 Snake 下面创建蛇的头部胶囊，命名为 Head。添加碰撞组件 Capsule Collider 和刚体组件 Rigidbody。Rigidbody 组件参数设置如图 11-1 所示。注意勾选 Is Kinematic，后面节点不勾选此项。

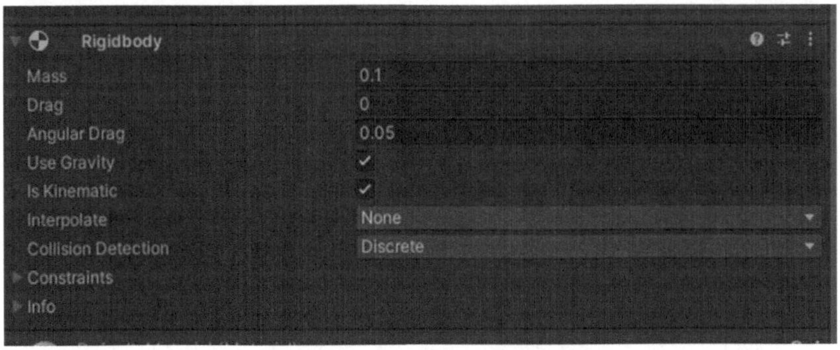

图 11-1　Rigidbody 参数设置

(3) 添加可配置关节 Configurable Joint 组件，并将 Snake 对象绑定到该组件的 Connected Body 属性框内。其余参数设置如图 11-2 所示。

11.1.2　制作蛇身部

(1) 复制头部胶囊，命名为 Body，并在属性框内将 Head 对象绑定到该组件的 Connected Body 属性框内。

(2) 复制 Body，命名为 Body(1)，并在属性框内将 Body 对象绑定到该组件的 Connected Body 属性框内。

(3) 以此类推，制作其余关节胶囊，并设置材质球。

(4) 创建地板平面，命名为 Ground，设置材质球，调整相机位置。贪吃蛇场景如图 11-3 所示。

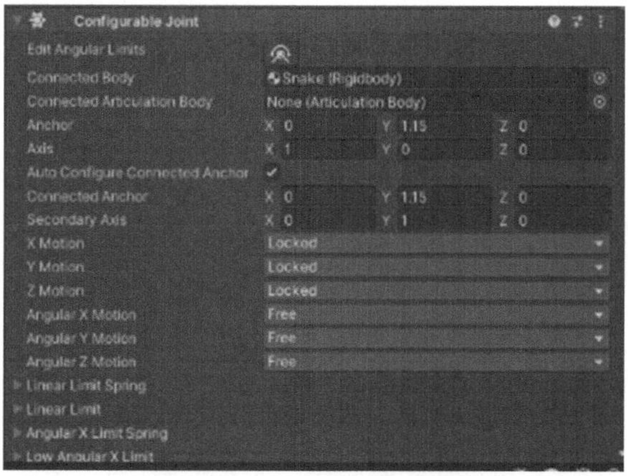

图 11-2　头节点的参数设置

图 11-3　贪吃蛇场景

11.2　脚本编写

脚本可以理解为附加在游戏对象上的用于定义游戏对象行为的指令代码，必须绑定在游戏对象上才可以开始它的生命周期。在 Unity 中，脚本可视为游戏对象的行为组件，这种组件是开发者自定义的组件，并显示在 Inspector 窗口中。因此，游戏对象是脚本组件的载体。

Unity 的脚本语言运行在 Mono 上。Mono 是一个致力于.NET 的开源软件平台，在此平台上可以轻松实现跨平台的应用程序，并可使用.NET 库函数资源。Unity 推荐使用 C# 作为脚本组件开发语言。

11.2.1　简单脚本编写

```
using System.Collections;
using System.Collections.Generic;
using UnityEngine;
public class GreedySnake : MonoBehaviour
{
    Rigidbody rigid;              // 定义一个刚体变量
    Vector3 move;                 // 定义物体运动方向
    public float moveSpeed = 2;   // 定义运动速度倍数
    public float high = 0;        // 定义运动高度坐标
    // Start is called before the first frame update
    void Start()
    {
        rigid = GetComponent<Rigidbody>(); // 获取当前刚体
    }

    // Update is called once per frame
     private void FixedUpdate()
    {
        rigid.MovePosition(transform.position + move * moveSpeed *\
            Time.deltaTime);
    }
    void Update()
    {   // 根据键盘输入，更新高度值
        if (Input.GetKeyDown(KeyCode.G)) high = 1.0f;
        else if (Input.GetKeyUp(KeyCode.G)) high = 0.0f;
        else if (Input.GetKeyDown(KeyCode.B)) high = -1.0f;
        else if (Input.GetKeyUp(KeyCode.B)) high = 0.0f;
        move = new Vector3(Input.GetAxis("Horizontal"), high, Input.GetAxis
            ("Vertical"));
    }
}
```

11.2.2 几个重要函数

1) Awake() 与 Start()

Awake() 函数和 Start() 函数是在加载脚本组件时自动调用的两个函数。在脚本组件启动之前先调用 Awake() 函数，再调用脚本初始化函数 Start()。所以非常适合在脚本组件启用之前做一些游戏的准备工作，如敌方角色在进入游戏之前可以利用此函数分配弹药，在 Start() 中定义时间实现射击。由此可以看出 Start() 函数是脚本需要的初始化工作内容。值得注意的是，这两个函数在绑定的对象生命周期内只执行一次，不得禁用和重启。

2) Update() 与 FixedUpdate()

Update() 函数与 FixedUpdate() 函数是 Unity 中最常用的两个函数。在说明 Update() 函数之前先了解 Unity 的帧频。帧频是指每秒能播放一幅 (帧) 图像的次数。显示器扫描帧缓存是固定频率，如 60 次/s，但每次扫描与内容完整无关。而 Unity 的一帧是一个游戏内容完整的画面，因此每帧内容需要耗费不同的计算时间。Update() 函数在使用时每帧调用一次，以达到更新参数或画面的效果。因此，调用时间间隔是不同的，这个间隔时间为 Time.deltaTime。如画面更新、物理运动、时间变化、输入参数等可以在此函数中实现。FixedUpdate() 函数与 Update() 函数类似，不同之处是，FixedUpdate() 函数调用时间间隔是固定的，任何影响刚体运动的物理计算均在该函数内进行，使运动保持稳定。

11.3 物体消失

在游戏场景中，当玩家发射子弹击中敌人时，敌人会倒下并消失。下面以蛇为玩家，球体为敌人，模拟物体消失。

1. 方法 1

1) 创建敌人

(1) 创建空物体，命名为 Pickups。

(2) 在 Pickups 下面创建一个球体 (敌人)，命名为 Pickup，按 Ctrl+D 键复制多个小球。

(3) 给 Pickup 添加球体碰撞器，并勾选 Is Trigger。

2) 设置玩家

(1) 将蛇的头部 (Head) 胶囊碰撞器编辑到头的前部，且不勾选 Is Trigger。

(2) 在 GreedySnake.cs 脚本中添加如下碰撞检测函数：

```
private void OnTriggerEnter(Collider other)
```

```
// other为被碰撞的小球,即other.gameObject
{
    // 判断触发物体标签是否为Pickup(第一个球)
    if (other.gameObject.tag == "Pickup")
    {
       other.gameObject.SetActive(false);  // 消失物体
    }
}
```

(3) 运行效果如图 11-4 所示。

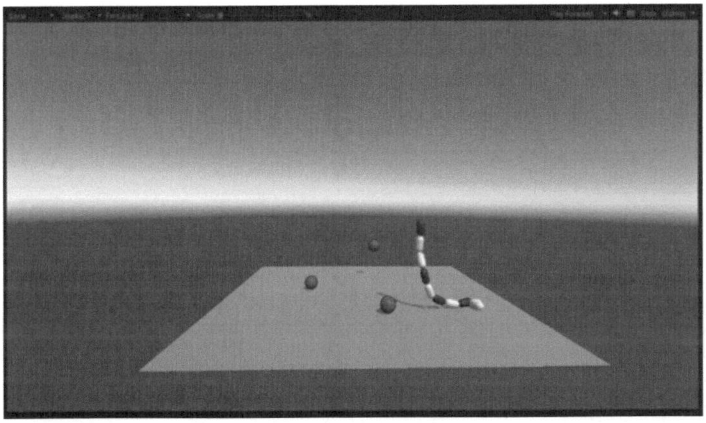

图 11-4　物体消失场景运行效果

2. *方法 2*

为了使敌人发生变形,通过给敌人编写脚本实现操作,场景运行效果如图 11-5 所示。

1) 创建敌人

(1) 创建空物体，命名为 Pickups。

(2) 在 Pickups 下面创建一个立方体 (敌人)，命名为 Pickup，按 Ctrl+D 键复制多个小立方体。

(3) 给 Pickup 添加球体碰撞器，并勾选 Is Trigger (与方法 1 相同)。

2) 设置玩家

步骤与方法 1 相同。

3) 敌人脚本

```
using System.Collections;
```

```
using System.Collections.Generic;
using UnityEngine;
public class Pickup : MonoBehaviour
{
    // Start is called before the first frame update
    // Update is called once per frame
    void Update()
    {
        transform.Rotate(new Vector3(30, 30, 30)*Time.deltaTime);
    }
}
```

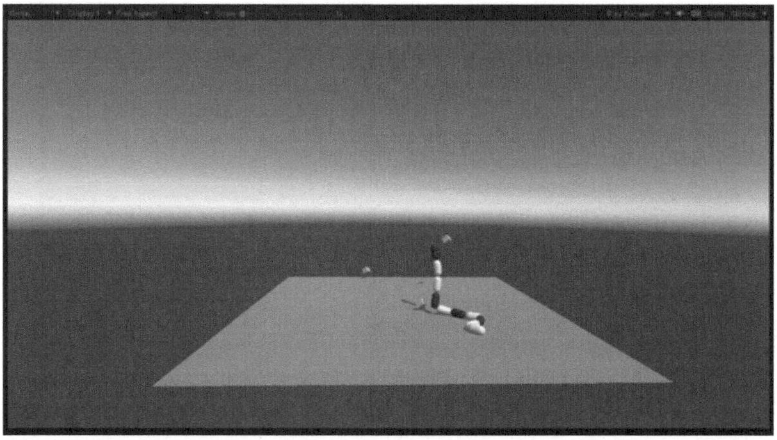

图 11-5　敌人旋转场景运行效果

11.4　预制体制作

在实际开发中，有些游戏对象只是位置、角度或者一些属性不同，但是具有相同结构，如游戏中的敌人、士兵、武器、窗口、特效等，这些都在场景中多次重复出现，在 Unity 中可以制作成预制体。一个预制体可以是一个游戏对象或者多个组件的集合。预制体的使用可以通过静态复制或动态加载的方式加载到场景中并进行实例化。Unity 中的预制体必须放在 Prefabs 的文件夹中，以示区别。下面以老鼠为例创建预制体。

1) 创建老鼠预制体

(1) 利用 Unity 中 3D Object 的 Capsule、Sphere、Cylinder 等对象构建老鼠模型，如图 11-6 所示。

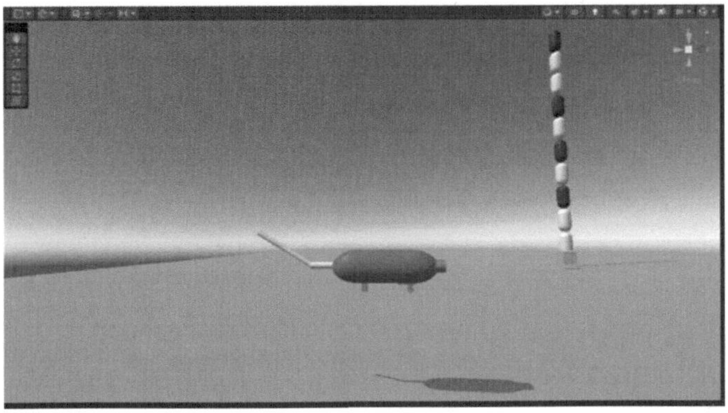

图 11-6　老鼠预制体创建

(2) 创建空物体，命名为 Pickup，并将老鼠模型的所有组件拖动到 Pickup 的下一级中。删除小方块，由 Pickup 替代。

(3) 在 Project 视图的 Assets 目录下新建 Prefabs 目录，并将 Pickup 拖动到该目录下，由此获得该预制体，Pickup 对象颜色变成深色。

2) 复制预制体

修改 Ground 为游戏小院场景，并在游戏小院场景中添加老鼠预制体，场景如图 11-7 所示。

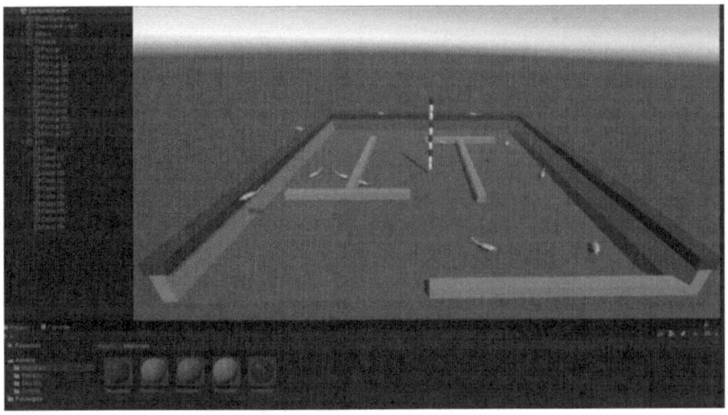

图 11-7　游戏小院场景创建

11.5　游 戏 计 分

游戏计分就是将蛇吃掉的老鼠进行统计，这个功能在 Unity 中称为界面，即人机交互部分，或称 UI。下面实现简单的计分功能。

(1) 在 Hierarchy 视图中右击弹出菜单，将鼠标移动至 UI→Legacy→Text，并单击 Text 菜单项。此时，在 Hierarchy 视图中出现 Canvas 和 EventSystem 两个对象，单击 Unity 工具栏的“2D”按钮，出现如图 11-8 所示的界面。Canvas 俗称画布，是摆放所有 UI 组件的区域，其中，“Text”就是组件之一。EventSystem 对象负责 UI 组件与游戏系统的消息处理。

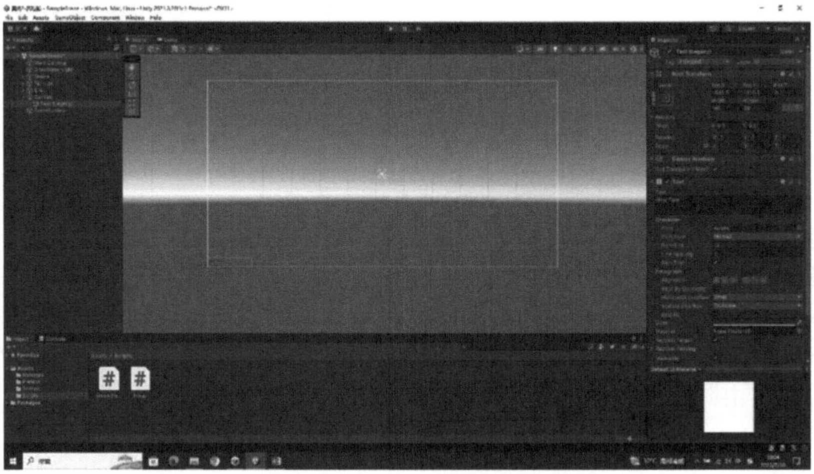

图 11-8　UI 文本界面创建

(2) 改写脚本增加计数和显示功能，代码如下，其中浅色代码是增加的部分。

```
using System.Collections;
using System.Collections.Generic;
using UnityEngine;
using UnityEngine.UI;           // 声明 UI 命名空间

public class GreedySnake : MonoBehaviour
{
    public Rigidbody rigid;         // 定义一个刚体变量
    Vector3 move;                   // 定义物体运动方向
    public float moveSpeed = 2; // 定义运动速度倍数
    public float high = 0;          // 定义运动高度坐标
    public Text tips;               // 定义文本显示变量
    public float count = 0; // 定义计数器
    // Start is called before the first frame update
    void Start()
    {
        rigid = GetComponent<Rigidbody>(); // 获取当前刚体
    }
```

```
    // Update is called once per frame
     private void FixedUpdate()
    {
            rigid.MovePosition(transform.position+move*moveSpeed*\
               Time.deltaTime);
    }
   void Update()
    {  // 根据键盘输入, 更新高度值
        if (Input.GetKeyDown(KeyCode.L)) high = -1.0f;
        else if (Input.GetKeyUp(KeyCode.L)) high = 0.0f;
        else if (Input.GetKeyDown(KeyCode.H)) high = 1.0f;
        else if (Input.GetKeyUp(KeyCode.H)) high = 0.0f;
        move = new Vector3(Input.GetAxis("Horizontal"), high, Input.GetAxis
             ("Vertical"));
    }
    private void OnTriggerEnter(Collider other)
    // other为被碰撞的小球,即ther.gameObject
    {
        // 判断触发物体标签是否为Pickup
        if (other.GetComponent<Pickup>())
        {
            other.gameObject.SetActive(false); // 消失物体
            count++;                      // 计数器加 1
            RefreshTips();                // 刷新文本组件内容
        }
    }
    void RefreshTips()
    {
        tips.text = "Count:" + count.ToString(); // 输出最新计数
        if(count >=12 )
        {
            tips.text = "Win !"; // 显示全部吃完
        }
    }
}
```

(3) 文本关联与修改。在 Inspector 窗口的 Text 组件中可以对文本属性进行修改，如修改 Front Size 和 Color 等。然后单击 Hierarchy 视图中的 Snake 对象，将 Canvas 的 Text 对象拖动到 GreedySnake 脚本的 Tips 框内，将文本变量 tips 与 UI 的 Text 关联。运行效果如图 11-9 所示。

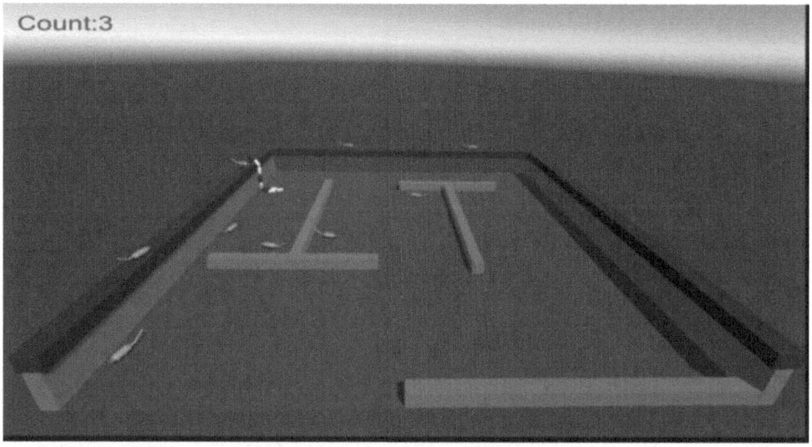

图 11-9　UI 文本计分运行效果

本 章 小 结

本章通过游戏实例的制作，进一步加深了对游戏开发技术的了解和掌握。主要包括游戏对象、游戏场景的设计与搭建。预制体制作可以快速创建和编辑对象。脚本组件是游戏开发必需的技能之一。通过简单的脚本编写，我们实现了游戏对象的行为控制。游戏界面是直接反映游戏操作的功能面板，任何一款游戏都会对其精心设计。

第 12 章　应用案例“3D 动画”

动画是游戏的灵魂，如何制作动画、控制动画是游戏开发者必备的技术之一。本章通过 Unity 提供的 3D 人形角色动画创作，介绍动画场景创建、Animation 窗口、动画及控制器文件、关键帧录制、3D 人形角色动画及动画状态切换。

12.1　立方体 3D 动画

利用 Unity Mecanim 动画系统制作简单的动画。

12.1.1　动画场景创建

创建地面 (Plane)、立方体 (Cube) 及材质球，如图 12-1 所示。

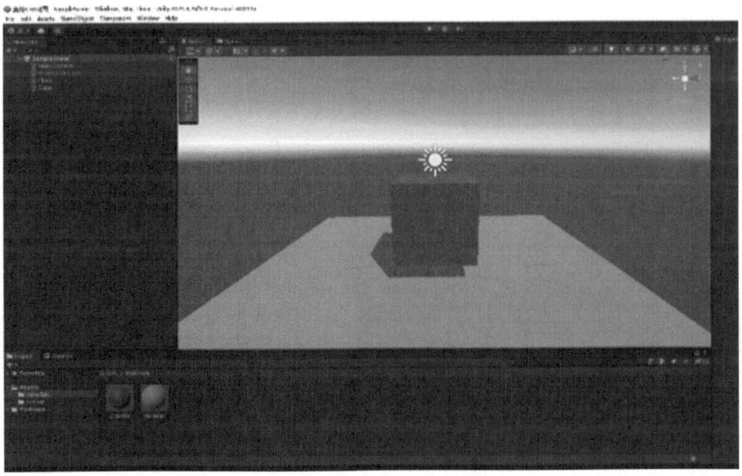

图 12-1　立方体动画场景

12.1.2　Animation 窗口

选中场景中动画对象 Cube，单击菜单中的 Window→Animation→Animator (或直接按 Ctrl+6 键)，弹出 Animation 窗口，如图 12-2 和图 12-3 所示。

动画是由若干静止的画面 (帧) 连续播放形成的动态效果。如果这些画面的图形表示某个对象连续动作的片段，那么播放这些画面就会重现原来的连续动作，即动画。如果播放速度在 30 帧/s 以上，则动画保持稳定。因此动画效果与获取

帧的密度 (连续性) 及播放的速度相关。在 Unity 中，一组连续播放的帧构成的动画片段称为动画剪辑。图 12-3 弹出的 Animation 窗口就是用来生产、调试和修改动画的工具。这些动画剪辑信息以文件形式 (.anim) 保存，简称动画文件。

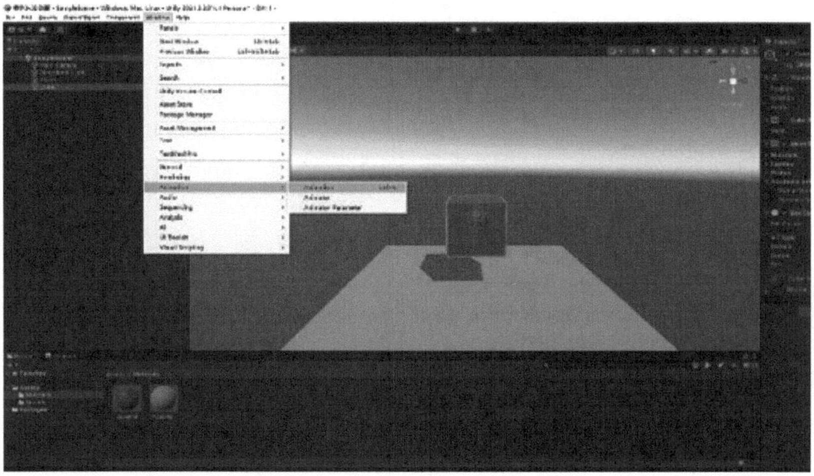

图 12-2　动画制作窗口菜单选择

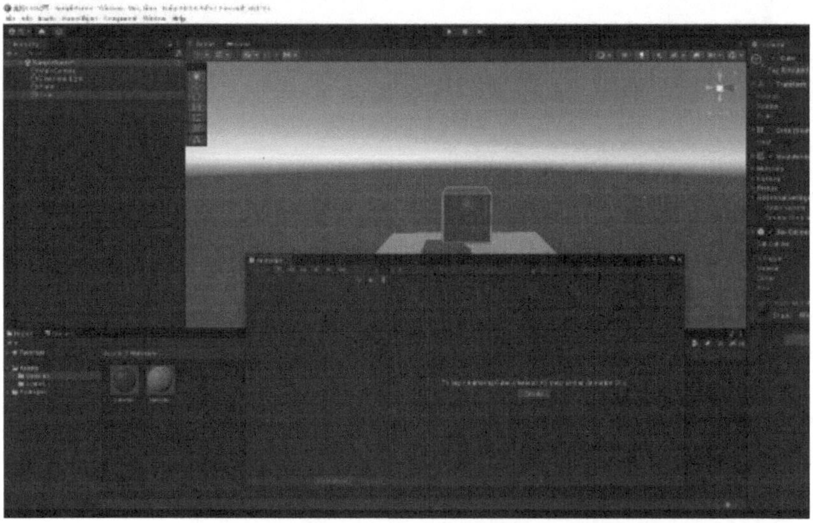

图 12-3　动画制作窗口 (Animation 窗口)

12.1.3　创建动画及控制器文件

在 Animation 窗口单击 Create 按钮，弹出 Create New Animation 对话框，在 Asset 目录下新建文件夹 Animation，打开该文件夹，取名为 CubeAnim，单

击“保存”按钮。此时，在 Animation 文件夹里生成 CubeAnim.anim 文件和 Cube.controller 文件，即动画文件和控制器文件 (与动画对象同名)，如图 12-4 所示。

图 12-4　动画文件和控制器文件

控制器文件 (.controller) 用来控制该动画的行为，并且在游戏对象的 Inspector 窗口中会自动生成一个 Animator 组件，该组件自动与新建控制器 (组件) 绑定。

12.1.4　关键帧录制

在 Animation 窗口中单击时间轴上的某个时间点，再单击关键帧录制模式 (圆形按钮)，修改 Inspector 窗口的 Transform 中 Rotation 的某个轴的值 (如用鼠标拖动 y 值)，最后再单击关键帧录制按钮。旋转动画生成，单击 Animation 窗口中的播放按钮 ▶ 即可看见动画效果。动画录制完成后也可运行该场景，如果需要修改该动画，则可以单击动画文件 CubeAnim.anim 重新进入编辑状态。

12.2　3D 人形角色动画

从 Unity 官方网站中下载免费机器人资源包，利用 Unity Mecanim 动画系统制作人形动画，即机器人走路的动画。

12.2.1　机器人场景创建

(1) 创建一个新场景文件，取名为 RobotScene，并新建一个平面 (Plane) 作为机器人的活动平台。

(2) 单击 Unity 界面主菜单 Windows→Asset Store，进入 Unity 资源商店，并登录商店。

(3) 搜索商品 Robot Kyle，在搜索结果中出现 Robot Kyle|URP 文件，勾选“所有类别”中的“3D”选项和“价格”中的“免费资源”选项，然后双击 Robot Kyle|URP 文件任意位置进入下载页面。单击“在 Unity 中打开”按钮，进入下载窗口，如图 12-5 所示。单击右下角圆圈内的 Download 按钮，如果已经下载过，则该按钮为 Re-Download。下载完成后，选择 Asset 文件夹，单击“Import”按钮，弹出 Import Unity Package 对话框，勾选全部资源，单击 Import 按钮，即可获得 UnityTechnologies 文件夹。

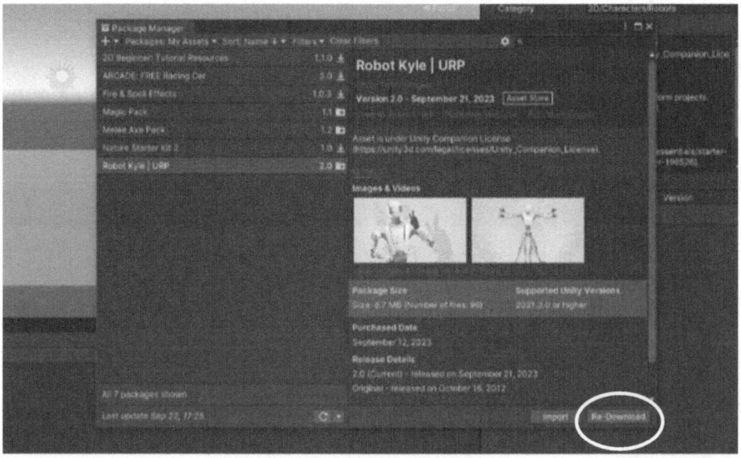

图 12-5　动画资源下载窗口

(4) 按照步骤 (3) 下载 Mixamo 动作资源包 (在 Unity 商店中文件名为 Magic Pack)，仍然放在 Asset 文件夹中。至此，模型资源和动作资源准备完毕。

(5) 打开 UnityTechnologies 中的 Models 文件夹，将模型文件拖动到场景中。

(6) 将 Texture 文件夹中的 Robot_Color 纹理贴到机器人角色上，如图 12-6 所示。

12.2.2　配置动画模型

(1) 打开 UnityTechnologies 中的 Models 文件夹，选中模型文件 Robot Kyle 文件，在 Inspector 窗口中单击 Rig 选项卡，将 Animation Type 设为 Humanoid，即双足类型的动画。

(2) 选择 Humanoid 类型后，Avatar Definition 项缺省为 Create From This Model，单击 Apply 按钮，即可通过当前的模型来生成一个 Avatar 配置文件。以上两步配置可能在导入资源时已经配置完毕。

图 12-6　机器人场景

(3) 单击 Configure 按钮，进入骨骼和肌肉系统的匹配阶段，编辑和查看骨骼绑定是否正确。其中，实线圆圈表示骨骼是必须匹配的；虚线圆圈表示骨骼是可选匹配的。切换到 Muscles&Settings 选项卡中，通过拖动滑块来检查模型匹配是否正确。经过调整，在导入的模型骨架、肌肉设置没有任何问题的情况下，可以直接单击 Done 按钮，完成确认。如果 Mecanim 未能成功创建 Avatar，在 Configure 按钮旁边会出现“×”标记。如果匹配成功，在 Configure 按钮旁边会出现一个“√”标记，如图 12-7 所示。

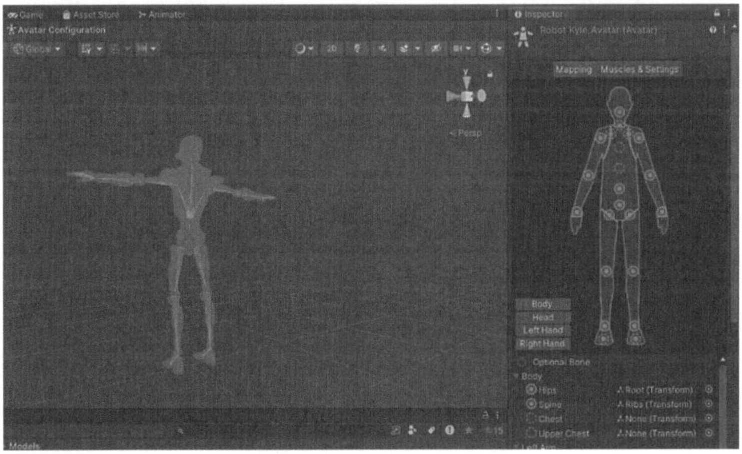

图 12-7　Avatar 配置界面

Avatar 相关概念如下所示。

动画模型——是指产生动画的对象或角色。在动画过程中，我们看到的是角色的表面，或称为 3D 模型的边界表示。这种表示一般是由三角网格或四边形网格构成的，因此，称为网格模型 (Mesh)。在通用建模软件中就可以实现角色的构建，如 3DMax。

网格模型动画——是指通过改变原网格模型的顶点位置而形成新的网格模型产生的动画。这种新的顶点位置需要根据角色动作设计算法计算得到，如转体或 Morphine 运动等。

骨骼动画——在网格模型动画中，如何根据角色动作需要计算新的网格顶点坐标是比较复杂的问题，于是我们建立模型的骨骼与顶点连接，动画骨骼带动顶点的运动，从而达到整体模型的运动，这种动画称为骨骼动画。模型与骨骼的创建可以通过 3DMax 一并完成。一般来讲，一个网格模型顶点需要与相邻的若干骨骼绑定 (一般是四个独立骨骼)，并且每个被绑定的骨骼对该顶点的影响程度用权值表示。这个权值可以是动画系统自动生成的，也可以是手动调节的。

Mecanim 动画系统——是在 Unity 系统中的人形动画系统，主要针对具有头、体、左右臂、左右腿形状的类似人体的动画。Mecanim 动画系统采用的是一种适合人形角色动画的骨架动画。系统内部预制了一个简化的人形骨骼模型，以及骨骼的层级关系和动作信息，但是用户的动画模型和骨骼与 Mecanim 系统预置的人形是有区别的，因此，需要建立从 Mecanim 动画系统的简化人形骨架到用户实际提供骨架的映射，这种映射关系称为 Avatar。Avatar 是 Mecanim 动画系统中实现动画绑定的一个接口。

fbx 格式文件——是一种 3D 通用模型文件。包含动画、材质特性、贴图、骨骼动画、灯光、摄像机等信息。fbx 文件在如 Max、Maya、Softimage 等软件间进行模型、材质、动作和摄影机信息的互导。fbx 格式文件有一些特点：导出的网格信息中可以包含骨骼层级、法线、纹理以及动画信息；可以将网格模型重新导入建模软件进行使用；可以直接导出不包含网格的动画信息。这在调试修改角色动画时有重要作用。

12.2.3 创建机器人的动画及控制器文件

(1) 选中 Robot Kyle 对象，选择 Window→Animation→Create 菜单，在已建好的 Animator 文件夹中，创建名为 RobotAnim 的动画文件，同时系统生成名为 Robot Kyle 的动画控制器文件。也可直接通过选择 Window→Animation→Animator 菜单创建动画控制器文件。

(2) 将动画控制器文件 Robot Kyle 拖动到动画对象 Robot Kyle 的 Inspector→Animator 的 Controller 列表框内，实现控制器文件与对象的绑定。

12.2.4 创建动画

(1) 双击动画控制器文件 Robot Kyle，进入动画控制器编辑窗口，如图 12-8 所示。

动画控制器编辑窗口中有四个默认的动画状态。Entry(控制器入口) 状态，即默认状态；Any State 是一个始终存在的状态，但不是具体的目标状态，在当前任何状态下，需要进入另一状态时，通过该状态跳转到指定的目标状态；Exit(离开状态) 是必备状态，即结束该动画，或转到其他动画片段；RobotAnim 状态是动画控制器自动生成的默认状态。

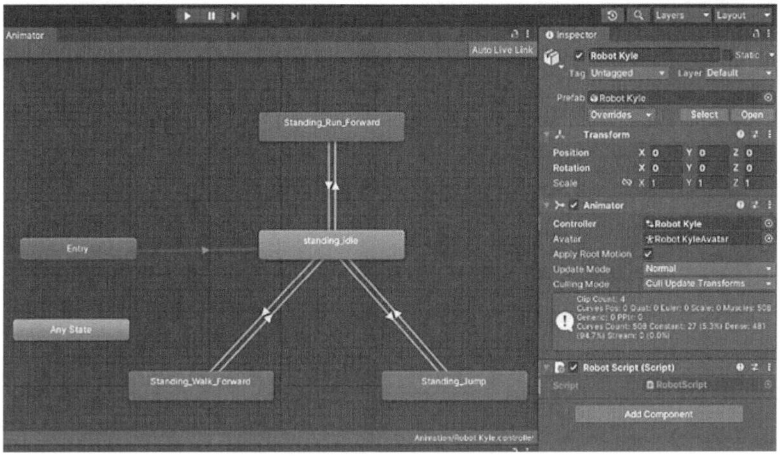

图 12-8　动画控制器编辑窗口

(2) 在动画控制器编辑窗口中，删除 RobotAnim 动画状态。打开 Project 视图，将 Mixamo→Magic Pack→Animation 中的机器人默认状态 standing_idle 拖动到编辑窗口，如图 12-9 所示。

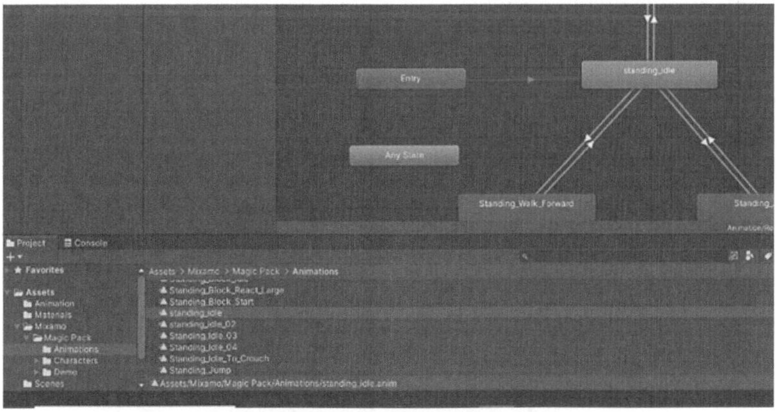

图 12-9　拖动机器人默认状态

单击动画运行按钮 ▶ 可以看到机器人的等待动画状态。

(3) 分别将上述文件夹中的 Standing_Walk_Forward 状态和 Standing_Jump 状态文件拖动到动画控制器编辑 (Animator) 窗口，右击 standing_idle 按钮，在弹出菜单中选择 Make Transition 并将其连接到 Standing_Walk_Forward。

类似地，依次连接 Standing_Jump 和 standing_idle 动画状态，如图 12-10 所示，循环播放。

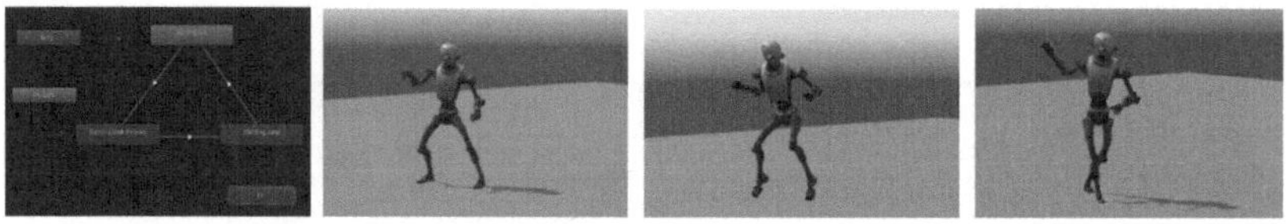

图 12-10　机器人等待、跳跃、走步动画序列

12.2.5　动画状态切换

动画状态切换是指动画从当前状态变换到另一状态，如从等待状态过渡到走步状态。然而，动画状态的过渡往往需要满足一定条件，例如，按下“W”键，机器人向前走步等。因此，机器人的状态切换一般是玩家在游戏过程中不断变化的，需要编写脚本控制实现。下面实现跑步、走步、跳跃三个动作的切换，每次切换都回到等待状态。

(1) 在 Animator 窗口的 Parameters 框中添加一个 int 类型的状态参数，用来控制动画状态切换条件，并命名为 ActionID，默认值为 0(等待状态)。

(2) 将 Animation 文件夹中的 standing_idle、Standing_Run_Forward、Standing_Walk_Forward、Standing_Jump 文件拖动到 Animator 窗口。添加 standing_idle→Standing_Run_Forward 的 Transition，点击该箭头连线，在 Inspector 窗口的 Condition 中添加一个判断条件，ActionID 的参数 Equals 值为 1，即 Animator 切换状态 standing_idle→Standing_Run_Forward；类似地，设置 Standing_Run_Forward→standing_idle 状态，ActionID 的参数 Equals 值为 0。如图 12-11 所示。

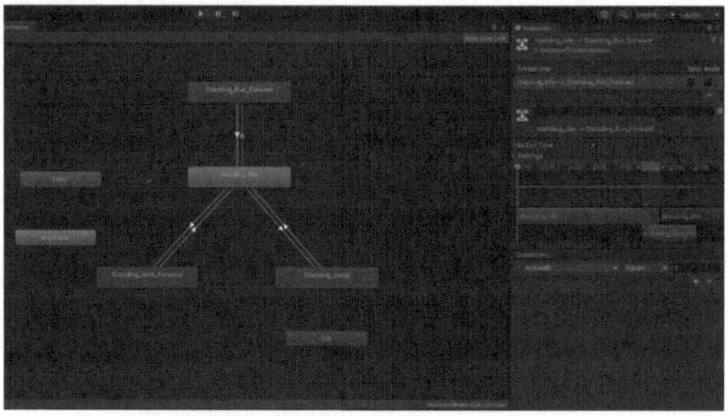

图 12-11　动画状态切换参数设置

(3) 类似地，设置其他动画过渡判断条件。standing_idle→Standing_Walk_Forward 的 ActionID 的参数 Equals 值为 2；standing_idle→Standing_Jump 动

画过渡的 ActionID 的参数 Equals 值为 3。其余回到 standing_idle 状态均设为 0。注意：如果勾选了 Has Exit Time，那么在转换动画的时候会有一定的延迟。

(4) 创建机器人动画状态切换控制脚本，命名为 RobotScript，代码如下。

```
using System.Collections;
using System.Collections.Generic;
using UnityEngine;

public class RobotScript : MonoBehaviour
{
    private Animator m_Animator = null; // 设置动画控制器组件变量
    // Start is called before the first frame update
    void Start()
    {
        // 获得实例变量，即机器人(脚本绑定对象)
        m_Animator = GetComponent<Animator>();
    }
    // Update is called once per frame
    void Update()
    {
        // 按下R键时，ActionID赋值1，此时动画状态切换至跑步
        if (Input.GetKeyDown(KeyCode.R))
            m_Animator.SetInteger("ActionID", 1);
        if (Input.GetKeyDown(KeyCode.W))
            m_Animator.SetInteger("ActionID", 2);
        if (Input.GetKeyDown(KeyCode.J))
            m_Animator.SetInteger("ActionID", 3);
        // 当按键松开时，ActionID赋值0，此时动画状态切换至等待
        if (Input.GetKeyUp(KeyCode.R) || Input.GetKeyUp(KeyCode.W) ||\
            Input.GetKeyUp(KeyCode.J))
                m_Animator.SetInteger("ActionID", 0);
    }
}
```

本章小结

本章首先通过简单的立方体动画的制作，初步了解了 Unity 3D 动画的关键帧设置、动画控制器编辑窗口及动画控制组件的使用。通过对人形角色的结构了解，并通过对各部位参数的设置及控制器文件和动作切换的脚本编写，熟悉了人形动画的制作，也为后面的动画制作打下了基础。

第 13 章　应用案例“功夫足球”

本章使用 Unity 开发一款简单 3D 机器人足球游戏，学习 3D 游戏开发较为完整的流程和技术，包括 3D 场景搭建、玩家移动、游戏界面、游戏过关、游戏音乐、游戏积分、游戏发布等功能。

13.1　足球场景创建

足球游戏场景分三个级别设置，即初级赛 (Primary)、中级赛 (Medium) 和超级赛 (Super)。每级难度由对方防守队员的数量决定，进攻队员 (机器人) 在球不碰到防守队员的情况下踢进球门，即可为胜，否则此次进攻失败。

13.1.1　赛场场景

(1) 根据足球场的实际尺寸，按比例制作足球场图片，包括场中各种标线。

(2) 创建 3D 空物体，命名为 Evn。在 Evn 下，利用 Unity 中 3D 物体模型构建足球场边界和球门，如图 13-1 所示。

图 13-1　足球场景

13.1.2　进攻球员创建

(1) 在 Unity 商店下载免费资源 Robot Kyle 和 Mixamo(操作见第 12 章)，并将机器人拖动到场景合适的位置，命名为 RobotPlayer。

(2) 创建 3D 足球对象，命名为 FootBall，置于发球点，并设置纹理。

13.1.3　赛场场景创建

(1) 创建 3D 空物体，命名为 Primary。

(2) 在 Primary 下，使用预制体构建 3D 模型的对方球员 Rivals 及守门员，并添加碰撞器组件。根据初级赛的难度要求，不设置守门员，置对方球员于适当的位置。

(3) 创建 3D 空物体，命名为 Medium。

(4) 根据中级赛的难度要求，设置守门员，在适当的位置增加对方球员数量。场景创建如图 13-2 所示。

图 13-2　中级赛场场景

(5) 创建 3D 空物体，命名为 Super。

(6) 根据超级赛的难度要求，设置守门员，在适当的位置增加更多对方球员数量。超级赛场场景如图 13-3 所示。

图 13-3　超级赛场场景

13.2　球员左右移动

(1) 创建对方球员 (预制体 Rivals) 移动脚本 Rivals.cs。

(2) 利用 transform.Translate() 实现左右移动，代码如下：

```
using System.Collections;
using System.Collections.Generic;
using UnityEngine;
public class Rivals : MonoBehaviour
{
    public float speed;          // 移动速度加速或减速
    public int moveCount;        // 左右移动次数控制
    // Start is called before the first frame update
    void Start()
    {
        speed = 10;              // 程序启动时初始化
        moveCount = 0;           // 程序启动时初始化
    }
    // Update is called once per frame
    void Update()
    {
         if(moveCount < 100)
        {
            transform.Translate(new Vector3(0f, 0f, 1.0f) * speed *\
              Time.deltaTime, Space.World);
            moveCount ++;
        }
        else
        {
            transform.Translate(new Vector3(0f, 0f, -1.0f) * speed *\
              Time.deltaTime, Space.World);
            moveCount ++;
            if(moveCount > 200 )moveCount = 0;
        }

    }
}
```

13.3　机器人的动画创建

(1) 给机器人添加刚体组件 Rigibody，并将刚体组件中的 Mass 设置为 100，将 Constraints 中 Freeze Rotation 的 x、y、z 全部勾选，如图 13-4 所示。

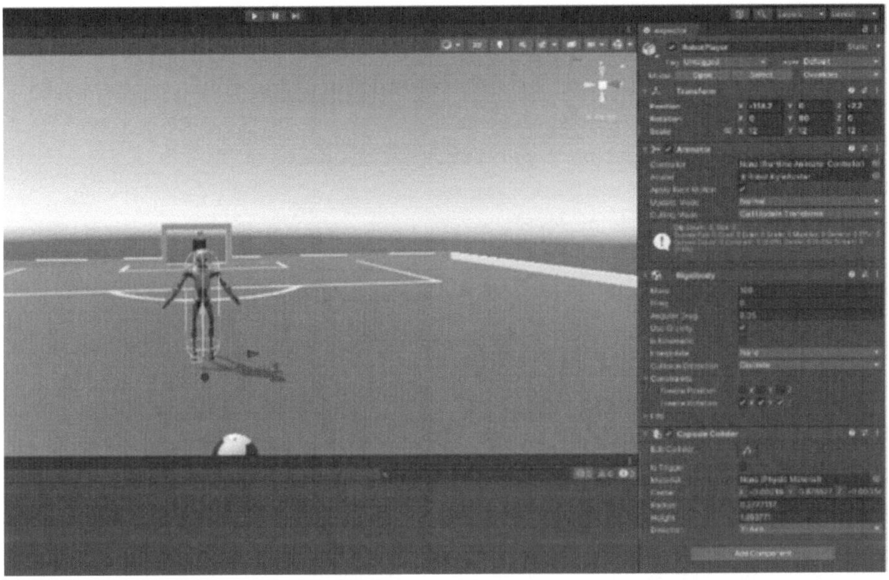

图 13-4　添加刚体组件

(2) 给机器人添加胶囊碰撞器 (Capsule Collider) 并编辑碰撞器形状。

(3) 创建机器人动画控制器文件 RobotPlayer，具体操作见第 12 章。

(4) 设置 Mixamo→Magic Pack→Animation 中机器人的五个状态，即等待 (standing_idle，ActionID=0)、向前跑步 (Standing_Run_Forward，ActionID=1)、向后退步 (Standing_Walk_Back，ActionID=2)、向左移动 (Standing_Walk_Left，ActionID=3)、向右移动 (Standing_Walk_Right，ActionID=4)。

(5) 创建机器人动画状态切换控制脚本，命名为 RobotPlayer，代码如下：

```
using System.Collections;
using System.Collections.Generic;
using UnityEngine;
public class RobotPlayer : MonoBehaviour
{
    private Animator m_Animator = null; // 定义动画控制器变量
    public Vector3 offset;              // 定义相机偏移量
    public GameObject mainCamera;       // 引用主相机
```

```
    // Use this for initialization
    void Start()
    {
        // 获取当前对象的Animator
        m_Animator = GetComponent<Animator>();
        // 主相机相对小球的偏移量
        mainCamera = GameObject.Find("Main Camera");
        offset = mainCamera.transform.position - transform.position;
    }
    // Update is called once per frame
    void Update()
    {
        // 获取用户输入
        float v = Input.GetAxis("Vertical");
        float h = Input.GetAxis("Horizontal");
        // 转换到向前跑步状态
        if (v == 1) m_Animator.SetInteger("ActionID", 1);
        // 转换到后退状态
        else if (v == -1) m_Animator.SetInteger("ActionID", 2);
        // 转换到左走步状态
        else if (h == 1) m_Animator.SetInteger("ActionID", 3);
        // 转换到右走步状态
        else if (h == -1) m_Animator.SetInteger("ActionID", 4);
        else m_Animator.SetInteger("ActionID", 0);
        // 更新相机位置
        mainCamera.transform.position = transform.position + offset;
    }
    // 处理碰撞事件
}
```

上述程序包含了相机移动，即相机随着 RobotPlayer 角色移动而随时移动，这样可以使玩家能更好地观察和操作。

13.4　进球判定

(1) 在球门区创建空物体 Win，并添加矩形碰撞器。

(2) 为 Football 对象创建碰撞检测脚本，在脚本编写如下程序即可。

```
private void OnTriggerEnter(Collider other)
{
    if (other.gameObject.name == "Win")
```

```
        {
            // 碰撞到球门时，执行相应操作
            Debug.Log("进球！ 获胜！ ");
        }
    }
```

当球碰到 Win 空物体时，穿越通过 (勾选 Is Trigger)，使用 OnTriggerEnter() 函数处理；当球碰到 Win 空物体时，发生碰撞不通过 (不勾选 Is Trigger)，使用 OnCollisionEnter() 函数处理。

13.5　游戏登录场景

13.5.1　创建登录界面画布

(1) 在文件夹 Scenes 下，右击弹出菜单，选择 Create→Scene 选项，命名为 Login。

(2) 创建画布，在 Heriarchy 区域，右击弹出菜单，选择 UI→Canvas，单击工具栏的“2D”按钮，进入 2D 模式编辑界面，如图 13-5 所示。画布的比例参数设置如图 13-6 所示 (与 Game 视图分辨率一致)。

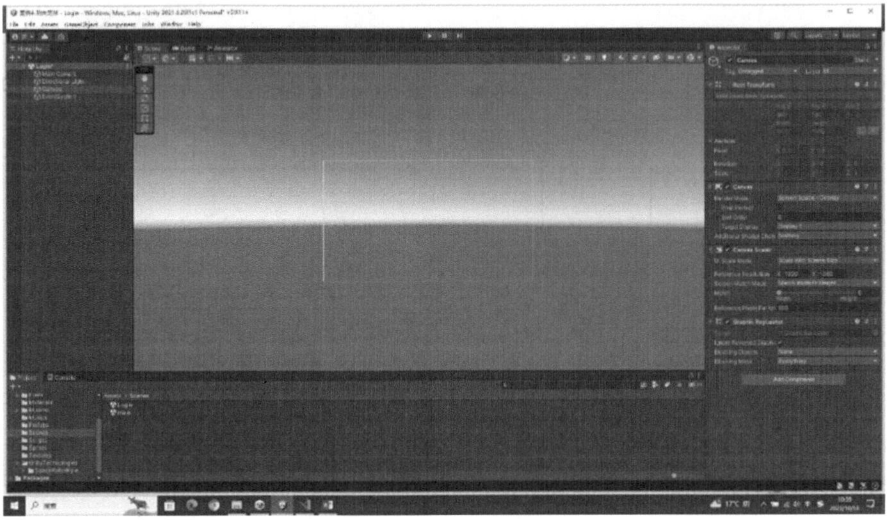

图 13-5　2D 模式编辑界面

13.5.2　添加画布背景图片

(1) 点亮画布 Canvas，右击弹出菜单，选择 UI→Image 选项，命名为 Game-UI01。

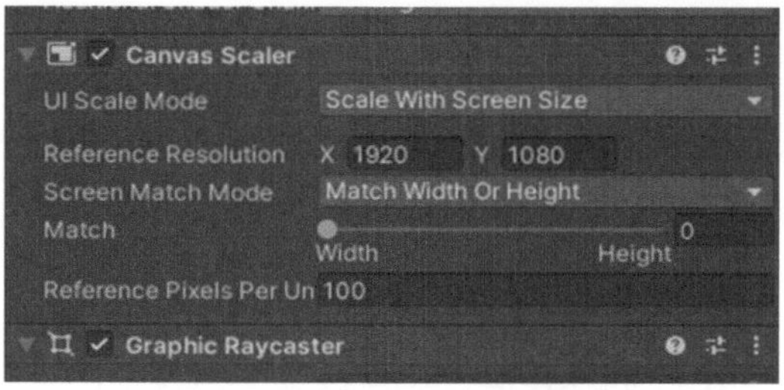

图 13-6　画布的比例参数设置

(2) 选中图片对象 GameUI01，在 Inspector 窗口的 Image 标签中，单击 Source Image 框后端的圆圈，弹出 Sprites 图片列表，选择 GameUI01 背景图片。

(3) 单击 Inspector 窗口 Rect transform 下的左侧图标，按 Alt 键，单击右下角的平铺按钮，如图 13-7 所示。

图 13-7　UI 界面图片加载

13.5.3 创建游戏标题

(1) 与界面图片类似，创建游戏主标题。在画布 Canvas 下创建文本框，选择 UI→Legacy→Text (Legacy) 选项，重命名为 Title，在该文本框中 Inspector 窗口的 Character 属性栏进行设置，如图 13-8 所示。

(2) 类似 Title 的创建，创建“用户名:”和“密码:”两个文本框。

(3) 创建两个输入文本框，在画布 Canvas 下选择 UI→Legacy→Input Field，分别重命名为 UserNameInput 和 PassWordInput，并设置相应的字体属性。同时，将 PassWordInput 对象的 InputField 组件中 Content Type 的内容属性改为 Pass Word，即不可见，如图 13-9 所示。

图 13-8　文本属性设置界面

图 13-9　游戏登录场景

13.6　游戏加载场景

(1) 按照 13.5.1 节的 (1) 创建游戏加载场景 Loading。

(2) 创建画布 Canvas，并修改尺寸，设置分辨率为 1920×1080。

(3) 添加背景图片，命名为 GameUI02，添加 GameUI02 图片。

(4) 添加“Loading ......”文本框，命名为 LoadingText，设置相应字体。

(5) 与添加图片类似，添加进度条 (Slider)，命名为 LoadingSlider。

游戏加载场景如图 13-10 所示。

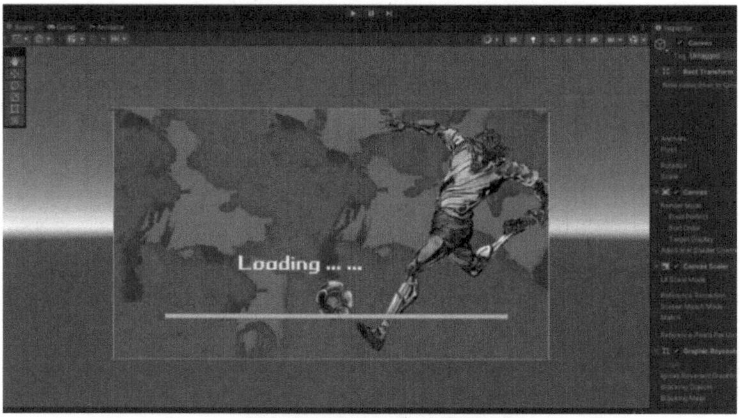

图 13-10　游戏加载场景

13.7　游戏等级选择场景

游戏等级选择场景按如下步骤设计。

(1) 创建游戏等级选择场景，命名为 GameLevel。

(2) 创建画布 Canvas，并设置分辨率为 1920×1080。

(3) 添加背景图片，命名为 GameUI02。

(4) 添加“开始”按钮，命名为 StartGame，添加“退出”按钮，命名为 QuitGame。

(5) 添加 Toggle 组件，即单选框 (初级)，命名为 Primary。在该组件下面有两个对象，Background 是单选按钮图片，Label 是字体属性设置，分别点击进行编辑和设置。

(6) 使用复制操作同时创建“中级” (Medium) 和“超级” (Super)。

(7) 创建一个空物体，命名为 ToggleParent，将三个等级对象拖动到该物体下，统一管理。单击 Primary 对象，在该对象 Inspector 窗口的 Ground 框内绑定 ToggleParent 对象，即将 ToggleParent 拖动到该框内。对其余两个进行同样操作，取消 Is On 的勾选，保留其中一个即可。

游戏等级选择场景如图 13-11 所示。

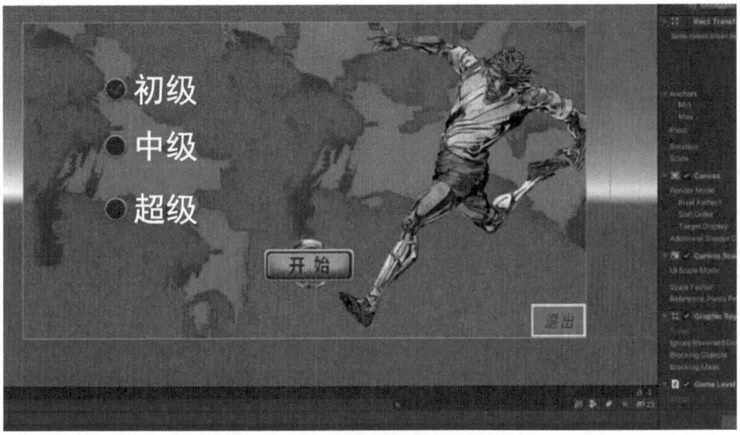

图 13-11　游戏等级选择场景

13.8　信息提示面板

(1) 在主场景 Main 的 Canvas 下创建 UI→Image 对象，命名为 Tips，加载提示板图像文件 TipBoard。

(2) 在 Tips 下创建文本框 New Text。

(3) 在 Tips 下创建“下一关”和“重新开始”两个按钮，分别取名为 NextButton 和 RestartButton。

(4) 将 Tips 做成预制体，将 Tips 对象拖动到 Prefabs 文件夹下面即可。

在 Tips 做成预制体之前应将所有参数设置和绑定操作完成，否则需要更新预制体。

信息提示面板场景如图 13-12 所示。

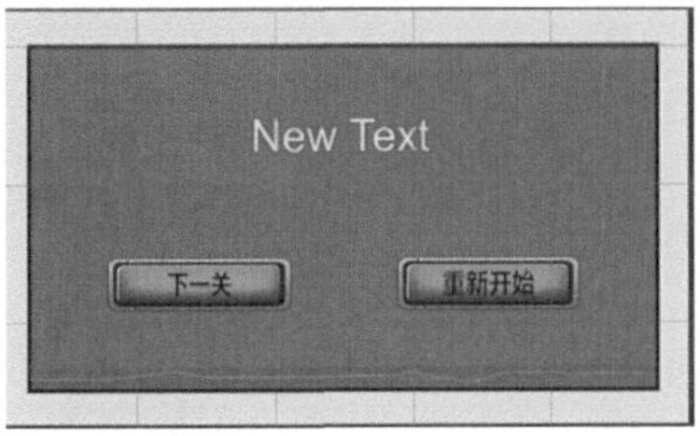

图 13-12　信息提示面板场景

13.9　时间与音乐播放器

13.9.1　时间与音乐播放场景创建

(1) 在 Main 场景中添加画布 Canvas 组件，并设置分辨率为 1920×1080。

(2) 添加游戏倒计时文本框，命名为 CountDownText，标识为“时间：”。
(3) 添加音乐控制按钮，命名为 MusicButton，标识为“设置”。
(4) 添加音乐音量设置面板 (Image)，命名为 MusicSet，并使用提示板图片。
(5) 在 MusicSet 下添加标题文本，命名为 Title，标识为“音量设置”。
(6) 在 MusicSet 下添加标题文本，命名为 Value，标识为“音量：”。
(7) 在 MusicSet 下添加进度条，命名为 Slider。
(8) 添加音乐设置“关闭”按钮，命名为 CloseButton。
时间与音乐播放场景如图 13-13 所示。

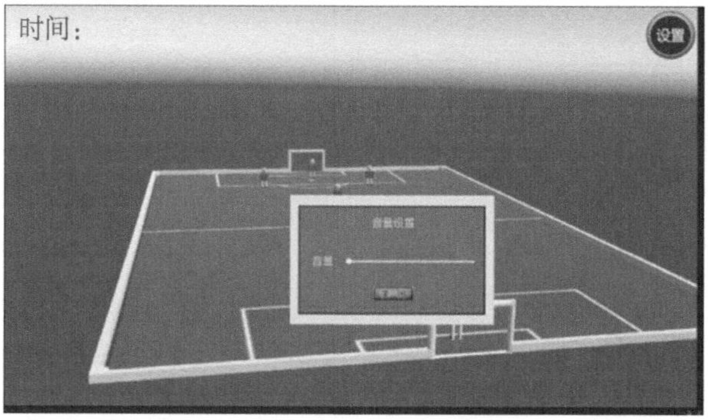

图 13-13　时间与音乐播放场景

13.9.2　创建音乐设置脚本

(1) 创建并编写 MusicSet.cs 脚本，代码如下。

```
using System;
using System.Collections;
using System.Collections.Generic;
using UnityEngine;
using UnityEngine.UI;
public class MusicSet : MonoBehaviour
{
    // 音量滑动条
    public Slider slider;
    // 音乐来源
    public AudioSource music;
    // 关闭按钮
    public Button closeBtn;
    // Start is called before the first frame update
    void Start()
    {
```

```
        // 获取Main场景中Canvas组件的Slider组件对象
        slider = transform.Find("Slider").GetComponent<Slider>();
        // 处理关闭按钮
        closeBtn.onClick.AddListener(OnCloseBtnClick);
        // 滑动条值的显示
        slider.onValueChanged.AddListener(OnSliderChanged);
    }
    private void OnSliderChanged(float value)
    {
        // 将滑动条的值直接对应音量值
        music.volume = slider.value;
    }
    private void OnCloseBtnClick()
    {
        // 隐去音乐设置面板，即MusicSet对象
        this.gameObject.SetActive(false);
    }
    // Update is called once per frame
    void Update()
    {

    }
}
```

(2) 给主相机添加 AudioSource 组件，并将 Asset 文件夹下 Musics 的音乐片段 HawaiianSmile 拖动到 AudioSource 组件的 AudioClip 框内。

(3) 将脚本 MusicSet.cs 绑定到对象 MusicSet 上，其他变量的绑定如图 13-14 所示。

(4) 创建音乐设置脚本，代码如下：

```
using System;
using System.Collections;
using System.Collections.Generic;
using UnityEngine;
using UnityEngine.UI;
public class MusicSet : MonoBehaviour
{
    // 音量滑动条
    public Slider slider;
    // 音乐来源
    public AudioSource music;
```

```
    // 关闭按钮
    public Button closeBtn;
    // Start is called before the first frame update
    void Start()
    {
        // 获取Main场景中Canvas组件的Slider组件对象
        slider = transform.Find("Slider").GetComponent<Slider>();
        // 处理关闭按钮
        closeBtn.onClick.AddListener(OnCloseBtnClick);
        // 滑动条值的显示
        slider.onValueChanged.AddListener(OnSliderChanged);
    }
    private void OnSliderChanged(float value)
    {
        // 将滑动条的值直接对应音量值
        music.volume = slider.value;
    }
    private void OnCloseBtnClick()
    {
        // 关闭按钮处理就是使音乐设置面板消失，即MusicSet对象
        this.gameObject.SetActive(false);
    }
}
```

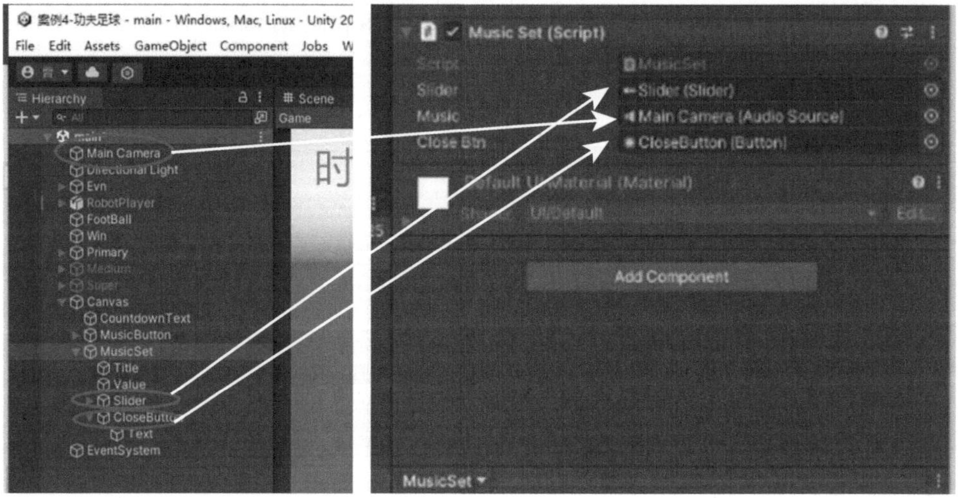

图 13-14　时间与音乐播放设置面板

13.10　游戏场景的运行与控制

13.10.1　游戏场景的运行顺序

上面一共创建了四个场景，这些游戏场景的运行顺序分别为登录 (Login)、加载 (Loading)、难度选择 (GameLevel) 和主控 (Main)。

(1) 单击文件菜单，选择 Build Settings 选项，弹出如图 13-15 所示的设置面板。

(2) 单击 (调出) 每个场景，单击面板中的 Add Open Scenes，添加当前场景进入排序窗口，将鼠标拖到相应场景调整顺序，如图 13-15 所示。

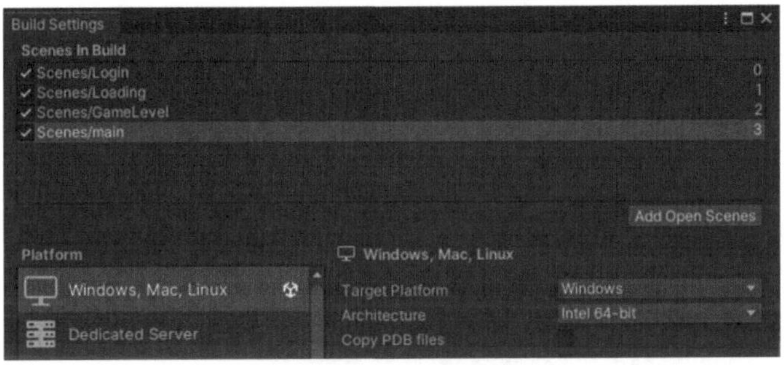

图 13-15　设置面板

13.10.2　游戏登录脚本

(1) 创建登录 (Login) 脚本，代码如下：

```
using System.Collections;
using System.Collections.Generic;
using UnityEngine;
using System;
// 引用场景管理命名空间
using UnityEngine.SceneManagement;
// 引用UGUI命名空间
using UnityEngine.UI;

// 绑定在Canvas对象上面
public class Login : MonoBehaviour
{
    // 登录按钮变量
    public Button loginBtn;
    // 输入变量类型是InputField
```

```
    public InputField usernameInput;
    // 密码输入变量
    public InputField passwordInput;
    // 提示面板是游戏对象类型
    public GameObject LoginTips;
    // 画布尺寸变量
    public Transform canvas;

    // Start is called before the first frame update
    void Start()
    {
        // 单击登录按钮时，添加响应事件处理方法
        loginBtn.onClick.AddListener(OnLoginBtnClick);
    }
    // 按钮响应事件处理函数
    private void OnLoginBtnClick()
    {
        // 如果输入用户名和密码正确，跳转到Login场景
        if(usernameInput.text == "admin" && passwordInput.text == "admin")
        {
            SceneManager.LoadScene("Loading");
        }
        else
        {
            // 显示用户或密码输入错误信息
            GameObject goTips = Instantiate(LoginTips);
            // 实例化提示板对象，即实时生成组件对象
            Text tipText=goTips.transform.Find("Text").GetComponent<Text>();
            tipText.text = "用户名或密码错误";
            goTips.transform.parent = canvas;
            // 绑定提示板父级，因为在Tips下面有两个Text组件
            goTips.transform.position = canvas.transform.position;
            // 提示板坐标归零，居中显示
        }
    }
}
```

(2) 将该脚本与 Canvas 绑定，将 Hierarchy 视图中 Canvas 的各对象拖动到 Inspector 窗口的脚本组件 Login (Script) 的变量框内，实现对象与变量的绑定，如图 13-16 所示。

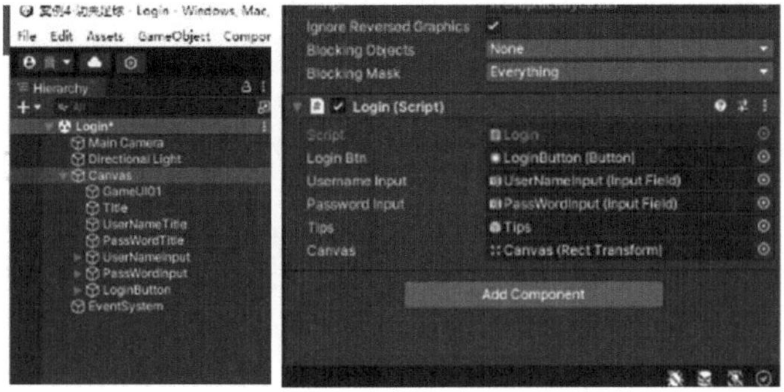

图 13-16　Canvas 的变量绑定

13.10.3　游戏加载脚本

创建 Loading 脚本，代码如下：

```
using System.Collections;
using System.Collections.Generic;
using UnityEngine;
using UnityEngine.UI;
using UnityEngine.SceneManagement;
using System;
public class Loading : MonoBehaviour
{
    // 显示进度百分比文本字体大小
    public Text loadingText;
    // 进度条
    public Slider progressBar;
    // 进度条值
    private int curprogressValue = 0;
    // 异步协程
    private AsyncOperation operation;
    // Start is called before the first frame update
    void Start()
    {
        // 判定当前场景是否为Loading场景，如果是就启动协程
        if (SceneManager.GetActiveScene().name == "Loading") ;
        {
            StartCoroutine(AsyncLoading());
        }
    }
    // Unity协程类型协同程序
```

```
    IEnumerator AsyncLoading()
    {
        // 加载等级选择场景GameLevel
        operation = SceneManager.LoadSceneAsync("GameLevel");
        // 加载完成非自动切换
        operation.allowSceneActivation = false;
        // 保存当前协程状态
        yield return operation;
    }
    // Update is called once per frame
    void Update()
    {
        // 进度条的最大值
        int progressValue = 100;
        if(curprogressValue<progressValue)
        {
            curprogressValue++;
        }
        // 显示进度文本
        loadingText.text = curprogressValue + "%";
        // 将进度值缩小至1%
        progressBar.value = curprogressValue / 100f;
        if(curprogressValue==100)
        {
            // 启动场景切换
            operation.allowSceneActivation = true;
            loadingText.text = "OK";
        }
    }
}
```

13.10.4 游戏难度选择脚本

(1) 创建 GameLevel.cs 脚本，代码见后。

(2) 将脚本与 GameLevel 场景的 Canvas 绑定，同样将 Canvas 的 startGame 拖动到 Inspector 窗口的 startBtn 变量框内。

(3) 选中 Primary 组件，在其 Inspector 窗口的 Toggle→On Value Changed 的下面点击“+”，在 one(Object) 处添加 Canvas 组件。即将 Canvas 组件拖动到此。其余两级进行同样操作，如图 13-17(a) 所示。

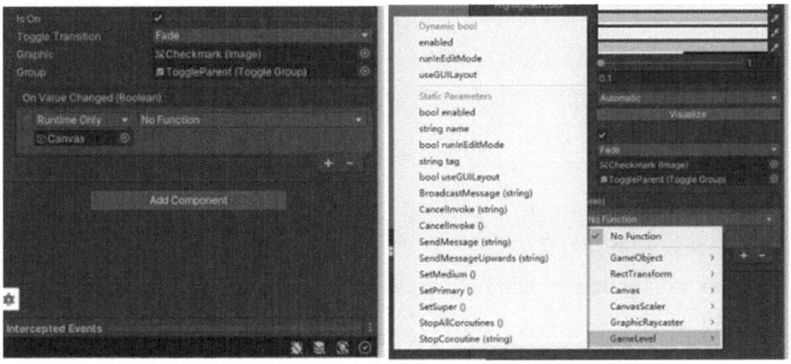

(a) (b)

图 13-17 难度等级方法绑定

(4) 在其 Inspector 窗口的 Toggle→On Value Changed 下面的 No Function 处单击下拉框，单击 GameLevel 弹出成员函数列表，添加 SetPrimary()。其余两个级别函数进行同样操作，如图 13-17(b) 所示。

```
using System.Collections;
using System.Collections.Generic;
using UnityEngine;
using UnityEngine.UI;
using UnityEngine.SceneManagement;
using System;

public enum GameMode
{ Primary = 1,Medium,Super}
public class GameLevel : MonoBehaviour
{
    // 游戏难度
    public static GameMode gameMode;

    // 单例模式
    private static GameLevel instance;
    public static GameLevel Instance
    {
        get{
            if(instance==null)
            {
                instance = GameObject.FindObjectOfType<GameLevel>();
            }
            return instance;
```

```
        }
    }
    private void Awake()
    {
        // 初始难度为初级
        gameMode = GameMode.Primary;
        // 添加按钮事件处理方法
        Button startBtn = transform.Find("SartGame").GetComponent
          <Button>();
        startBtn.onClick.AddListener(OnStartBtnClick);
        Button quitBtn = transform.Find("QuitGame").GetComponent
          <Button>();
        quitBtn.onClick.AddListener(OnQuitBtnClick);
    }
    private void OnQuitBtnClick()
    {
        Application.Quit();
    }
    private void OnStartBtnClick()
    {
        SceneManager.LoadScene("Main");
    }
    public void SetPrimary()
    {
        gameMode = GameMode.Primary;
    }
    public void SetMedium()
    {
        gameMode = GameMode.Medium;
    }
    public void SetSuper()
    {
        gameMode = GameMode.Super;
    }
}
```

13.10.5 创建游戏的主控脚本

通过以下代码创建游戏的主控脚本。

```
using System;
using System.Collections;
```

```
using System.Collections.Generic;
using UnityEngine;
using UnityEngine.UI;
using UnityEngine.SceneManagement;

public class GameManager : MonoBehaviour
{
    // GameManager类单例模式
    private static GameManager instance;
    public static GameManager Insrance
    {
        get
        {
            if(instance==null)
            {
                instance = GameObject.FindObjectOfType <GameManager>();
            }
            return instance;
        }
    }
    // 游戏得分
    private int score = 0;
    // 游戏得分的UI显示
    public Text scoreText;
    // 剩余游戏时间UI显示
    public Text countDownText;
    // 游戏总时长
    public int toatalTime = 60;
    // 胜利的分数
    private int winScore = 0;
    // 音效设置面板对象组件
    public GameObject musicSet;
    // 音效关闭按钮
    public Button closeBtn;
    // 初级模式场景(Primary游戏对象)
    public GameObject primaryLevel;
    // 中级模式场景(Medium游戏对象)
    public GameObject mediumLevel;
    // 超级模式场景(Super游戏对象)
    public GameObject superLevel;
```

```
// 选择游戏级别场景(各级游戏游戏对象)
private GameMode selectMode;
// 玩家当前位置
public Transform robotPlayerPos;
// 足球当前位置
public Transform footBallPos;
// 画布位置信息
public Transform canvas;
// 提示板对象(游戏对象、预制体)，定义变量绑定
public GameObject Tips;
// 开启音效设置按钮
public Button musicSetBtn;
 // 在Start()之前执行一次
 private void Awake()
{
    // 在游戏开始之前确定一个初始级别
    selectMode = GameLevel.gameMode;
    // 为音效设置添加事件监听，方便在任何时候设置音效
    musicSetBtn.onClick.AddListener(OnMusicSetBtnClick);
}
// 单击“设置”按钮，显示“音效设置”面板
private void OnMusicSetBtnClick()
{
    // 激活设置面板
    musicSet.SetActive(true);
}
// 在第一个Update开始之前，执行一次，完成游戏初始化
void Start()
{
    // 以游戏级别为参数初始化游戏所有参数
    InitGame(selectMode);
    // 开启协程，开始倒计时
    StartCoroutine(CountDownText());
}
// 为随时出现的提示板创建空物体，便于实例化
GameObject goTips = null;

// 在Update中实现倒计时功能
void Update()
{  // 游戏时间结束，且分数未达胜利分数，此时游戏失败
```

```
        if (toatalTime <= 0 && score < winScore)
        {
            if (goTips == null) // 提示板未实例化
            {  // 实例化提示板，显示“游戏失败”，将该字符串作为参数
                goTips = InsTips("游戏失败");
                // 此时玩家组件不可用
            }
        }
    }

    // 游戏初始化
    private void InitGame(GameMode gameMode)
    {
        // 将玩家的位置复位至初始位置
        robotPlayerPos.position = new Vector3(-120f,0.0f,0f);
        // 将足球的位置复位初始位置
        footBallPos.position = new Vector3(-80f,3.0f,0f);
        // 游戏难度级别分支处理
        switch (gameMode)
        {
            case GameMode.Primary:
                primaryLevel.SetActive(true);
                mediumLevel.SetActive(false);
                superLevel.SetActive(false);
                winScore = 1;
                toatalTime = 60; // 单位为秒
                countDownText.text = 60 + "";
                // 此时无敌人统计
                break;
            case GameMode.Medium:
                // 只激活初级，其余关闭
                primaryLevel.SetActive(false);
                mediumLevel.SetActive(true);
                superLevel.SetActive(false);
                // 胜利分数为1分，即进球为胜利
                winScore = 1;
                toatalTime = 60; // 单位为秒
                countDownText.text = 60 + "";
                // 开启协程，开始倒计时
                StartCoroutine(CountDownText());
```

```
            // 此时无敌人统计，跳出分支
            break;
        case GameMode.Super:
            primaryLevel.SetActive(false);
            mediumLevel.SetActive(false);
            superLevel.SetActive(true);
            winScore = 1;
            toatalTime = 60; // 单位为秒
            countDownText.text = 60 + "";
            // 开启协程，开始倒计时
            StartCoroutine(CountDownText());
            // 此时无敌人统计，跳出分支
            break;

    }
}
// 生成提示面板，其信息随游戏进度而变化，参数为字符串
private GameObject InsTips(string str)
{
    // 生成提示板预制体,参数是预制体名称
    GameObject goTips = Instantiate(Tips);
    Text text = goTips.transform.Find("Text").GetComponent<Text>();
    Button nextBtn = goTips.transform.Find("NextButton").GetComponent
      <Button>();
    Button restartBtn = goTips.transform.Find("RestartButton").
      GetComponent<Button>();
    text.text = str;
    goTips.transform.parent = canvas;
    goTips.transform.position = canvas.transform.position;
    nextBtn.onClick.AddListener(OnNextClick);
    restartBtn.onClick.AddListener(OnRestartClick);
    return goTips;
}
// 下一关按钮，根据当前级别开启下一关难度级别游戏
private void OnNextClick()
{
    score = 0;
    scoreText.text = "积分: " + score;
    if(selectMode==GameMode.Super)
    {
```

```
            SceneManager.LoadScene("GameLevel");
            return;
        }
        switch (selectMode)
        {
            case GameMode.Primary:
                selectMode = GameMode.Medium;
                break;
            case GameMode.Medium:
                selectMode = GameMode.Super;
                break;
            case GameMode.Super:
                selectMode = GameMode.Primary;
                break;
        }
        if (goTips != null)
        {
            // 当按下确定按钮，销毁提示板
            Destroy(goTips);
        }
        InitGame(selectMode); // 按参数级别初始化游戏场景
    }
    // 重新开始并回到选择级别场景
    private void OnRestartClick()
    {
        SceneManager.LoadScene("GameLevel");
    }

    // 倒计时协同处理程序
    IEnumerator CountDownText()
    {
        // 如果游戏的总时长大于0
        while(toatalTime>0)
        {
            // 每过1秒返回一次
            yield return new WaitForSeconds(1);
            toatalTime--;
            countDownText.text = "时间：" + toatalTime.ToString();
        }
    }
```

```
    // 游戏加分计算
    public void AddScore()
    {
        score++;
        scoreText.text = "积分: " + score;
        if(score >= winScore)
        {
            goTips = InsTips("游戏胜利");
            // 该级别游戏不能再进行，即结束该级别游戏，进入下一个级别
        }
    }
}
```

13.11 游戏发布

Unity 最大的特点是可以轻松实现跨平台运行，即在 Unity 平台开发的游戏，可以发布到如 Windows、Android、iOS、macOS、Web 等平台运行。在技术层面上，Unity 通过打包发布，将项目文件转换成独立的“游戏文件”，以能够在相应平台上脱离 Unity 引擎运行。

13.11.1 场景设置

(1) 在菜单栏中选择 File→Build Settings 选项，打开 Scenes In Build 对话框，如图 13-18 所示。

图 13-18　Scenes In Build 对话框设置

(2) 通过 Add Open Scenes 按钮或将场景文件拖动到列表框中，0 表示排序第一，通过鼠标点亮场景文件，上下拖动改变顺序。本案例共有四个场景文件。

13.11.2　发布到 PC 平台

(1) 在 Platform 模块中选择将要发布的平台，如图 13-18 所示。本次 PC 平台发布选择“Windows, Mac, Linux”选项即可。

(2) 在对话框的 Target Platform 中，选择 Windows。在 Architecture 中，选择 Intel 64-bit。

(3) 单击 Player Setting 进入 Project Settings 对话框，如图 13-19 所示。可以明确游戏开发项目的名称、公司、版本等属性。

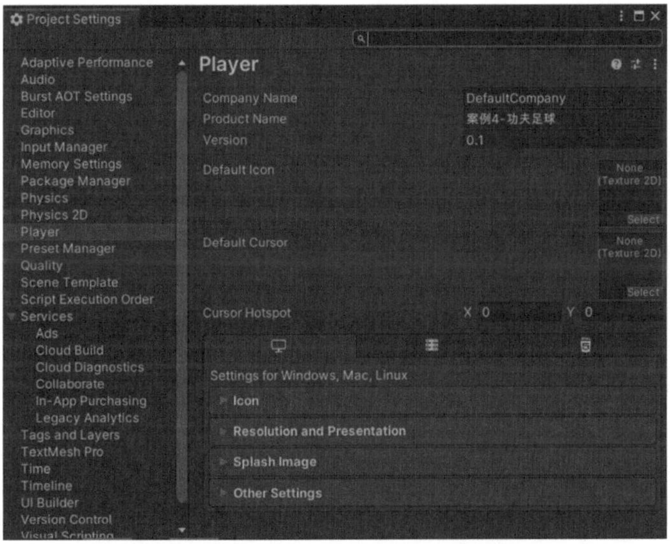

图 13-19　Project Settings 对话框设置

(4) 单击 Build Settings 中的 Build 或 Bui And Run 进行发布，发布后的文件列表如图 13-20 所示。

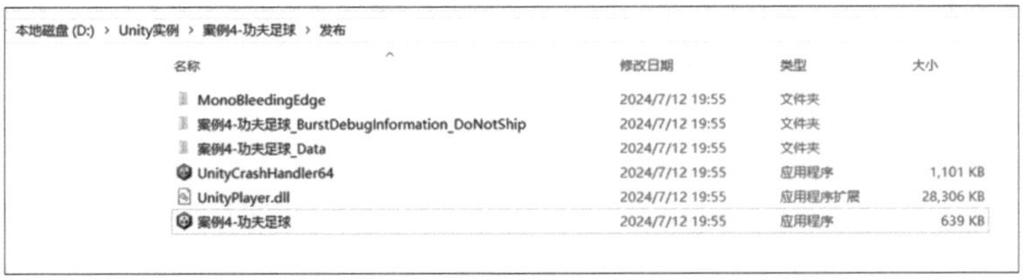

图 13-20　功夫足球发布后的文件列表

本章小结

本案例涉及四个场景，包括登录场景、游戏加载场景、游戏等级选择场景和游戏运行的主场景。实现了游戏玩家控制、背景音乐、信息提示、游戏时间控制等基本功能。这些游戏开发的基本模块涵盖了游戏场景设计、玩家路径移动、游戏界面、信息提示、预制体制作、场景切换、变量共用、动画编辑、脚本编写和最终的游戏发布。通过此案例的学习，读者完全可以开发属于自己的 3D 游戏或虚拟现实项目。

参 考 文 献

[1] Gonzalez R C, Woods R E. 数字图像处理 [M]. 阮秋琦, 阮宇智, 译. 3 版. 北京: 电子工业出版社. 2020.

[2] 何东健. 数字图像处理 [M]. 3 版. 西安: 西安电子科技大学出版社. 2015.

[3] 李航. 统计学习方法 [M]. 2 版. 北京: 清华大学出版社. 2019.

[4] Cristianini N, Shawe-Taylor J. 支持向量机与基于核的机器学习导论 [M]. 北京: 世界图书出版有限公司. 2020.

[5] 张铮, 孙宝山, 周天立. Windows 程序设计 [M]. 3 版. 北京: 人民邮电出版社. 2021.

[6] Prata S. C++ Primer Plus[M]. 张海龙, 袁国忠, 译. 6 版. 北京: 人民邮电出版社. 2015.

[7] Kaehler A, Bradski G. 学习 OpenCV3 (中文版)[M]. 阿丘科技, 刘昌祥, 吴雨培, 等译. 北京: 清华大学出版社. 2018.

[8] CSDN. MFC 消息映射机制 [EB/OL]. [2024-11-30]. https://blog.csdn.net/m0_43458204/article/details/106337348.

[9] CSDN. MFC 控件使用说明 [EB/OL]. [2024-11-30]. https://blog.csdn.net/noricky/article/details/82491420.

[10] 陆文周. Qt 5 开发及实例 [M]. 4 版. 北京: 电子工业出版社. 2019.

[11] Qt 官网 [EB/OL]. [2024-11-30]. https://www.qt.io/.

[12] Qt 百度百科 [EB/OL]. [2024-11-30]. https://baike.baidu.com/item/Qt/451743.

[13] Qt 基本介绍 [EB/OL]. [2024-11-30]. https://zhuanlan.zhihu.com/p/621408949.

[14] CSDN. Qt 是什么？Qt 简介 [EB/OL]. [2024-11-30]. https://blog.csdn.net/ccc3696-39963/article/details/122638921.

[15] CSDN. Qt 中的信号和槽详解 [EB/OL]. [2024-11-30]. https://blog.csdn.net/qq_4565-2092/article/details/111224273.

[16] CSDN. StretchBlt 函数和 BitBlt 函数的用法 [EB/OL]. [2024-11-30]. https://blog.csdn.net/snowleopard_bin/article/details/78565056.

[17] Qt 电子时钟控件 [EB/OL]. [2024-11-30]. https://zhuanlan.zhihu.com/p/168445138.

[18] Escriva D M, Mendonca G V, Joshi P. OpenCV 4 计算机视觉项目实战 [M]. 冀臻, 译. 北京: 机械工业出版社. 2019.

[19] 牛顿插值 [EB/OL]. [2024-11-30]. https://www.cnblogs.com/KennyRom/p/6625492.html.

[20] 双线性插值 [EB/OL]. [2024-11-30]. https://baike.baidu.com/item/双线性插值/1105-5945.

[21] 林昌华, 杨岩. 拉格朗日插值法在工程设计及 CAD 中的应用 [J]. 重庆理工大学学报 (自然科学), 2013,27(12): 34-37.

[22] CSDN. 三次样条函数模拟汽车门曲线 [EB/OL]. [2024-11-30]. https://blog.csdn.net/weixin_42237984/article/details/84111132.

[23] Hearn D, Baker M P, Carithers W R. 计算机图形学 [M]. 蔡士杰, 杨若瑜, 译. 4 版. 北京: 电子工业出版社. 2022.

[24] Kessenich J. OpenGL 编程指南 [M]. 王锐, 等译. 9 版. 北京: 机械工业出版社. 2017.

[25] Sellers G. OpenGL 超级宝典 [M]. 颜松柏, 薛陶, 张林苹, 译. 7 版. 北京: 人民邮电出版社. 2020.

[26] 雷开彬, 马志霞. 计算机图形绘制技术: GDI & OpenGL 编程实践 [M]. 北京: 科学出版社. 2021.

[27] Gregory G. 游戏引擎架构 [M]. 叶劲峰, 译. 2 版. 北京: 电子工业出版社. 2019.

[28] Unity. Unity 官网 [EB/OL]. [2024-11-30]. https://unity.com/cn.

[29] Unity. Unity 中文课堂 [EB/OL]. [2024-11-30]. https://learn.u3d.cn.

[30] 薛庆文. Unity 3D 从入门到精通视频微课版 [M]. 北京: 电子工业出版社. 2021.

[31] 马遥, 陈虹松, 林凡超. Unity 3D 完全自学教程 [M]. 北京: 人民邮电出版社. 2019.

[32] 康远英. 从零开始：快速入门 Unity 3D 游戏开发 [M]. 北京: 电子工业出版社. 2022.

[33] 张尧. Unity 3D 从入门到实战 [M]. 北京: 中国水利水电出版社. 2022.

附录 1 RemoveSmallRegion() 函数

```
// CheckMode: 0代表去除黑区域，1代表去除白区域; NeihborMode: 0代表4连通邻域，
// 1代表8连通邻域。
void removeSmallRegion(Mat& Src, Mat& Dst, int AreaLimit, int CheckMode,
    int NeihborMode)
{
        int RemoveCount = 0;    // 记录去除的个数
        // 记录每个像素检验状态的标签; 0代表未检查，1代表正在检查，2代表检查不合格
        //（需要反转颜色），3代表检查合格或不需要检查
        Mat Pointlabel = Mat::zeros(Src.size(), CV_8UC3);

        if (CheckMode == 1) {
                cout << "Mode: 去除小区域. ";

                for (int i = 0; i < Src.rows; ++i) {
                        uchar* iData = Src.ptr<uchar>(i);
                        uchar* iLabel = Pointlabel.ptr<uchar>(i);
                        for (int j = 0; j < Src.cols; ++j) {
                                if (iData[j] < 10)    iLabel[j] = 3;
                        }
                }
        }
        else    {
                cout << "Mode: 去除孔洞. ";

                for (int i = 0; i < Src.rows; ++i) {
                        uchar* iData = Src.ptr<uchar>(i);
                        uchar* iLabel = Pointlabel.ptr<uchar>(i);
                        for (int j = 0; j < Src.cols; ++j) {
                                if (iData[j] > 10) iLabel[j] = 3;
                        }
                }
        }

        vector<Point2i> NeihborPos; // 记录邻域点位置
```

```
NeihborPos.push_back(Point2i(-1, 0));
NeihborPos.push_back(Point2i(1, 0));
NeihborPos.push_back(Point2i(0, -1));
NeihborPos.push_back(Point2i(0, 1));

if (NeihborMode == 1) {
        NeihborPos.push_back(Point2i(-1, -1));
        NeihborPos.push_back(Point2i(-1, 1));
        NeihborPos.push_back(Point2i(1, -1));
        NeihborPos.push_back(Point2i(1, 1));
}

int Neihbor = (NeihborMode == 0) ? 4 : 8;
cout << "Neighbor mode: %d邻域." << Neihbor << endl;

int NeihborCount = 4 + 4 * NeihborMode;
int CurrX = 0, CurrY = 0;

for (int i = 0; i < Src.rows; ++i) {  // 开始检测
    uchar* iLabel = Pointlabel.ptr<uchar>(i);
    for (int j = 0; j < Src.cols; ++j) {
       if (iLabel[j] == 0) {
          // ********开始该点处的检查**********
          vector<Point2i> GrowBuffer;// 堆栈, 用于存储生长点
          GrowBuffer.push_back(Point2i(j, i));
          Pointlabel.at<uchar>(i, j) = 1;
          int CheckResult = 0; // 用于判断结果(是否超出大小),
          //0为未超出, 1为超出

          for (int z = 0; z < GrowBuffer.size(); z++) {

             for (int q = 0; q < NeihborCount; q++) {
             //检查四个邻域点
                CurrX = GrowBuffer.at(z).x + NeihborPos.at(q).x;
                CurrY = GrowBuffer.at(z).y + NeihborPos.at(q).y;
                if (CurrX >= 0 && CurrX < Src.cols && CurrY >= 0 &&
                    CurrY < Src.rows)
                { //防止越界
                   if (Pointlabel.at<uchar>(CurrY, CurrX) == 0) {
                   //邻域点加入buffer
```

```
                    GrowBuffer.push_back(Point2i(CurrX, CurrY));
                    //更新邻域点的检查标签，避免重复检查
                    Pointlabel.at<uchar>(CurrY, CurrX) = 1;
                    }
                  }
              }

            }

          // 判断结果（是否超出限定的大小），1为未超出，2为超出
          if (GrowBuffer.size() > AreaLimit) CheckResult = 2;
          else { CheckResult = 1; RemoveCount++; }
          for (int z = 0; z < GrowBuffer.size(); z++) // 更新Label记录
          {
              CurrX = GrowBuffer.at(z).x;
              CurrY = GrowBuffer.at(z).y;
              Pointlabel.at<uchar>(CurrY, CurrX) += CheckResult;
          }
                  //********结束该点处的检查**********
        }
      }
    }

    CheckMode = 255 * (1 - CheckMode);

    // 反转面积过小的区域
    for (int i = 0; i < Src.rows; ++i) {
          uchar* iData = Src.ptr<uchar>(i);
          uchar* iDstData = Dst.ptr<uchar>(i);
          uchar* iLabel = Pointlabel.ptr<uchar>(i);
          for (int j = 0; j < Src.cols; ++j) {
                if (iLabel[j] == 2)
                      iDstData[j] = CheckMode;
                else if (iLabel[j] == 3)
                      iDstData[j] = iData[j];
          }
    }

    cout << RemoveCount << " objects removed." << endl;
}
```

附录 2　WinGDI 位图绘制函数

```
void CMFCView::ShowBitmap(CDC* pDC, CString TotalName, const RECT& rc)
{
	HBITMAP m_hBitmap;   // 位图句柄
	m_hBitmap = (HBITMAP)LoadImage(NULL, TotalName, IMAGE_BITMAP, 0, 0,
	    LR_LOADFROMFILE | LR_DEFAULTSIZE | LR_CREATEDIBSECTION);
	CBitmap m_bitmap;
	if (m_bitmap.m_hObject) m_bitmap.Detach();
	// m_bitmap为创建的位图对象
	m_bitmap.Attach(m_hBitmap);

	CDC m_dcMem;          // 定义并创建一个内存设备环境
	if (!m_dcMem.CreateCompatibleDC(pDC)) return; // 创建兼容DC

	BITMAP bitmap; // 定义一个位图结构体，将图片信息保存在位图结构体中
	m_bitmap.GetBitmap(&bitmap);

	CBitmap* pbmpOld = NULL;
	m_dcMem.SelectObject(&m_bitmap); // 将位图选入临时内存设备环境

	// 获取屏幕画图区域（图像控件）的宽度和高度
	int rcWidth = rc.right - rc.left;
	int rcHeight = rc.bottom - rc.top;

	// 图片显示调用函数BitBlt
	pDC->BitBlt(0, 0, rcWidth, rcHeight, &m_dcMem, 0, 0, SRCCOPY);
	// 如果希望图片和矩形区域能自动适配，可以用下面的函数
	// pDC->StretchBlt(0, 0, rcWidth, rcHeight, &m_dcMem,
	    // 0, 0, bitmap.bmWidth, bitmap.bmHeight, SRCCOPY);
	// InvalidateRect(&rc);                      // 调用OnDraw显示图片

	m_dcMem.SelectObject(pbmpOld);               // 恢复临时DC的位图
	DeleteObject(&m_bitmap);                     // 删除位图
	m_dcMem.DeleteDC();                          // 删除后台DC
}
```

附录 3　题目 1~ 题目 3 源代码

题目 1　拉格朗日插值

```
import numpy as np
from matplotlib.pyplot import MultipleLocator
import math

# 拉格朗日插值函数
def Lagrange(data_x, data_y,vx): # vx: 变量x
    l = [0 for j in range(len(data_x))]
    L = 0
    for i in range(0, len(data_x)):
        den = 1       # 拉格朗日乘子l_i(x)分母初值
        num = 1       # 拉格朗日乘子l_i(x)分子初值
        for j in range(0, len(data_x)):
            if i != j:
                den = den * (data_x[i] - data_x[j])
                # 计算拉格朗日乘子l_i(x)分母
                num = num * (vx - data_x[j])
                # 计算拉格朗日乘子l_i(x)分子
        l[i] = num / den
        L =L+ l[i] * data_y[i]
    return L

# 调用插值函数计算
x1_d = [145,150]
y1_d = [0.91,0.92]
x1 = np.arange(200)
y1 = [0 for j in range(200)]
for i in range(200):
    y1[i] = Lagrange(x1_d, y1_d,x1[i])

# 画图
plt.plot(x1, y1, label='L_1(x)', color="green")
plt.scatter(x1_d, y1_d, label='the interpolation points', color="black")
```

```
plt.title("Linear interpolation")
plt.legend(loc="upper left")
plt.xlabel("x")
plt.ylabel("y")
plt.xlim(130,160)
plt.ylim(0.8,1.0)
x_major_locator=MultipleLocator(5)
plt.show()
```

题目 2　分段线性插值

```
from matplotlib import pyplot as plt

# 分段线性插值函数
def GLine(d_x,d_y):
    def PLine(vx):
        # 找出i所在的区间
        for i in range(len(d_x)-1):
            if d_x[i]<=vx and d_x[i+1]>vx:
                break
        # 插值计算公式
        PL=(vx-d_x[i])*d_y[i+1]/(d_x[i+1]-d_x[i])+\
           (vx-d_x[i+1])*d_y[i]/(d_x[i]-d_x[i+1])
        return PL
    return PLine

# 源数据
d_x = [0,1,2,3,4,5,6,7,8,9,10]
d_y = [2.51,3.3,4.04,4.7,5.22,5.54,5.78,5.4,5.57,5.7,5.8]

# 调用分段插值函数
sl = GLine(d_x,d_y)
X = [i for i in range(0, 11)]
Y = [sl(i) for i in X]
# 画图

plt.scatter(d_x,d_y, label='the interpolation points', color="red")
plt.title("Piecewise linear interpolation")
plt.plot(X,Y,label='SL_1(x)', color= "blue")
plt.legend(loc="upper left")
```

```
plt.xlabel("x")
plt.ylabel("y")
plt.show()
```

题目 3　双线性插值

```
import numpy as np
import math
import cv2

# 双线性插值函数
def Bilinear(ip, zs):                    # ip: 输入图像 zs: 放缩倍数
    ip_row, ip_col = ip.shape            # 输入图像的尺寸（行、列）
    op_row = int(ip_row * zs)            # 输出图像的行尺寸
    op_col = int(ip_col * zs)            # 输出图像的列尺寸
    op = np.zeros((op_row, op_col))  # 输出图片
    for i in range(op_row):
        for j in range(op_col):
            vx = i* ip_row / op_row  # 目标在源上的行坐标
            vy = j* ip_col / op_col  # 目标在源上的列坐标
            # 计算在源图上四个近邻点的位置
            x1 = int(vx)
            y1 = int(vy)
            x2 = x1 + 1
            y2 = y1 + 1
            # 越界检查
            if x2 >= ip_row or y2 >= ip_col:
                x2 = ip_row - 1
                x1 = x2 - 1
                y2 = ip_col - 1
                y1 = y2 - 1
            # x轴插值
            R1=(vx-x2)*int(ip[x1, y1])/(x1-x2)+\
              (vx-x1)*int(ip[x2, y1])/(x2-x1)
            R2=(vx-x2)*int(ip[x1, y2])/(x1-x2)+\
              (vx-x1)*int(ip[x2, y2])/(x2-x1)
           # y轴插值
            op[i, j]=(vy-y2)*int(R1)/(y1-y2)+(vy-y1)*int(R2)/(y2-y1)
    return op
```

```
# 读入源图片
img = cv2.imread("… /t1.jpg", 0).astype(float)

# 调用双线性插值
out = Bilinear(img,zs).astype(np.uint8)

# 显示尺寸更改后的图片
cv2.imshow("result", out)

# 存储尺寸更改后的图片
cv2.imwrite("… result.jpg", out)
cv2.waitKey(0)
cv2.destroyAllWindows()
```